NEW ACTION LEGEND

思考と戦略

GET THE STRATEGY
TO CAPTURE
MATHEMATICS

数学C ベクトル編

例題集

JN048405

東京書籍

この冊子は，本書で扱っている例題の問題文を抜き出したものです。

〔使い方〕

① 本書の例題を解くとき

本書の例題を解くときにはこの冊子を利用し，まずは「思考のプロセス」や解答が目に入らない状態で考えてみましょう。新しい問題に対して，自分の頭できちんと考える習慣こそが，数学の力をつける最短経路です。

② 本書以外で分からない問題に出会ったとき

本書はベクトルの問題の「解法の辞書」となります。本書以外で分からない問題に出会ったときには，その問題の分野を絞り，この冊子で似た問題を探した後，その例題の「思考のプロセス」や解答を参考にして理解を深めましょう。

なお，問題番号は

000 … 教科書レベルの問題（本書での赤文字の例題）

000 … 教科書の範囲外の問題や入試レベルの問題（本書での黒文字の例題）

を表しています。

1章 ベクトル

1 平面上のベクトル

1 右の図において，次の条件を満たすベクトルの
★☆☆☆ 組をすべて求めよ。
(1) 同じ向きのベクトル
(2) 大きさの等しいベクトル
(3) 等しいベクトル
(4) 互いに逆ベクトル

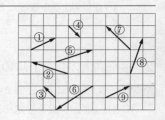

2 右の図の3つのベクトル $\vec{a}$, $\vec{b}$, $\vec{c}$ について，次のベクトルを
★☆☆☆ 図示せよ。ただし，始点は O とせよ。

(1) $\dfrac{1}{2}\vec{b}$ (2) $\vec{a}+\dfrac{1}{2}\vec{b}$ (3) $\vec{a}+\dfrac{1}{2}\vec{b}-2\vec{c}$

3 〔1〕 等式 $\overrightarrow{AB}+\overrightarrow{CD}=\overrightarrow{AD}+\overrightarrow{CB}$ が成り立つことを証明せよ。
★☆☆☆ 〔2〕 平面上に2つのベクトル $\vec{a}$, $\vec{b}$ がある。
(1) $\vec{p}=\vec{a}+\vec{b}$, $\vec{q}=\vec{a}+2\vec{b}$ のとき，$3\vec{p}-5(\vec{q}-2\vec{p})$ を $\vec{a}$, $\vec{b}$ で表せ。
(2) $2\vec{x}+6\vec{a}=5(3\vec{b}+\vec{x})$ を満たす $\vec{x}$ を $\vec{a}$, $\vec{b}$ で表せ。
(3) $2\vec{x}+\vec{y}=5\vec{a}+7\vec{b}$, $\vec{x}+2\vec{y}=4\vec{a}+2\vec{b}$ を同時に満たす $\vec{x}$, $\vec{y}$ を $\vec{a}$, $\vec{b}$ で表せ。

4 O を中心とする正六角形 ABCDEF において，辺 EF の中点
★★☆☆ を M とする。$\overrightarrow{AB}=\vec{a}$, $\overrightarrow{AF}=\vec{b}$ とするとき，次のベクトル
頻出 を $\vec{a}$, $\vec{b}$ で表せ。
(1) $\overrightarrow{BC}$ (2) $\overrightarrow{FD}$ (3) $\overrightarrow{OM}$ (4) $\overrightarrow{BM}$

5 AB = 4，AD = 3 である平行四辺形 ABCD において，辺 CD の中点を M とする。
★★☆☆ $\overrightarrow{AB}$, $\overrightarrow{AD}$ と同じ向きの単位ベクトルをそれぞれ $\vec{a}$, $\vec{b}$ とするとき
(1) $\overrightarrow{AC}$, $\overrightarrow{DB}$, $\overrightarrow{AM}$ を $\vec{a}$, $\vec{b}$ で表せ。
(2) $\overrightarrow{AC}=\vec{p}$, $\overrightarrow{DB}=\vec{q}$ とするとき，$\overrightarrow{AM}$ を $\vec{p}$, $\vec{q}$ で表せ。

6 平行四辺形 OABC の辺 OA, BC の中点をそれぞれ M, N とし, 対角線 OB を 3 等分する点を O に近い方からそれぞれ P, Q とする。このとき, 四角形 PMQN は平行四辺形であることを示せ。

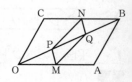

2 平面上のベクトルの成分と内積

7 2 つのベクトル $\vec{a}$, $\vec{b}$ が $\vec{a} - 4\vec{b} = (-7,\ 6)$, $3\vec{a} + \vec{b} = (-8,\ 5)$ を満たすとき
(1) $\vec{a}$, $\vec{b}$ を成分表示せよ。また, その大きさをそれぞれ求めよ。
(2) $\vec{c} = (1,\ -3)$ を $k\vec{a} + l\vec{b}$ の形に表せ。ただし, k, l は実数とする。

8 平面上に 3 点 A(5, −1), B(8, 0), C(1, 2) がある。
(1) $\overrightarrow{AB}$, $\overrightarrow{AC}$ を成分表示せよ。また, その大きさをそれぞれ求めよ。
(2) $\overrightarrow{AB}$ と平行な単位ベクトルを成分表示せよ。
(3) $\overrightarrow{AC}$ と同じ向きで, 大きさが 3 のベクトルを成分表示せよ。

9 平面上に 3 点 A(−1, 4), B(3, −1), C(6, 7) がある。
(1) 四角形 ABCD が平行四辺形となるとき, 点 D の座標を求めよ。
(2) 4 点 A, B, C, D が平行四辺形の 4 つの頂点となるとき, 点 D の座標をすべて求めよ。

10 3 つのベクトル $\vec{a} = (1,\ -3)$, $\vec{b} = (-2,\ 1)$, $\vec{c} = (7,\ -6)$ について
(1) $\vec{a} + t\vec{b}$ の大きさの最小値, およびそのときの実数 t の値を求めよ。
(2) $\vec{a} + t\vec{b}$ と $\vec{c}$ が平行となるとき, 実数 t の値を求めよ。

11 AB = 1, AD = $\sqrt{3}$ の長方形 ABCD において, 次の内積を求めよ。
(1) $\overrightarrow{AB} \cdot \overrightarrow{AD}$　　(2) $\overrightarrow{AB} \cdot \overrightarrow{AC}$　　(3) $\overrightarrow{AD} \cdot \overrightarrow{DB}$

12 〔1〕 次の 2 つのベクトル $\vec{a}$, $\vec{b}$ のなす角 θ $(0° \leqq \theta \leqq 180°)$ を求めよ。
(1) $|\vec{a}| = 3$, $|\vec{b}| = 4$, $\vec{a} \cdot \vec{b} = -6$　　(2) $\vec{a} = (1,\ 2)$, $\vec{b} = (-1,\ 3)$
〔2〕 平面上の 2 つのベクトル $\vec{a} = (1,\ 3)$, $\vec{b} = (x,\ -1)$ について, $\vec{a}$ と $\vec{b}$ のなす角が 135° であるとき, x の値を求めよ。

13 (1) $|\vec{a}| = \sqrt{2}$, $|\vec{b}| = 1$, $|\vec{a} - 2\vec{b}| = \sqrt{10}$ のとき, $\vec{a}$ と $\vec{b}$ のなす角 θ を求めよ。

★★☆☆
頻出 (2) $|\vec{a}| = 2$, $|\vec{b}| = 3$, $\vec{a}$ と $\vec{b}$ のなす角が $120°$ である。$2\vec{a} + \vec{b}$ と $\vec{a} - 2\vec{b}$ のなす角を θ とするとき, $\cos\theta$ の値を求めよ。

14 (1) $\vec{a} = (1, \ x)$, $\vec{b} = (3, \ 2)$ について, $\vec{a}$ と $\vec{b}$ が垂直のとき x の値を求めよ。

★☆☆☆
頻出 (2) $\vec{a} = (3, \ -4)$ に垂直な単位ベクトル $\vec{e}$ を求めよ。

15 $\vec{0}$ でない 2 つのベクトル $\vec{a}$, $\vec{b}$ について, $|\vec{b}| = \sqrt{2}\,|\vec{a}|$ が成り立っている。

★★☆☆ $2\vec{a} - \vec{b}$ と $4\vec{a} + 3\vec{b}$ が垂直であるとき, 次の間に答えよ。

(1) $\vec{a}$ と $\vec{b}$ のなす角 θ $(0° \leqq \theta \leqq 180°)$ を求めよ。

(2) $\vec{a}$ と $\vec{a} + t\vec{b}$ が垂直であるとき, t の値を求めよ。

16 $\triangle OAB$ において, $\overrightarrow{OA} = \vec{a}$, $\overrightarrow{OB} = \vec{b}$ とおくと, $|\vec{a}| = 3$, $|\vec{b}| = 2$, $|\vec{a} - 2\vec{b}| = 4$

★★☆☆
頻出 である。$\angle AOB = \theta$ とするとき, 次の値を求めよ。

(1) $\cos\theta$ (2) $\triangle OAB$ の面積 S

17 (1) $\triangle ABC = \dfrac{1}{2}\sqrt{|\overrightarrow{AB}|^2 |\overrightarrow{AC}|^2 - (\overrightarrow{AB} \cdot \overrightarrow{AC})^2}$ であることを示せ。

★★☆☆
(2) $\overrightarrow{AB} = (x_1, \ y_1)$, $\overrightarrow{AC} = (x_2, \ y_2)$ のとき, $\triangle ABC$ の面積を x_1, y_1, x_2, y_2 を用いて表せ。

探究例題1

> [中線定理] $\triangle ABC$ において, BC の中点を M とすると
> $$AB^2 + AC^2 = 2(AM^2 + BM^2)$$

(1) $\overrightarrow{AB} = \vec{b}$, $\overrightarrow{AC} = \vec{c}$ とおき, ベクトルを用いて中線定理を証明せよ。

(2) $\angle AMB = \theta$ とおき, 余弦定理を用いて中線定理を証明せよ。

18 次の不等式を証明せよ。

★★★☆ (1) $-|\vec{a}||\vec{b}| \leqq \vec{a} \cdot \vec{b} \leqq |\vec{a}||\vec{b}|$ (2) $|\vec{a}| - |\vec{b}| \leqq |\vec{a} + \vec{b}| \leqq |\vec{a}| + |\vec{b}|$

19 $\vec{a}$, $\vec{b}$ が $|3\vec{a} + \vec{b}| = 2$, $|\vec{a} - \vec{b}| = 1$ を満たすとき, $|2\vec{a} + 3\vec{b}|$ のとり得る値の範囲を求めよ。

★★★☆

> 問題 実数 x, y が $x^2 + y^2 = 1$ … ① を満たすとき，$4x + 3y$ の最大値を求め
> よ。

太郎：① は原点中心，半径 1 の円と考えられるね。$4x + 3y = k$ とおくと，これ
　　　は直線を表すね。

花子：① をベクトルの大きさが 1 であると考えてみることはできないかな。
　　　$4x + 3y$ もベクトルの内積で表すこともできそうだし。

(1) 太郎さんの考えをもとに 問題 を解け。

(2) 花子さんの考えをもとに 問題 を解け。

3　平面上の位置ベクトル

☑ **20**
★☆☆☆
平面上に 3 点 A($\vec{a}$), B($\vec{b}$), C($\vec{c}$) がある。次の点の位置ベクトルを $\vec{a}$, $\vec{b}$, $\vec{c}$ を用
いて表せ。

(1) 線分 AB を 2:1 に内分する点 P($\vec{p}$)

(2) 線分 BC の中点 M($\vec{m}$)

(3) 線分 CA を 2:1 に外分する点 Q($\vec{q}$)

(4) △PMQ の重心 G($\vec{g}$)

☑ **21**
★★☆☆
△ABC の内部に点 P をとる。原点を O とし，$\overrightarrow{OA} = \vec{a}$, $\overrightarrow{OB} = \vec{b}$, $\overrightarrow{OC} = \vec{c}$,
$\overrightarrow{OP} = \vec{p}$ とする。さらに △APB, △BPC, △CPA の重心をそれぞれ D, E, F と
し，△ABC, △DEF の重心をそれぞれ G, H とする。

(1) ベクトル $\overrightarrow{OH}$ を $\vec{a}$, $\vec{b}$, $\vec{c}$, $\vec{p}$ を用いて表せ。

(2) 点 P が G と一致するとき，G と H も一致することを示せ。

☑ **22**
★★☆☆
頻出
平行四辺形 ABCD において，辺 CD を 1:2 に内分する点を E，辺 BC を 3:1 に
外分する点を F とする。このとき，3 点 A, E, F は一直線上にあることを示せ。
また，AE:AF を求めよ。

☑ **23**
★★☆☆
頻出
△OAB において，辺 OA を 2:1 に内分する点を E，辺 OB を 3:2 に内分する点
を F とする。また，線分 AF と線分 BE の交点を P とし，直線 OP と辺 AB の交
点を Q とする。さらに，$\overrightarrow{OA} = \vec{a}$, $\overrightarrow{OB} = \vec{b}$ とおく。

(1) $\overrightarrow{OP}$ を $\vec{a}$, $\vec{b}$ を用いて表せ。

(2) $\overrightarrow{OQ}$ を $\vec{a}$, $\vec{b}$ を用いて表せ。

(3) AQ:QB，OP:PQ をそれぞれ求めよ。

24 平行四辺形 ABCD があり，辺 AD を 2:1 に内分する
★★☆☆ 点を E，△ABC の重心を G とする。AG と BE の交点
を P とするとき

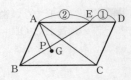

(1) BP:PE を求めよ。　　(2) AP:PG を求めよ。

25 △ABC の内部に点 P があり，$2\overrightarrow{PA}+3\overrightarrow{PB}+5\overrightarrow{PC}=\vec{0}$ を満たしている。
★★☆☆ AP の延長と辺 BC の交点を D とするとき，次の問に答えよ。
頻出
(1) BD:DC および AP:PD を求めよ。
(2) △PBC:△PCA:△PAB を求めよ。

探究 例題 3 線分 AB 上に点 P があり，$l\overrightarrow{PA}+m\overrightarrow{PB}=\vec{0}$ …① を満たすとする。

$l\overrightarrow{PA}=\overrightarrow{PA'}$，$m\overrightarrow{PB}=\overrightarrow{PB'}$ とおくと① より　　$\overrightarrow{PA'}+\overrightarrow{PB'}=\vec{0}$

よって，点 P は線分 A'B' の中点であるから

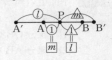

$$PA:PB=\frac{1}{l}PA':\frac{1}{m}PB'=m:l$$

同様に考えて，△ABC の内部に点 P があり，

$l\overrightarrow{PA}+m\overrightarrow{PB}+n\overrightarrow{PC}=\vec{0}$ …② を満たすとき，△PBC:△PCA:△PAB を求めよ。

26 $\overrightarrow{OA}=(4,\ 2)$，$\overrightarrow{OB}=(1,\ -2)$ とするとき，∠AOB の二等分線と平行な単位ベク
★★☆☆ トルを求めよ。

27 AB = 3，BC = 7，CA = 5 である △ABC の内心を I とする。このとき，$\overrightarrow{AI}$ を
★★☆☆ $\overrightarrow{AB}$ と $\overrightarrow{AC}$ を用いて表せ。
頻出

28 AB = 5，AC = 4，BC = 6 である △ABC の外心を O とする。
★★★★ (1) 内積 $\overrightarrow{AB}\cdot\overrightarrow{AC}$ を求めよ。
(2) $\overrightarrow{AO}$ を $\overrightarrow{AB}$，$\overrightarrow{AC}$ を用いて表せ。また，$\overrightarrow{AO}$ の大きさを求めよ。
(3) 直線 AO と辺 BC の交点を D とするとき，BD:DC，AO:OD を求めよ。

29 ∠A = 60°，AB = 3，AC = 2 の △ABC の垂心を H とする。ベクトル $\overrightarrow{AH}$ をベ
★★★☆ クトル $\overrightarrow{AB}$，$\overrightarrow{AC}$ を用いて表せ。　　　　　　　　　　　　　　（東京電機大）

☐ **30** 正三角形でない鋭角三角形 ABC の外心を O，重心を G とする。OG の G の方へ
★★☆☆ の延長上に OH = 3OG となる点 H をとる。このとき，点 H は △ABC の垂心で
あることを示せ。

☐ **31** 点 O を中心とする円上に 3 点 A，B，C がある。$\overrightarrow{OA} + \overrightarrow{OB} + \overrightarrow{OC} = \vec{0}$ が成り立つ
★★★☆ とき，△ABC は正三角形であることを証明せよ。

☐ **32** 次の等式が成り立つとき，△ABC はどのような形の三角形か。
★★★☆ (1) $\overrightarrow{AB} \cdot \overrightarrow{AC} = |\overrightarrow{AB}|^2$ (2) $\overrightarrow{AB} \cdot \overrightarrow{BC} = \overrightarrow{BC} \cdot \overrightarrow{CA}$

☐ **33** 平面上の異なる 3 点 O，A($\vec{a}$)，B($\vec{b}$) において，次の直線を表すベクトル方程式
★★☆☆ を求めよ。ただし，O，A，B は一直線上にないものとする。
頻出 (1) 線分 OB の中点を通り，直線 AB に平行な直線
(2) 線分 AB を 2：1 に内分する点を通り，直線 AB に垂直な直線

☐ **34** 次の直線の方程式を媒介変数 t を用いて表せ。
★☆☆☆ (1) 点 A(2，−3) を通り，方向ベクトルが $\vec{d} = (-1, 4)$ である直線
(2) 2 点 B(−3，1)，C(1，−2) を通る直線

☐ **35** 2 つの定点 A($\vec{a}$)，B($\vec{b}$) と動点 P($\vec{p}$) がある。次のベクトル方程式で表される点
★★☆☆ P はどのような図形をえがくか。
頻出 (1) $|3\vec{p} - \vec{a} - 2\vec{b}| = 6$ (2) $(2\vec{p} - \vec{a}) \cdot (\vec{p} - \vec{b}) = 0$

☐ **36** 中心 C($\vec{c}$)，半径 r の円 C 上の点 A($\vec{a}$) における円の接線 l のベクトル方程式は
★★☆☆ $(\vec{a} - \vec{c}) \cdot (\vec{p} - \vec{c}) = r^2$ であることを示せ。

☐ **37** 平面上に ∠A = 90° である △ABC がある。この平面上の点 P が
★★★☆ $$\overrightarrow{AP} \cdot \overrightarrow{BP} + \overrightarrow{BP} \cdot \overrightarrow{CP} + \overrightarrow{CP} \cdot \overrightarrow{AP} = 0 \cdots ①$$
を満たすとき，点 P はどのような図形をえがくか。

38 一直線上にない 3 点 O, A, B があり, 実数 s, t が次の条件を満たすとき, $\overrightarrow{\mathrm{OP}} = s\overrightarrow{\mathrm{OA}} + t\overrightarrow{\mathrm{OB}}$ で定められる点 P の存在する範囲を図示せよ。
★★☆☆ 頻出

(1) $3s + 2t = 6$　　　　(2) $s + 2t = 3$, $s \geqq 0$, $t \geqq 0$

(3) $s + \dfrac{1}{2}t \leqq 1$, $s \geqq 0$, $t \geqq 0$　　(4) $\dfrac{1}{2} \leqq s \leqq 1$, $0 \leqq t \leqq 2$

39 (1) 点 A(1, 2) を通り, 法線ベクトルの 1 つが $\vec{n} = (3, -1)$ である直線の方程
★★☆☆ 　　式を求めよ。

(2) 2 直線 $x + y - 1 = 0 \cdots$ ①, $x - (2 + \sqrt{3})y + 3 = 0 \cdots$ ② のなす角 θ を求め
よ。ただし, $0° < \theta \leqq 90°$ とする。

探究例題4

> 問題 : 点 A(x_1, y_1) と直線 $l : ax + by + c = 0$ の距離をベクトルを用いて求め
> よ。

太郎 : 点 A から下ろした垂線を AH として, AH の距離を求めたいから, 点 H の
座標が分かればいいね。

花子 : 点 H の座標を求める必要はあるかな? l の法線ベクトルの 1 つは $\vec{n} = $ ア
で, $\overrightarrow{\mathrm{AH}} /\!/ \vec{n}$ より, $\overrightarrow{\mathrm{AH}} = k\vec{n}$ とおけるよ。k の値が分かればいいよね。

ア に当てはまる式を答えよ。また, 花子さんの考えをもとに, 問題 を解け。

4　空間におけるベクトル

40 点 A(2, 3, 4) に対して, 次の点の座標を求めよ。
★☆☆☆

(1) yz 平面, zx 平面に関してそれぞれ対称な点 B, C

(2) x 軸, y 軸に関してそれぞれ対称な点 D, E

(3) 原点に関して対称な点 F

(4) 平面 $x = 1$ に関して対称な点 G

41 3 点 O(0, 0, 0), A(2, -2, 2), B(6, 4, -2) に対して, 次の座標を求めよ。
★☆☆☆ 頻出

(1) xy 平面上にあり, 3 点 O, A, B から等距離にある点 D

(2) 点 A に関して, 点 B と対称な点 C

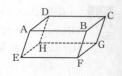

☑ **42** 平行六面体 ABCD−EFGH において,
★☆☆☆
頻出 $\overrightarrow{AB} = \vec{a}, \overrightarrow{AD} = \vec{b}, \overrightarrow{AE} = \vec{c}$ とする。

(1) $\overrightarrow{FH}, \overrightarrow{AG}, \overrightarrow{FD}$ を,それぞれ $\vec{a}, \vec{b}, \vec{c}$ で表せ。

(2) $\overrightarrow{AG} + \overrightarrow{CE} = \overrightarrow{DF} + \overrightarrow{BH}$ が成り立つことを証明せよ。

☑ **43** $\vec{a} = (2, 1, -3), \vec{b} = (3, -2, 2), \vec{c} = (-1, -3, 2)$ のとき
★☆☆☆
(1) $|3\vec{a} - 3\vec{b} + 5\vec{c}|$ を求めよ。

(2) $\vec{p} = (2, 5, 2)$ を $k\vec{a} + l\vec{b} + m\vec{c}$ (k, l, m は実数) の形に表せ。

☑ **44** 空間に 3 つのベクトル $\vec{a} = (1, -5, 3), \vec{b} = (1, 0, -1), \vec{c} = (2, 2, 0)$ がある。
★★☆☆
頻出 実数 s, t に対して $\vec{p} = \vec{a} + s\vec{b} + t\vec{c}$ とおくとき

(1) $|\vec{p}|$ の最小値と,そのときの s, t の値を求めよ。

(2) $\vec{p}$ が $\vec{d} = (0, 1, -2)$ と平行となるとき,s, t の値を求めよ。

☑ **45** 1 辺の長さが a の立方体 ABCD−EFGH において,
★★☆☆ 次の内積を求めよ。

(1) $\overrightarrow{AB} \cdot \overrightarrow{AC}$　　　　(2) $\overrightarrow{BD} \cdot \overrightarrow{BG}$

(3) $\overrightarrow{AH} \cdot \overrightarrow{EB}$　　　　(4) $\overrightarrow{EC} \cdot \overrightarrow{EG}$

☑ **探究例題5**

> |問題|：右の図において,AB = 4 である。内積 $\overrightarrow{AB} \cdot \overrightarrow{AO}$ を求め
> よ。

太郎：$\overrightarrow{AB}$ と $\overrightarrow{AO}$ のなす角を θ として,$\overrightarrow{AB}$ と $\overrightarrow{AO}$ の内積は
$\overrightarrow{AB} \cdot \overrightarrow{AO} = |\overrightarrow{AB}||\overrightarrow{AO}|\cos\theta$ だから,$|\overrightarrow{AB}|, |\overrightarrow{AO}|$ および $\cos\theta$ のそれぞれ
の値を求める必要があるね。

花子：$|\overrightarrow{AO}|\cos\theta$ を 1 つの値として求められないかな。

花子さんの考えをもとに |問題| を解け。

☑ **46** (1) 2 つのベクトル $\vec{a} = (1, -1, 2), \vec{b} = (-1, -2, 1)$ のなす角 θ
★★☆☆　　 ($0° \leqq \theta \leqq 180°$) を求めよ。
頻出
(2) 3 点 A$(1, -2, 3)$,B$(-2, -1, 1)$,C$(2, 0, 6)$ について,△ABC の面積
S を求めよ。

47 2つのベクトル $\vec{a} = (2, -1, 4)$, $\vec{b} = (1, 0, 1)$ の両方に垂直で，大きさが6の
★★☆☆
頻出 ベクトルを求めよ。

48 空間において，$\vec{0}$ でない任意の $\vec{p}$ に対して，$\vec{p}$ と x 軸，y 軸，z 軸の正の向きと
★★☆☆ のなす角をそれぞれ α, β, γ とするとき，$\cos^2\alpha + \cos^2\beta + \cos^2\gamma = 1$ であること
頻出 を証明せよ。

49 3点 A(2, 3, -3)，B(5, -3, 3)，C(-1, 0, 6) に対して，
★☆☆☆ 線分 AB，BC，CA を 2:1 に内分する点をそれぞれ P，Q，R とする。
頻出 (1) 点 P，Q, R の座標を求めよ。
(2) △PQR の重心 G の座標を求めよ。

50 平行六面体 OADB−CEFG において，△OAB，△OBC，△OCA の重心をそれぞ
★★☆☆ れ P，Q，R とする。さらに，△ABC，△PQR の重心をそれぞれ S，T とするとき，
頻出 4点 O，T，S，F は一直線上にあることを示せ。また，OT:TS:SF を求めよ。

51 四面体 OABC において，辺 AB，BC，CA を 2:3，3:2，1:4 に内分する点をそ
★★☆☆ れぞれ L，M，N とし，線分 CL と MN の交点を P とする。$\overrightarrow{OA} = \vec{a}$, $\overrightarrow{OB} = \vec{b}$,
頻出 $\overrightarrow{OC} = \vec{c}$ とするとき，$\overrightarrow{OP}$ を $\vec{a}$, $\vec{b}$, $\vec{c}$ で表せ。

52 3点 A(-1, -1, 3)，B(0, -3, 4)，C(1, -2, 5) があり，xy 平面上に点 P を，
★★☆☆ z 軸上に点 Q をとる。
頻出 (1) 3点 A，B，P が一直線上にあるとき，点 P の座標を求めよ。
(2) 4点 A，B，C，Q が同一平面上にあるとき，点 Q の座標を求めよ。

53 四面体 OABC において，辺 OA の中点を M，辺 BC を 1:2 に内分する点を N，線
★★★☆ 分 MN の中点を P とし，直線 OP と平面 ABC の交点を Q，直線 AP と平面 OBC
頻出 の交点を R とする。$\overrightarrow{OA} = \vec{a}$, $\overrightarrow{OB} = \vec{b}$, $\overrightarrow{OC} = \vec{c}$ とするとき，次のベクトルを $\vec{a}$,
$\vec{b}$, $\vec{c}$ で表せ。
(1) $\overrightarrow{OP}$ (2) $\overrightarrow{OQ}$ (3) $\overrightarrow{OR}$

☑ **探究例題6** 四面体 OABC において，P を辺 OA の中点，Q を
辺 OB を 2:1 に内分する点，R を辺 BC の中点とする。
P, Q, R を通る平面と辺 AC の交点を S とするとき，比
$|\overrightarrow{AS}| : |\overrightarrow{SC}|$ を求めたい。 　　　　（神戸大　改）

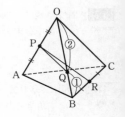

(1) 位置ベクトルの始点を O として求めよ。
(2) 位置ベクトルの始点を A として求めよ。

☑ **54** 四面体 ABCD において $AC^2 + BD^2 = AD^2 + BC^2$ が成り立つとき，AB ⊥ CD で
★★☆☆ あることを証明せよ。

☑ **55** 四面体 OABC において，△ABC，△OAB，△OBC の重心をそれぞれ G_1, G_2, G_3
★★★★ とすると，線分 OG_1, CG_2, AG_3 は 1 点で交わることを証明せよ。

☑ **56** 4 点 A(1, 1, 0)，B(2, 3, 3)，C(−1, 2, 1)，D(0, −6, 5) がある。
★★★☆ (1) △ABC の面積を求めよ。
(2) 直線 AD は平面 ABC に垂直であることを示せ。
(3) 四面体 ABCD の体積 V を求めよ。

☑ **57** 四面体 OABC は OA = 8，OB = 10，OC = 6，∠AOB = 90°，
★★★☆ ∠AOC = ∠BOC = 60° を満たしている。頂点 C から △OAB に垂線 CH を下ろ
頻出 したとき，$\overrightarrow{OH}$ を $\overrightarrow{OA}$, $\overrightarrow{OB}$ を用いて表せ。

☑ **58** 4 点 A(3, 3, 1)，B(1, 4, 3)，C(4, 1, 2)，D(4, 4, 3) において，点 A から平
★★★★ 面 BCD に垂線 AH を下ろしたとき，点 H の座標を求めよ。

☑ **59** 1 辺の長さが 1 の正四面体 OABC の内部に点 P があり，
★★★☆ 等式 $2\overrightarrow{OP} + \overrightarrow{AP} + 2\overrightarrow{BP} + 3\overrightarrow{CP} = \vec{0}$ が成り立っている。
(1) 直線 OP と底面 ABC の交点を Q，直線 AQ と辺 BC の交点を R とするとき，
BR:RC，AQ:QR，OP:PQ を求めよ。
(2) 4 つの四面体 PABC，POBC，POCA，POAB の体積比を求めよ。
(3) 線分 OP の長さを求めよ。

60 空間内に 3 点 A($\vec{a}$), B($\vec{b}$), C($\vec{c}$) がある。次の図形を表すベクトル方程式を求めよ。
★★☆☆ (1) 点 A を通り，直線 BC に平行な直線
(2) 直線 AB に垂直で，点 C を通る平面
(3) 線分 AB を直径の両端とする球

61 1 辺の長さが 1 の正方形を底面とする直方体 OABC－DEFG を考える。3 点 P，
★★★☆ Q，R をそれぞれ辺 AE，BF，CG 上に，4 点 O，P，Q，R が同一平面上にあるようにとる。さらに，∠AOP $= \alpha$，∠COR $= \beta$，四角形 OPQR の面積を S とおく。S を $\tan\alpha$ と $\tan\beta$ を用いて表せ。 (東京大 改)

62 2 点 A(2，1，3)，B(4，3，－1) を通る直線 AB 上の点のうち，原点 O に最も近
★★☆☆ い点 P の座標を求めよ。また，そのときの線分 OP の長さを求めよ。

63 O を原点とする空間において，点 A(4，0，－2) を通り $\vec{d_1} = (1，2，1)$ に平行
★★★☆ な直線を l，点 B(5，－5，－1) を通り $\vec{d_2} = (-1，1，1)$ に平行な直線を m とする。直線 l 上に点 P を，直線 m 上に点 Q をとる。線分 PQ の長さが最小となるような 2 点 P，Q の座標を求めよ。 (神戸大 改)

64 2 点 A(－1，2，3)，B(8，5，6) がある。xy 平面上に点 P をとるとき，AP＋PB
★★★☆ の最小値およびそのときの点 P の座標を求めよ。

65 次の球の方程式を求めよ。
★★☆☆ (1) 点 (2，1，－3) を中心とし，半径 5 の球
頻出 (2) 2 点 A(－2，1，5)，B(4，－3，－1) を直径の両端とする球
(3) 点 (1，－1，2) を通り，3 つの座標平面に接する球

66 4 点 (0，0，0)，(0，0，2)，(3，0，－1)，(2，－2，4) を通る球の方程式を求めよ。
★★☆☆ また，この球の中心の座標と半径を求めよ。

67 点 A(－4，－2，k) を通り，$\vec{d} = (1，2，1)$ に平行な直線 l と球
★★★☆ $\omega : x^2 + y^2 + z^2 = 9$ がある。
(1) $k = -1$ のとき，球 ω と直線 l の共有点の座標を求めよ。
(2) 球 ω と直線 l が接するような定数 k の値を求めよ。

☑ **68** 中心 A(2, 3, a), 半径 $\sqrt{7}$ の球が, 平面 $z = 1$ と交わってできる円 C の半径が
★★★☆ $\sqrt{3}$ であるとき, 次の問に答えよ。
  (1) 定数 a の値とそのときの球の方程式を求めよ。
  (2) 円 C の方程式を求めよ。

☑ **69** 2つの球 $(x-1)^2 + (y+2)^2 + (z+1)^2 = 5$ …①,
★★★☆ $(x-3)^2 + (y+3)^2 + (z-1)^2 = 2$ …② がある。
  (1) 点 P(3, 2, 4) を中心とし, 球①に接する球の方程式を求めよ。
  (2) 2つの球①, ②が交わってできる円 C の中心の座標と半径を求めよ。

☑ 探究例題 **7** 直線 $l : x - 3 = -y + 2 = \dfrac{z+2}{2}$ を含み, 点 A(−1, 2, 5) を通る平面 α
の方程式を求めよ。

☑ **70** 空間に $\vec{n} = (1, 2, -3)$ を法線ベクトルとし, 点 A(−1, 2, −1) を通る平面 α
★★★☆ がある。
  (1) 平面 α の方程式を求めよ。
  (2) 点 P(3, 5, −7) から平面 α に下ろした垂線を PH とする。点 H の座標を求め
     めよ。また, 点 P と平面 α の距離を求めよ。

☑ **71** 空間に 3 点 A(0, 0, −1), B(−1, 0, 1), C(−1, 1, 3) および
★★★☆ 球 $\omega : x^2 + y^2 + z^2 - 6x + 4y - 2z = 11$ がある。
  (1) 3 点 A, B, C を通る平面 α の方程式を求めよ。
  (2) 球 ω と平面 α が交わってできる円の半径 r を求めよ。

☑ **72** 原点を O とする空間内に, 2 点 A(2, 2, 0), B(0, 0, 1) がある。
★★★☆ 点 P(x, y, z) が等式 $\overrightarrow{OP} \cdot \overrightarrow{AP} + \overrightarrow{OP} \cdot \overrightarrow{BP} + \overrightarrow{AP} \cdot \overrightarrow{BP} = 3$ を満たすように動くとき,
点 P はどのような図形上を動くか。また, その図形の方程式を求めよ。

☑ **73** 空間に平面 $\alpha : x - 10y - 7z = 0$ と平面 $\beta : 3x + 5y + 4z = 35$ がある。
★★★☆ (1) 平面 α と平面 β のなす角 θ ($0° \leqq \theta \leqq 90°$) を求めよ。
  (2) 平面 α と平面 β の交線 l の方程式を求めよ。

74 空間に直線 $l : \dfrac{x+3}{5} = \dfrac{y+3}{3} = -\dfrac{z}{4}$ と平面 $\alpha : 5x + 4ay + 3z = -2$ がある。
★★★★

(1) 直線 l と平面 α が平行であるとき，a の値を求めよ。

(2) 直線 l と平面 α のなす角が $30°$ のとき，a の値を求めよ。

(3) 直線 l と平面 α が平行でないとき，平面 α は a の値によらず直線 l と定点 P で交わることを示し，その点の座標を求めよ。

思考の戦略編

☑ **戦略例題1** AB＝AC である二等辺三角形 ABC を考える。辺 AB の中点を M とし、
★★☆☆ 辺 AB を延長した直線上に点 N を、AN：NB＝2：1 となるようにとる。このとき、
∠BCM＝∠BCN となることを示せ。ただし、点 N は辺 AB 上にはないものと
する。
（京都大）

☑ **戦略例題2** 四面体 OABC において、$\overrightarrow{AC}$, $\overrightarrow{OB}$ はいずれも $\overrightarrow{OA}$ に直交し、$\overrightarrow{AC}$ と $\overrightarrow{OB}$ の
★★★☆ なす角は 60° であり、AC＝OB＝2、OA＝3 である。このとき、△ABC の面積
と四面体 OABC の体積を求めよ。
（早稲田大）

☑ **戦略例題3** 原点を O とする座標平面上において、AB＝6、BC＝4、$\angle ABC = \dfrac{\pi}{2}$ で
★★★☆ ある直角三角形 ABC の頂点 A は y 軸上の正の部分、頂点 B は x 軸上の正の部分
にあり、頂点 C は第 1 象限にあるとする。OC の長さを L とするとき L の最大
値を求めよ。また、そのときの点 C の座標を求めよ。
（立教大 改）

☑ **戦略例題4** 実数 x, y が $|x| \leqq 1$, $|y| \leqq 1$ を満たすとき、次の不等式を証明せよ。
★★★★
$$0 \leqq x^2 + y^2 - 2x^2y^2 + 2xy\sqrt{1-x^2}\sqrt{1-y^2} \leqq 1$$
（大阪大）

☑ **戦略例題5** 原点を O とする座標空間において、2 点 A(3, 3, 4)、B(1, 0, 0) がある。
★★★☆ $|\overrightarrow{AP}| = 1$, $\overrightarrow{OB} \cdot \overrightarrow{AP} = 0$ を満たす点 P の集合を C、$|\overrightarrow{OQ}| = 1$ を満たす点 Q の
集合を S とする。

(1) 点 Q を S 上の点とするとき、$|\overrightarrow{AQ}|$ の最大値と最小値を求めよ。

(2) 点 P を C 上の点とし、点 Q を S 上の点とするとき、$|\overrightarrow{PQ}|$ の最大値と最小
値を求めよ。
（早稲田大 改）

☑ **戦略例題6** $a > b > c$, $x > y > z$ を満たすとき、次の不等式を証明せよ。
★★★☆
$$\frac{ax+by+cz}{3} > \left(\frac{a+b+c}{3}\right)\left(\frac{x+y+z}{3}\right)$$
（釧路公立大）

東京書籍

ベクトル

1 ベクトルの加法
(1) $\vec{a} + \vec{b} = \vec{b} + \vec{a}$
(2) $(\vec{a} + \vec{b}) + \vec{c} = \vec{a} + (\vec{b} + \vec{c})$
(3) $\vec{a} + \vec{0} = \vec{a}$
(4) $\vec{a} + (-\vec{a}) = \vec{0}$

2 ベクトルの実数倍
(1) $k(l\vec{a}) = (kl)\vec{a}$
(2) $(k+l)\vec{a} = k\vec{a} + l\vec{a}$
(3) $k(\vec{a} + \vec{b}) = k\vec{a} + k\vec{b}$

3 ベクトルの成分
$\vec{a} = (a_1, \ a_2), \ \vec{b} = (b_1, \ b_2)$ のとき
(1) 大きさ $\quad |\vec{a}| = \sqrt{a_1{}^2 + a_2{}^2}$
(2) 成分による演算
$\vec{a} + \vec{b} = (a_1 + b_1, \ a_2 + b_2)$
$\vec{a} - \vec{b} = (a_1 - b_1, \ a_2 - b_2)$
$k\vec{a} = (ka_1, \ ka_2) \quad (k \text{ は実数})$

4 座標と成分表示
$A(a_1, \ a_2), \ B(b_1, \ b_2)$ のとき
$\overrightarrow{AB} = (b_1 - a_1, \ b_2 - a_2)$
$|\overrightarrow{AB}| = \sqrt{(b_1 - a_1)^2 + (b_2 - a_2)^2}$

5 ベクトルの平行
$\vec{0}$ でない2つのベクトル $\vec{a} = (a_1, \ a_2)$,
$\vec{b} = (b_1, \ b_2)$ について
$\vec{a} /\!/ \vec{b} \iff \vec{b} = k\vec{a}$ となる実数 k が存在する
$\qquad\qquad \iff a_1 b_2 - a_2 b_1 = 0$

6 ベクトルの内積
(1) 内積の定義
2つのベクトル $\vec{a}$ と $\vec{b}$ のなす角を θ とすると
$\vec{a} \cdot \vec{b} = |\vec{a}||\vec{b}| \cos\theta$
(2) 内積の性質
$\vec{a} \cdot \vec{b} = \vec{b} \cdot \vec{a}$
$\vec{a} \cdot (\vec{b} + \vec{c}) = \vec{a} \cdot \vec{b} + \vec{a} \cdot \vec{c}$
$(\vec{a} + \vec{b}) \cdot \vec{c} = \vec{a} \cdot \vec{c} + \vec{b} \cdot \vec{c}$
$(k\vec{a}) \cdot \vec{b} = k(\vec{a} \cdot \vec{b}) = \vec{a} \cdot (k\vec{b}) \quad (k \text{ は実数})$
$\vec{a} \cdot \vec{a} = |\vec{a}|^2, \ |\vec{a} \cdot \vec{b}| \leqq |\vec{a}||\vec{b}|$
(3) 内積の成分表示
$\vec{a} = (a_1, \ a_2), \ \vec{b} = (b_1, \ b_2)$ のとき
$\vec{a} \cdot \vec{b} = a_1 b_1 + a_2 b_2$

(4) ベクトルの垂直と内積
$\vec{0}$ でない2つのベクトル $\vec{a} = (a_1, \ a_2)$,
$\vec{b} = (b_1, \ b_2)$ について
$\vec{a} \perp \vec{b} \iff \vec{a} \cdot \vec{b} = 0$
$\qquad\qquad \iff a_1 b_1 + a_2 b_2 = 0$
(5) ベクトルのなす角
$\vec{0}$ でない2つのベクトル $\vec{a} = (a_1, \ a_2)$,
$\vec{b} = (b_1, \ b_2)$ について, $\vec{a}$ と $\vec{b}$ のなす角を θ とすると
$$\cos\theta = \frac{\vec{a} \cdot \vec{b}}{|\vec{a}||\vec{b}|} = \frac{a_1 b_1 + a_2 b_2}{\sqrt{a_1{}^2 + a_2{}^2}\sqrt{b_1{}^2 + b_2{}^2}}$$

7 位置ベクトル
(1) 分点の位置ベクトル
2点 $A(\vec{a})$, $B(\vec{b})$ を結ぶ線分 AB を $m:n$ に内分する点 P, $m:n$ に外分する点 Q の位置ベクトル $\vec{p}, \ \vec{q}$ は
$$\vec{p} = \frac{n\vec{a} + m\vec{b}}{m+n}, \qquad \vec{q} = \frac{-n\vec{a} + m\vec{b}}{m-n}$$
(2) 2点 A, B が異なるとき
3点 A, B, C が一直線上にある
$\iff \overrightarrow{AC} = k\overrightarrow{AB}$ となる実数 k が存在する

8 △OAB の面積
$\overrightarrow{OA} = \vec{a}, \ \overrightarrow{OB} = \vec{b}$, △OAB の面積を S とすると
$$S = \frac{1}{2}\sqrt{|\vec{a}|^2|\vec{b}|^2 - (\vec{a} \cdot \vec{b})^2}$$

9 ベクトル方程式
(1) 点 $A(\vec{a})$ を通り, $\vec{u}$ に平行な直線
$\vec{p} = \vec{a} + t\vec{u}$
(2) 2点 $A(\vec{a})$, $B(\vec{b})$ を通る直線
$\vec{p} = (1-t)\vec{a} + t\vec{b}$
$\quad = s\vec{a} + t\vec{b} \quad (s+t=1)$
(3) 点 A を通り, $\vec{n}$ に垂直な直線
$\vec{n} \cdot (\vec{p} - \vec{a}) = 0$
(4) 点 $C(\vec{c})$ を中心とする半径 r の円
$|\vec{p} - \vec{c}| = r$

10 球の方程式
(1) 点 $C(a, \ b, \ c)$ を中心とする半径 r の球
$(x-a)^2 + (y-b)^2 + (z-c)^2 = r^2$
(2) 原点を中心とする半径 r の球
$x^2 + y^2 + z^2 = r^2$

皆さんへのメッセージ

〜私たちの願い〜

どうして数学の学習では，解答の過程を丁寧に示すことが求められるのでしょうか？

　　求めた値は，偶然正解と一致していただけかもしれないから…。

　　大学入試で採点対象であるから…。

　　数学は解答に至るまでの思考の過程が大切だから…。

いずれも1つの答えかもしれません。

私たちからも，皆さんに1つの答えを紹介したいと思います。それは

客観的な事実を，正確にかつ論理的に表現し「伝える力」を養うため

です。これまでの数学の学習で皆さんは，定理や公式を駆使して線分の長さや面積を求める問題や，等式や不等式の証明問題などにチャレンジしてきました。その際に先生から，「どうしてその公式を用いるの？」と根拠を求められたり，「途中過程をもっと分かりやすく丁寧に」と指示されたりしたことがあるかもしれません。また授業では，先生やクラスメートと定理や公式，関連知識を交えた対話を通して問題を解いた経験をした人がいるかもしれません。

　　そのときには，自分の考えを整理し直し，伝える順序を工夫して，効果的な図やグラフを示しながら説明しようと試みたのではないでしょうか。そのようなことは，数学以外の問題で自分の考えを伝えるときにも大切です。

　　皆さんがこれから社会で活躍するとき，事実や主張を正確にかつ論理的に伝える力は，物事を円滑に進める上でとても重要です。

自分の考えの結果だけを示しても，他人に納得してもらうことはできない。
その根拠を示し論理的に分かりやすく説明して初めて，納得してもらえるのである。

　　私たちの願いは，皆さんが数学の学習で単に値を求めることに満足せず，「この解法を他人に伝えるにはどうすれば効果的だろうか？」という視点で答案を見直し，自分の考えを正確にかつ論理的に「伝える力」を身に付けることです。そして，この「伝える力」は数学の問題にとどまらず，社会においても，日常生活においても役に立つのです。

　　書名「NEW ACTION LEGEND」の"LEGEND"には"語り継がれるもの"という意味があります。皆さんが，1年後はもちろん，10年後，20年後，50年後に"語り継ぐ"ことができる「伝える力」を身に付けることができたら，これほど幸せなことはありません。

NEW ACTION LEGEND 編集委員会

目次

【問題数】

例題・練習・問題	各74題	Let's Try!	20題
探究例題(コラム)	7題	思考の戦略編 例題・練習・問題	各6題
チャレンジ(コラム)	5題	入試攻略	13題
本質を問う	10題		合計295題

コラム一覧

本書の構成

本書『NEW ACTION LEGEND 数学 C ベクトル編』は，教科書の例題レベルから大学入試レベルの応用問題までを，網羅的に扱った参考書です。本書で扱う例題は，関連する内容を，"教科書レベルから大学入試レベルへ"と難易度が上がっていくように系統的に配列していますので

① 日々の学習における，ベクトルの内容の体系的な理解

② 大学入試対策における，入試問題の骨子となる内容の確認と練習

を効率よく行うことができます。

本書は次のような内容で構成されています。

[例題集]

巻頭に，例題の問題文をまとめた冊子が付いています。本体から取り外して使用することができますので，解答を見ずに例題を考えることができます。

↓

[例題MAP] [例題一覧]

章の初めに，例題，Play Back，Go Aheadについての情報をまとめています。例題MAPでは，例題間の関係を図で表しています。学習を進める際の地図として利用してください。

↓

まとめ

教科書で学習した用語や定理・公式などの基本事項をまとめた「受験教科書」です。　　　概要　　　は，基本事項の理解を助けたり，さらに深めたりする内容であり，特に以下に留意して記述しています。

- 用語の説明を，教科書よりも噛み砕いた表現で記述しています。
- 例 を挙げて，理解しやすくしています。
- 間違いやすい内容の注意を記述しています。
- 定理や公式の証明を記述しています。ただし，証明が長く，全体の流れを理解するのが難しいようなものに対しては，証明の全文を記述するのではなく，証明の概要を示すことによって，証明の要点をつかむことができるようにしています。

また，[information] では，"定理・公式を証明させる問題"や"用語を説明させる問題"の大学入試での出題状況を掲載しています。近年，このような問題が幅広い大学で出題されていますので，概要に掲載されている内容もしっかりと確認しておきましょう。

↓

例題 例題

例題は選りすぐられた良問ばかりです。例題をすべてマスターすれば，定期テストや大学入試問題にもしっかり対応できます。（詳細はp.6，7を参照）

↓

Play Back Go Ahead

コラム「Play Back」では，学習した内容を総合的に整理したり，重要事項をより詳しく説明したりしています。

コラム「Go Ahead」では，それまでの学習から一歩踏み出し，より発展的な内容や解法を紹介しています。

探究 例題

コラムの中で，数学的な見方・考え方をより広げることができる内容は，探究例題として問題化しました。近年増えつつある新傾向の大学入試対策としても利用できます。

↓

問題編

節末に，例題・練習より少しレベルアップした類題「問題」をまとめています。

↓

本質を問う

「定義を理解できているか」「なぜその性質が成り立つのか」「なぜその性質を利用するのか」などを考える，例題とは異なる形式の問題です。

分からない問題は，◀p.00 概要◯ で対応する内容を振り返ることができます。

↓

Let's Try!

節末に設けた，例題と同レベル以上の問題です。各問題には ◀例題00 で対応する例題が示してあるので，解けない問題はすぐに関連する例題を復習することができます。

↓

思考の戦略編

分野を越えた効果的な思考法について，本編の例題やプロセスワードと関連させて解説しています。思考力を高めるとともに，大学入試への対応力をさらに引き上げます。

↓

入試攻略

巻末に設けた大学入試の過去問集です。学習の成果を総合的に確認しながら，実戦力を養うことができます。また，大学入試対策としても活用できます。

例題ページの構成

例題番号

例題番号の色で例題の種類を表しています。
赤　教科書レベル
黒　教科書の範囲外の内容や入試レベル

思考のプロセス

問題を理解し，解答の計画を立てるときの思考の流れを
記述しています。数学を得意な人が，
**　問題を解くときにどのようなことを考えているか**
**　どうしてそのような解答を思い付くのか**
を知ることができます。
これらをヒントに **自分で考える習慣** をつけましょう。

また， 図をかく のように，多くの問題に共通した重要
な数学的思考法をプロセスワードとして示しています。こ
れらの数学的思考法が身に付くと，難易度の高い問題に
対しても，解決の糸口を見つけることができるようになり
ます。（詳細はp.10を参照）

Action»

思考のプロセスでの考え方を簡潔な言葉でまとめました。
その問題の解法の急所となる内容です。

«ReAction

既習例題の Action» を活用するときには，それを例題番
号と合わせて明示しています。登場回数が多いほど，様々
な問題に共通する大切な考え方となります。

解答

模範解答を示しています。
赤字の部分は Action» や «ReAction に対応する箇所
です。

関連例題

この例題を理解するための前提となる内容を扱った例題
を示しています。復習に活用するとともに，例題と例題が
つながっていること，難しい例題も易しい例題を組み合わ
せたものであることを意識するようにしましょう。

例題 41 空間におけ

3点 O(0, 0, 0), A(2,
めよ。
(1) xy 平面上にあり，3
(2) 点 A に関して，点 B

思考のプロセス

数学Ⅱ「図形と方程式」で学
未知のものを文字でおく
(1) 点 D は xy 平面上の点
　　点 D は3点 O, A, B が
　　«ReAction　距離に関す
(2) 点 C は点 A に関して点

解 (1) 点 D は xy 平面上にあ
　　　D は3点 O, A, B から
　　　OD = AD = BD より
　　　$OD^2 = AD^2$ より
　　　　　$x^2 + y^2 = (x-2)^2$
　　　よって　　$x - y = 3$
　　　$OD^2 = BD^2$ より
　　　　　$x^2 + y^2 = (x-6)^2$
　　　よって　　$3x + 2y = 14$
　　　①，② より　　$x = 4$,
　　　したがって　　D(4, 1,
(2) C(x, y, z) とおく。
　　　ら　　$\frac{6+x}{2} = 2$, $\frac{4+y}{2}$
　　　よって　　$x = -2$, $y =$
　　　したがって　　C(-2,

Point...空間における2点間の

空間において A(a_1, a_2, a_3),
(1) $\vec{AB} = (b_1 - a_1, b_2 - a_1$
　　　$AB = |\vec{AB}| = \sqrt{}$
(2) 線分 AB の中点の座標は

練習 41 (1) yz 平面上にあっ
　　　距離にある点 P の
　　(2) 4点 O(0, 0, 0)
　　　ある点 Q の座標を

D 頻出
★☆☆

2) に対して，次の座標を求

離にある点 D

用して考えて。

O = BD

利用せよ ◀ⅡB 例題 76

，線分 □ の中点

おく。

■xy 平面上の点であるから，z 座標は 0 である。

$OD^2 = AD^2 = BD^2$
$\iff \begin{cases} OD^2 = AD^2 \\ OD^2 = BD^2 \end{cases}$

であるか

◀①×2+② より
$5x = 20$
よって $x = 4$

C(x, y, z)
A$(2, -2, 2)$
B$(6, 4, -2)$

$\dfrac{ -a_3)^2}{ }$
$\dfrac{a_3 + b_3}{2}$

$(1, -1, 1)$, B$(1, 2, 1)$ から等

$1, 2)$, E$(0, 1, 3)$ から等距離に

（関西学院大）

93

⇒p.138 問題41

頻出 マーク

定期考査などで出題されやすい，特に重要な例題です。効率的に学習したいときは，まずこのマークが付いた例題を解きましょう。

★マーク

★の数で例題の難易度を示しています。
★☆☆☆　教科書の例レベル
★★☆☆　教科書の例題レベル
★★★☆　教科書の節末・章末レベル，入試の標準レベル
★★★★　入試のやや難しいレベル

解説

解答の考え方や式変形，利用する公式などを補足説明しています。
！[注意]
うっかり忘れてしまう所や間違いやすい所に付けています。対応する解答本文には ………… を引いています。

Point...

例題に関連する内容を一般的にまとめたり，解答の補足をしたり，注意事項をまとめたりしています。数学的な知識をさらに深めることができます。

練習

例題と同レベルの類題で，例題の理解の確認や反復練習に適しています。

問題

節末に，例題・練習より少しレベルアップした類題があり，その掲載ページ数・問題番号を示しています。

1章
4
空間におけるベクトル

学習の方法

1 「問題を解く」ということ

問題を解く力を養うには,「自力で考える時間をなるべく多くする」ことと,「自分の答案を振り返る」ことが大切です。次のような手順で例題に取り組むとよいでしょう。

1 [例題集]を利用して,まずは自分の力で解いてみる。すぐに解けなくても15分ほど考えてみる。
考えるときは,頭の中だけで考えるのではなく,図をかいてみる,具体的な数字を当てはめてみるなど,紙と鉛筆を使って手を動かして考える。

以降,各段階において自分で答案が書けたときは **5** へ,書けないときは次の段階へ

2 15分考えても分からないときは,思考のプロセス を読み,再び考える。

3 それでも手が動かないときに,初めて解答を読む。
解答を読む際は,**Action»** や **«ReAction** に関わる部分(赤文字の部分)に注意しながら読む。また,解答右の[解説]や**!**[注意]に目を通したり,[関連例題]を振り返ったりして理解を深める。

4 ひと通り読んで理解したら,本を閉じ,解答を見ずに自分で答案を書く。解答を読んで理解することと,自分で答案を書けることは,全く違う技能であることを意識する。

5 自分の答案と参考書の解答を比べる。このとき,以下の点に注意する。
- 最終的な答の正誤だけに気を取られず,途中式や説明が書けているか確認する。
- **Action»** や **«ReAction** の部分を考えることができているか確認する。
- もう一度 思考のプロセス を読んで,考え方を理解する。
- **Point...** を読み,その例題のポイントを再整理する。
- [関連例題]や[例題MAP]を確認して,学んだことを体系化する。

いくつかの例題に取り組み,数学の内容について理解が深まってきたら,以下のページを参考に,答案を書くときに大切なことを意識するようにしましょう。

❶ LEGEND数学I+A p.278 Play Back **19「自分の考えを論理的に表現する」**
自分の考えを正しく表現するために重要なことを学ぶ。

❷ 巻 末 「答案作成で注意すること」
分野を越えて重要な数学の議論・表現について確認する。

❸ 巻 末 「解答を振り返る」
自分の答が正しいかを確認できる効果的な方法について学ぶ。

2 参考書を究極の問題集として活用する

次ページの ❶〜❹ のように活用することで,様々な時期や目的に合わせた学習を,この1冊で効率的に完結することができます。

❶

時 期	日々の学習, 週末や長期休暇の課題	目 的	じっくり時間をかけて, 1題1題丁寧に理解したい!

まとめ　　　　　　　　　まとめを読み，その分野の大事な用語や定理・公式を振り返る。

例題 ★～★★★　　　**1**「問題を解く」ということの手順にしたがって，問題を解く。

練習　　　　　　　①「練習」➡「問題」と解いて，段階的に実力アップを図る。
　　　　　　　　　②日々の学習で「練習」を，3年生の受験対策で「問題」を解く。
問題編　　　　　　③例題が解けなかったとき ➡「練習」で確実に反復練習!
　　　　　　　　　　例題が解けたとき　　　➡「問題」に挑んで実力アップ!

Play Back　　　　　Play Back で学習した内容をまとめ，間違いやすい箇所を確認する。
Go Ahead　　　　　また，Go Ahead で一歩進んだ内容を学習する。
探究例題　　　　　コラムを読むだけでなく，探究例題 でしっかり考え，問題を解く。

❷

時 期	定期テストの前	目 的	基礎・基本は身に付いているのだろうか? 確認して弱点を補いたい!

例題 ★★★～★★★★★　それぞれの例題でつまずいたときには，[関連例題]を確認したり，[例題
頻出 が付いた例題　　　MAP]の→を遡ったりして，基礎から復習する。

例題 ★～★★★　　　さらに力をつけ，高得点を狙うときは，黒文字の例題にも挑戦する。
　　　　　　　　　　関連する Go Ahead があれば，目を通して理解を深める。

❸

時 期	実力テストや 模擬試験の前	目 的	出題範囲が広くて，時間もない。 全体を短時間で振り返りたい!

本質を問う　　　　　重要な定理・公式の成り立ちや意味を振り返る。
　　　　　　　　　　分からないときは ◀p.00 概要0 を利用して，関連するまとめを復習する。

Let's Try!　　　　　節全体を網羅した Let's Try! で，これまでの知識を整理する。
　　　　　　　　　　解けないときは ◀例題00 を利用して，関連する例題を復習する。

❹

時 期	大学入試の対策	目 的	3年間の総まとめ, 効率よく学習し直したい!

頻出 が付いた例題　　1・2年生で学習した内容を確認するため，頻出 が付いた例題を見返し，効
　　　　　　　　　　率的にひと通り復習する。

例題 ★★★～★★★★★　数学を得点源にするためには，これらの例題にも挑戦する。
　　　　　　　　　　入試頻出の重要テーマを，前後の例題との違いを意識しながら学習する。

探究例題　　　　　　数学的活用力が問われるような，新傾向問題に挑戦する。

思考の戦略編　　　　思考の戦略編で，より実践的な思考力を身に付け，入試攻略 で過去の入試問
入試攻略　　　　　　題に挑戦する。

数学的思考力への扉

皆さんは問題を解くとき，問題を見てすぐに答案を書き始めていませんか？
数学に限らず日常生活の場面においても，問題を解決するときには次の４つの段階があります。

$$\boxed{問題を理解する} \Rightarrow \boxed{計画を立てる} \Rightarrow \boxed{計画を実行する} \Rightarrow \boxed{振り返ってみる}$$

この４つの段階のうち「計画を立てる」段階が最も大切です。初めて見る問題で「計画を立てる」ときには，定理や公式のような知識だけでは不十分で，以下のような 数学的思考法 がなければ，とても歯が立ちません。
もちろん，これらの数学的思考法を使えばどのような問題でも解決できる，ということはありません。しかし，これらの数学的思考法を十分に意識し，紙と鉛筆を使って試行錯誤するならば，初めて見る問題に対しても，計画を立て，解決の糸口を見つけることができるようになるでしょう。

図をかく ／ 図で考える ／ 表で考える

道順を説明するとき，文章のみで伝えようとするよりも地図を見せた方が分かりやすい。
数学においても，特に図形の問題では，問題文で与えられた条件を図に表すことで，問題の状況や求めるものが見やすくなる。

○○の言い換え （○○ ➡ 条件，求めるもの，目標，問題）

「n 人の生徒に10本ずつ鉛筆を配ると，1本余る」という条件は文章のままで扱わずに，「鉛筆は全部で($10n+1$)本」と，式で扱った方が分かりやすい。
このように，「文章の条件」を「式の条件」に言い換えたり，「式の条件」を「グラフの条件」に言い換えたりすると，式変形やグラフの性質が利用でき，解答に近づくことができる。

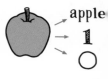

○○を分ける （○○ ➡ 問題，図，式，場合）

外出先を相談するときに，A「ピクニックに行きたい」 B「でも雨かもしれないから，買い物がいいかな」 A「天気予報では雨とは言ってなかったよ」 C「買い物するお金がない」などと話していては，決まるまでに時間がかかる。天気が晴れの場合と雨の場合に分けて考え，天気と予算についても分けて考える必要がある。
数学においても，例えば複雑な図形はそのまま考えずに，一部分を抜き出してみると三角形や円のような単純な図形となって，考えやすい場合がある。このように，複雑な問題，図，式などは部分に分け，整理して考えることで，状況を把握しやすくなり，難しさを解きほぐすことができる。

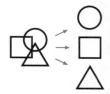

具体的に考える / 規則性を見つける

日常の問題でも，数学の問題でも，問題が抽象的であるほど，その状況を理解することが難しくなる。このようなときに，問題文をただ眺めて頭の中だけで考えていたのでは，解決の糸口は見つけにくい。

議論をしているときに，相手に「例えば？」と聞くように，抽象的な問題では具体例を考えると分かりやすくなる。また，具体的にいくつかの値を代入してみると，その問題がもつ規則性を発見できることもある。

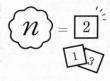

段階的に考える

ジグソーパズルに挑戦するとき，やみくもに作り出すのは得策ではない。まずは，角や端になるピースを分類する。その次に，似た色ごとにピースを分類する。そして，端の部分や，特徴のある模様の部分から作る。このように，作業は複雑であるほど，作業の全体を見通し，段階に分けてそれぞれを正確に行うことが大切である。

数学においても，同時に様々なことを考えるのではなく，段階に分けて考えることによって，より正確に解決することができる。

逆向きに考える

友人と12時に待ち合わせをしている。徒歩でバス停まで行き，バスで駅まで行き，電車を2回乗り換えて目的地に到着するような場合，12時に到着するためには何時に家を出ればよいか？　11時ではどうか，11時10分ではどうか，と試行錯誤するのではなく，12時に到着するように，電車，バス，徒歩にかかる時間を逆算して考えるだろう。

数学においても，求めるものから出発して，そのためには何が分かればよいか，さらにそのためには何が分かればよいか，…と逆向きに考えることがある。

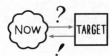

対応を考える

包み紙に1つずつ包装されたお菓子がある。満足するまでお菓子を食べた後，「自分は何個のお菓子を食べたのだろう」と気になったときには，どのように考えればよいか？　包み紙の数を数えればよい。お菓子と包み紙は1対1で対応しているので，包み紙の数を数えれば，食べたお菓子の数も分かる。

数学においても，直接考えにくいものは，それと対応関係がある考えやすいものに着目することで，問題を解きやすくすることがある。

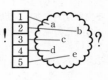

既知の問題に帰着 / 前問の結果の利用

日常の問題でこれまで経験したことのない問題に対して，どのようにアプローチするとよいか？　まずは，考え方を知っている似た問題を探し出すことによって，その考え方が活用できないかを考える。

数学の問題でも，まったく解いたことのない問題に対して，似た問題に帰着したり，前問の結果を利用できないかを考えることは有効である。もちろん，必ず解答にたどり着くとは限らないが，解決の糸口を見つけるきっかけになることが多い。

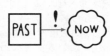

見方を変える

右の図は何に見えるだろうか？　白い部分に着目すれば壺であり，黒い部分に着目すれば向かい合った2人の顔である。このように，見方を変えると同じものでも違ったように見えることがある。

数学においても，全体のうちのAの方に着目するか，Aでない方に着目するかによって，解決が難しくなったり，簡単になったりすることがある。

未知のものを文字でおく ／ 複雑なものを文字でおく

これまで，「鉛筆の本数をx本とおく」のように，求めるものを文字でおいた経験があるだろう。それによって，他の値をxで表したり，方程式を立てたりすることができ，解答を導くことができるようになる。また，複雑な式はそのまま考えるのではなく，複雑な部分を文字でおくことで，構造を理解しやすくなることがある。

この考え方は高校数学でも活用でき，数学的思考法の代表例である。

○○を減らす （○○ ➡ 変数，文字）

友人と出かける約束をするとき，日時も，行き先も，メンバーも決まっていないのでは，計画を立てようもない。いずれか1つでも決めておくと，それに合うように他の条件も決めやすくなる。未知のものは1つでも少なくした方が考えやすい。

数学においても，例えば連立方程式を解くときには，一方の文字を消去することによって解くことができるように，定まっていないものを減らそうと考えることは重要である。

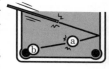

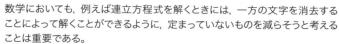

次元を下げる ／ 次数を下げる

空を飛び回るトンボの経路を説明するよりも，地面を歩く蟻の経路を説明する方が簡単である。荷物を床に並べるよりも，箱にしまう方が難しい。人間は3次元の中で生活をしているが，3次元よりも2次元のものの方が認識しやすい。

数学においても，3次元の立体のままでは考えることができないが，展開したり，切り取ったりして2次元にすると考えやすくなることがある。

候補を絞り込む

20人で集まって食事に行くとき，どういうお店に行くか？　20人全員にそれぞれ食べたいものを聞いてしまうと意見を集約させるのは難しい。まずは2,3人から寿司，ラーメンなどと意見を出してもらい，残りの人に寿司やラーメンが嫌な人は？　と聞いた方がお店は決まりやすい。

数学においても，すべての条件を満たすものを探すのではなく，まずは候補を絞り，それが他の条件を満たすかどうかを考えることによって，解答を得ることがある。

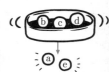

数学的思考力への扉

1つのものに着目

文化祭のお店で小銭がたくさん集まった。これが全部でいくらあるか考えるとき、硬貨を1枚拾っては分類していく方法と、まず500円玉を集め、次に100円玉を集め、…と1種類の硬貨に着目して整理する方法がある。

数学においても、式に多くの文字が含まれていたり、要素が多く含まれていたりするときには、1つの文字や1つの要素に着目すると、整理して考えられるようになる。

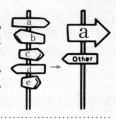

基準を定める

観覧車にあるゴンドラの数を数えるとき、何も考えずに数え始めると、どこから数え始めたのか分からなくなる。「体操の隊形にひらけ」ではうまく広がれないが、「Aさん基準、体操の隊形にひらけ」であれば素早く整列できる。

数学においても、基準を設定することで、同じものを重複して数えるのを防ぐことができたり、相似の中心を明確にすることで、図形の大きさを考えやすくできたりすることができる。

プロセスワード で学びを深める

分野を越えて共通する思考法を意識できます。

人に伝える際、思考を表現する共通言語となります。

数学的思考法はここまでに挙げたもの以外にはない、ということはありません。皆さんも、問題を解きながら共通している思考法を見つけて、自らの手で、自らの数学的思考法を創り上げていってください。

1章 ベクトル

例題MAP

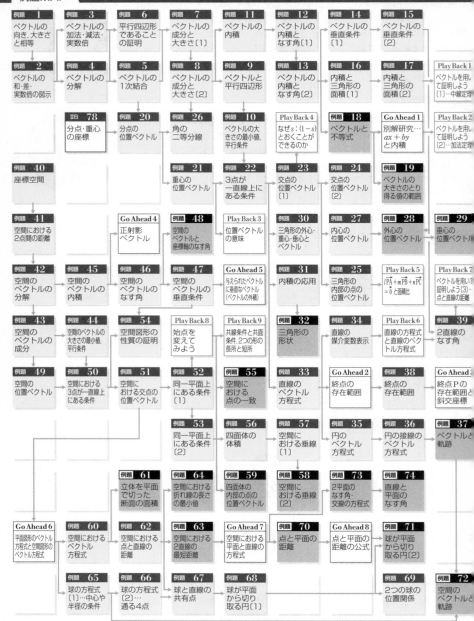

例題 1 ベクトルの向き,大きさと相等

例題 2 ベクトルの和・差・実数倍の図示

例題 3 ベクトルの加法・減法・実数倍

例題 4 ベクトルの分解

例題 6 平行四辺形であることの証明

例題 5 ベクトルの1次結合

例題 7 ベクトルの成分と大きさ[1]

例題 8 ベクトルの成分と大きさ[2]

例題 9 ベクトルと平行四辺形

例題 11 ベクトルの内積

例題 12 ベクトルの内積となす角[1]

例題 13 ベクトルの内積となす角[2]

例題 14 ベクトルの垂直条件[1]

例題 16 内積と三角形の面積[1]

例題 15 ベクトルの垂直条件[2]

例題 17 内積と三角形の面積[2]

Play Back 1 ベクトルを用いて証明しよう[1]…中線定理

IIB 78 分点・重心の座標

例題 20 分点の位置ベクトル

例題 26 角の二等分線

例題 10 ベクトルの大きさの最小値,平行条件

Play Back 4 なぜ $s:(1-s)$ とおくことができるのか

例題 18 ベクトルと不等式

Go Ahead 1 別解研究… $ax+by$ と内積

Play Back 2 ベクトルを用いて証明しよう[2]…加法定理

例題 40 座標空間

例題 21 重心の位置ベクトル

例題 22 3点が一直線上にある条件

例題 23 交点の位置ベクトル[1]

例題 24 交点の位置ベクトル[2]

例題 19 ベクトルの大きさのとり得る値の範囲

例題 41 空間における2点間の距離

Go Ahead 4 正射影ベクトル

例題 48 空間のベクトルと座標軸のなす角

Play Back 3 位置ベクトルの意味

例題 30 三角形の外心・重心・垂心とベクトル

例題 27 内心の位置ベクトル

例題 28 外心の位置ベクトル

例題 29 垂心の位置ベクトル

例題 42 空間のベクトルの分解

例題 45 空間のベクトルの内積

例題 46 空間のベクトルのなす角

例題 47 空間のベクトルの垂直条件

Go Ahead 5 与えられたベクトルに垂直なベクトル(ベクトルの外積)

例題 31 内積の応用

例題 25 三角形の内部の点の位置ベクトル

Play Back 5 $\overrightarrow{lPA}+m\overrightarrow{PB}+n\overrightarrow{PC}=\vec{0}$ と面積比

例題 43 空間のベクトルの成分

例題 44 空間のベクトルの大きさの最小値,平行条件

例題 54 空間図形の性質の証明

Play Back 8 始点を変えてみよう

Play Back 9 共線条件と共面条件,2つの形の長所と短所

例題 32 三角形の形状

例題 34 直線の媒介変数表示

Play Back 6 直線の方程式と直線のベクトル方程式

例題 39 2直線のなす角

例題 49 空間の位置ベクトル

例題 50 空間における3点が一直線上にある条件

例題 51 空間における交点の位置ベクトル

例題 52 同一平面上にある条件[1]

例題 55 空間における点の一致

例題 33 直線のベクトル方程式

Go Ahead 2 終点の存在範囲

例題 38 終点の存在範囲

Go Ahead 3 終点Pの存在範囲と斜交座標

例題 53 同一平面上にある条件[2]

例題 56 四面体の体積

例題 57 空間における垂線[1]

例題 35 円のベクトル方程式

例題 36 円の接線のベクトル方程式

例題 37 ベクトルと軌跡

例題 61 立体を平面で切った断面の面積

例題 64 空間における折れ線の長さの最小値

例題 59 四面体の内部の点の位置ベクトル

例題 58 空間における垂線[2]

例題 73 2平面のなす角・交線の方程式

例題 74 直線と平面のなす角

Go Ahead 6 平面図形のベクトル方程式と空間図形のベクトル方程式

例題 60 空間におけるベクトル方程式

例題 62 空間における点と直線の距離

例題 63 空間における2直線の最短距離

Go Ahead 7 空間における平面と直線の方程式

例題 70 点と平面の距離

Go Ahead 8 点と平面の距離の公式

例題 71 球が平面から切り取る円[2]

例題 65 球の方程式[1]…中心や半径の条件

例題 66 球の方程式[2]…通る4点

例題 67 球と直線の共有点

例題 68 球が平面から切り取る円[1]

例題 69 2つの球の位置関係

例題 72 空間のベクトルと軌跡

14

例題■は教科書の予習復習に,例題■は教科書学習後の実力 UP に適しています。
ある例題でつまずいたときは,→をたどって,基礎となる例題を復習しましょう。

この章の解説動画とデジタルコンテンツはこちら　→

例題一覧

PB…Play Back，GA…Go Ahead
頻…定期考査などで出題されやすい，特に重要な例題です。
探…探究例題を通して，数学的な見方・考え方を広げるコラムです。
D…内容の解説のためのデジタルコンテンツが付いています。

① ベクトル

有向線分 … 向きのついた線分。有向線分 AB において、
A を **始点**、B を **終点** という。

ベクトル … 有向線分において、その位置を問題にせず、
向きと大きさだけに着目したもの。
有向線分 AB を表すベクトルを $\overrightarrow{AB}$ と書く。
また、ベクトルを $\vec{a},\ \vec{b},\ \vec{c}$ などと表すこともある。

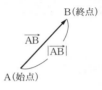

$\overrightarrow{AB}$ **の大きさ** … $\overrightarrow{AB}$ の表す有向線分 AB の長さ。$|\overrightarrow{AB}|$ と表す。

ベクトルの相等 … 2つのベクトルの向きと大きさが
一致すること。2つのベクトルが **等**
しい という。$\overrightarrow{AB}$ と $\overrightarrow{CD}$ が等しいと
き、$\overrightarrow{AB} = \overrightarrow{CD}$ と書く。

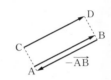

逆ベクトル … あるベクトルに対して、大きさが同じで
向きが反対であるベクトル。
$\vec{a}$ の逆ベクトルを $-\vec{a}$ と表す。特に、$\overrightarrow{BA} = -\overrightarrow{AB}$ である。

零ベクトル … 始点と終点が一致したベクトル。$\vec{0}$ と表す。
$\vec{0}$ の大きさは 0、$\vec{0}$ の向きは考えない。

② ベクトルの加法・減法・実数倍

(1) ベクトルの加法

2つのベクトル $\vec{a},\ \vec{b}$ に対して、1つの点 A をとり、次
に、$\vec{a} = \overrightarrow{AB},\ \vec{b} = \overrightarrow{BC}$ となるように点 B、C をとる。
このとき、$\overrightarrow{AC}$ を $\vec{a}$ と $\vec{b}$ の **和** といい、$\vec{a}+\vec{b}$ と表す。
すなわち $\overrightarrow{AB}+\overrightarrow{BC} = \overrightarrow{AC}$

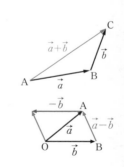

(2) ベクトルの減法

2つのベクトル $\vec{a},\ \vec{b}$ に対して、1つの点 O をとり、次
に、$\vec{a} = \overrightarrow{OA},\ \vec{b} = \overrightarrow{OB}$ となるように点 A、B をとる。
このとき、$\overrightarrow{BA}$ を $\vec{a}$ と $\vec{b}$ の **差** といい、$\vec{a}-\vec{b}$ と表す。
すなわち $\overrightarrow{OA}-\overrightarrow{OB} = \overrightarrow{BA}$

(3) ベクトルの実数倍

ベクトル $\vec{a}$ と実数 k に対して、$\vec{a}$ の k 倍 $k\vec{a}$ を次のように定める。

(ア) $\vec{a} \neq \vec{0}$ のとき

 (i) $k > 0$ ならば、$\vec{a}$ と同じ向きで大きさが k 倍のベクトル

 (ii) $k < 0$ ならば、$\vec{a}$ と反対向きで大きさが $|k|$ 倍のベクトル

 (iii) $k = 0$ ならば、$\vec{0}$

(イ) $\vec{a} = \vec{0}$ のとき $k\vec{a} = \vec{0}$

(4) 単位ベクトル

大きさが 1 であるベクトルを **単位ベクトル** という。

$\vec{a} \neq \vec{0}$ のとき，$\vec{a}$ と同じ向きの単位ベクトルは $\dfrac{\vec{a}}{|\vec{a}|}$ である。

← $\vec{e}$ が単位ベクトル
のとき $|\vec{e}| = 1$

③ ベクトルの計算法則

(1) 加法の性質

(ア) $\vec{a} + \vec{b} = \vec{b} + \vec{a}$ （交換法則）　(イ) $(\vec{a} + \vec{b}) + \vec{c} = \vec{a} + (\vec{b} + \vec{c})$ （結合法則）

(ウ) $\vec{a} + \vec{0} = \vec{a}$　　　　　　　　　(エ) $\vec{a} + (-\vec{a}) = \vec{0}$

(2) 実数倍の性質（k, l は実数）

(ア) $k(l\vec{a}) = (kl)\vec{a}$　　(イ) $(k + l)\vec{a} = k\vec{a} + l\vec{a}$　　(ウ) $k(\vec{a} + \vec{b}) = k\vec{a} + k\vec{b}$

概要

---

② ベクトルの加法・減法・実数倍

・ベクトルの減法

2 つのベクトル $\overrightarrow{OA}$, $\overrightarrow{OB}$ について，差 $\overrightarrow{OA} - \overrightarrow{OB}$ は

$$\overrightarrow{OA} - \overrightarrow{OB} = \overrightarrow{OA} + (-\overrightarrow{OB}) = \overrightarrow{OA} + \overrightarrow{BO} = \overrightarrow{BO} + \overrightarrow{OA} = \overrightarrow{BA}$$

このことから，2 つのベクトルの差は，それぞれのベクトルの始点が一致するように移動し，
$\underset{\text{終点}}{\overrightarrow{OA}} - \underset{\text{始点}}{\overrightarrow{OB}} = \underset{\text{始点　終点}}{\overrightarrow{BA}}$ と考えることができる。

・ベクトルの実数倍

ベクトルの実数倍の定義から，$|k\vec{a}| = |k||\vec{a}|$ が成り立つことが分かる。

また，$\dfrac{1}{k}\vec{a}$ を $\dfrac{\vec{a}}{k}$ と書くことがある。

③ ベクトルの計算法則

・加法の性質の図解

(ア) $\vec{a} + \vec{b} = \vec{b} + \vec{a}$ （交換法則）　　　　(イ) $(\vec{a} + \vec{b}) + \vec{c} = \vec{a} + (\vec{b} + \vec{c})$ （結合法則）

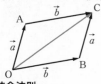
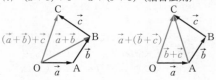

・結合法則

ベクトルの加法について，結合法則が成り立つことから，$(\vec{a} + \vec{b}) + \vec{c}$ や $\vec{a} + (\vec{b} + \vec{c})$ を単に
$\vec{a} + \vec{b} + \vec{c}$ と表すことができる。

・実数倍の図解

(ウ) $k(\vec{a} + \vec{b}) = k\vec{a} + k\vec{b}$

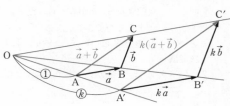

4 ベクトルの平行条件

$\vec{0}$ でない 2 つのベクトル $\vec{a}$, $\vec{b}$ が同じ向きまたは反対向きであるとき，$\vec{a}$ と $\vec{b}$ は平行であるといい，$\vec{a} \parallel \vec{b}$ と書く。

$\vec{a} \neq \vec{0}$, $\vec{b} \neq \vec{0}$ のとき

$\qquad \vec{a} \parallel \vec{b} \iff \vec{b} = k\vec{a}$ となる実数 k が存在する

5 ベクトルの 1 次独立

$\vec{a} \neq \vec{0}$, $\vec{b} \neq \vec{0}$ かつ $\vec{a}$ と $\vec{b}$ が平行でない（$\vec{a} \not\parallel \vec{b}$）とき，$\vec{a}$ と $\vec{b}$ は **1 次独立** であるという。

$\vec{a}$ と $\vec{b}$ が 1 次独立であるとき，平面上の任意のベクトル $\vec{p}$ は $\vec{p} = k\vec{a} + l\vec{b}$ の形にただ 1 通りに表される。ただし，k, l は実数である。

すなわち $\qquad k\vec{a} + l\vec{b} = k'\vec{a} + l'\vec{b} \iff k = k', \; l = l' \;\cdots(*)$

特に $\qquad k\vec{a} + l\vec{b} = \vec{0} \iff k = l = 0$

概要

---

5 ベクトルの 1 次独立

・(*) の証明

背理法を用いて証明する。

〔証明〕

　　2 つのベクトル $\vec{a}$ と $\vec{b}$ が 1 次独立（$\vec{a} \neq \vec{0}$, $\vec{b} \neq \vec{0}$, $\vec{a} \not\parallel \vec{b}$）であるとする。

　　$k\vec{a} + l\vec{b} = k'\vec{a} + l'\vec{b}$ が成り立つとすると

　　　　$(k - k')\vec{a} = (l' - l)\vec{b}$ 　…①

　　ここで，$k \neq k'$ と仮定すると $\qquad \vec{a} = \dfrac{l' - l}{k - k'}\vec{b}$ 　…②

　　②は $\vec{a} \parallel \vec{b}$ または $\vec{a} = \vec{0}$ であることを示している。 　　← $l \neq l'$ のとき $\vec{a} \parallel \vec{b}$

　　これは，$\vec{a}$ と $\vec{b}$ が 1 次独立であることに矛盾するから 　　　　$l = l'$ のとき $\vec{a} = \vec{0}$

　　　　$k = k'$

　　$k = k'$ を①に代入すると $\qquad (l' - l)\vec{b} = \vec{0}$

　　$\vec{b} \neq \vec{0}$ であるから，$l' - l = 0$ より $\qquad l = l'$

　　以上のことから「$k\vec{a} + l\vec{b} = k'\vec{a} + l'\vec{b} \implies k = k'$ かつ $l = l'$」

　　逆に，「$k = k'$ かつ $l = l' \implies k\vec{a} + l\vec{b} = k'\vec{a} + l'\vec{b}$」

　　は明らかに成り立つ。

・ベクトルの分解

平面上で 1 次独立な $\vec{a}$, $\vec{b}$ が与えられたとき，平面上の任意のベクトルは $k\vec{a} + l\vec{b}$ の形にただ 1 通りに表すことができる。このように，あるベクトル $\vec{x}$ を $\vec{x} = k\vec{a} + l\vec{b}$ の形で表すことを **ベクトルの分解** といい，$k\vec{a} + l\vec{b}$ の形を $\vec{a}$, $\vec{b}$ の **1 次結合** という。

・1 次従属

2 つのベクトル $\vec{a}$ と $\vec{b}$ が 1 次独立でないとき，$\vec{a}$ と $\vec{b}$ は **1 次従属** であるという。

ベクトルの向き，大きさと相等 ★☆☆☆

右の図において，次の条件を満たすベクトル
の組をすべて求めよ。

(1) 同じ向きのベクトル

(2) 大きさの等しいベクトル

(3) 等しいベクトル

(4) 互いに逆ベクトル

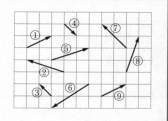

思考の
プロセス

ベクトル …「大きさ」と「向き」をもつ量（位置は無関係）

定義に戻る

等しいベクトル $\Longrightarrow$ $\begin{cases} 「大きさ」が等しい \\ 「向き」が等しい \end{cases}$

逆ベクトル $\Longrightarrow$ $\begin{cases} 「大きさ」が等しい \\ 「向き」が反対 \end{cases}$

$\vec{a}$ と等しい

$\vec{a}$ の逆ベクトル

！ いずれも，位置はどこにあってもよい。

Action» ベクトルは，向きと大きさを考えよ

解 (1) 大きさは考えずに，互いに平行で，矢印の向きが同じ
ベクトルであるから

①と⑨，③と⑦

(2) 向きは考えずに，大きさが等しいベクトルであるから

①と⑨，③と④，②と⑤と⑧

(3) 互いに平行，矢印の向きが同じで，大きさも等しいベ
クトルであるから

①と⑨

(4) 互いに平行，矢印の向きが反対で，大きさが等しいベ
クトルであるから

③と④

◀向きは，各ベクトルを対
角線とする四角形をもと
に考える。

◀(1)と(2)のどちらにも入
っている組を求めればよ
い。

Point...ベクトルの意味とベクトルの相等

有向線分（向きのついた線分）について，その位置を問題にせず，向きと大きさだけに
着目したものを **ベクトル** という。

2つのベクトルが等しいとき，これらのベクトルを表す有向線分の一
方を平行移動して，他方に重ね合わせることができる。

$\vec{a}$

$\vec{b}$

練習 1 右の図のベクトル $\vec{a}$ と次の関係にあるベ
クトルをすべて求めよ。

(1) 同じ向きのベクトル

(2) 大きさの等しいベクトル

(3) 等しいベクトル

(4) 逆ベクトル

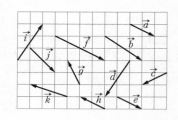

19

➡ p.25 問題1

例題 2　ベクトルの和・差・実数倍の図示　★☆☆☆

右の図の 3 つのベクトル $\vec{a}$, $\vec{b}$, $\vec{c}$ について，次のベクトルを図示せよ。ただし，始点は O とせよ。

(1) $\dfrac{1}{2}\vec{b}$　　(2) $\vec{a}+\dfrac{1}{2}\vec{b}$　　(3) $\vec{a}+\dfrac{1}{2}\vec{b}-2\vec{c}$

思考のプロセス

ベクトルは位置に無関係であるから，平行移動して考える。

例 和 $\vec{a}+\vec{b}$ $\Longrightarrow$ $\vec{a}$ の終点と $\vec{b}$ の始点を重ねたとき，始点を $\vec{a}$ の始点，終点を $\vec{b}$ の終点とするベクトル

式を分ける

(3) $\vec{a}+\dfrac{1}{2}\vec{b}-2\vec{c}=\vec{a}+\dfrac{1}{2}\vec{b}+(-2\vec{c})$ $\Longrightarrow$ $\vec{a}+\dfrac{1}{2}\vec{b}$ の終点と $-2\vec{c}$ の始点を重ねる。

　　　　　　この 2 つのベクトルの和と考える

Action» ベクトルの図示は，和の形に直して終点に始点を重ねよ

解 (1)

(2)

▸ (1) において，$\dfrac{1}{2}\vec{b}$ は $\vec{b}$ と同じ向きで大きさが $\dfrac{1}{2}$ 倍のベクトルである。

▸ (2) において，$\vec{a}$ の終点に $\dfrac{1}{2}\vec{b}$ の始点を重ねると，$\vec{a}+\dfrac{1}{2}\vec{b}$ は $\vec{a}$ の始点から $\dfrac{1}{2}\vec{b}$ の終点へ向かうベクトルである。

(3) $\vec{a}+\dfrac{1}{2}\vec{b}-2\vec{c}$

$=\left(\vec{a}+\dfrac{1}{2}\vec{b}\right)+(-2\vec{c})$

と考えて，(2) の結果を利用すると，右の図のようになる。

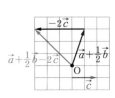

Point...差を用いた解法

例題 2 (3) において，$\vec{a}+\dfrac{1}{2}\vec{b}$ と $2\vec{c}$ の始点を重ねると，

$\vec{a}+\dfrac{1}{2}\vec{b}-2\vec{c}$ は $2\vec{c}$ の終点から $\vec{a}+\dfrac{1}{2}\vec{b}$ の終点へ向かうベクトルであるから，右の図のようになる。

このベクトルを始点が点 O と重なるように平行移動して答えてもよい。

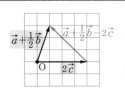

練習 2 右の図の 3 つのベクトル $\vec{a}$, $\vec{b}$, $\vec{c}$ について，次のベクトルを図示せよ。ただし，始点は O とせよ。

(1) $\vec{a}+\dfrac{1}{2}\vec{b}$　　(2) $\vec{a}+\dfrac{1}{2}\vec{b}-\vec{c}$

(3) $\vec{a}-\vec{b}-2\vec{c}$

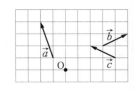

➡ p.25　問題 2

〔1〕 等式 $\overrightarrow{AB}+\overrightarrow{CD}=\overrightarrow{AD}+\overrightarrow{CB}$ が成り立つことを証明せよ。

〔2〕 平面上に 2 つのベクトル $\vec{a}$, $\vec{b}$ がある。

(1) $\vec{p}=\vec{a}+\vec{b}$, $\vec{q}=\vec{a}+2\vec{b}$ のとき，$3\vec{p}-5(\vec{q}-2\vec{p})$ を $\vec{a}$, $\vec{b}$ で表せ。

(2) $2\vec{x}+6\vec{a}=5(3\vec{b}+\vec{x})$ を満たす $\vec{x}$ を $\vec{a}$, $\vec{b}$ で表せ。

(3) $2\vec{x}+\vec{y}=5\vec{a}+7\vec{b}$, $\vec{x}+2\vec{y}=4\vec{a}+2\vec{b}$ を同時に満たす $\vec{x}$, $\vec{y}$ を $\vec{a}$, $\vec{b}$ で表せ。

Action» ベクトルの加法・減法・実数倍は，文字式と同様に行え

既知の問題に帰着

〔1〕 通常の等式の証明と同様に考える。 ⟵ LEGEND 数学Ⅱ＋B 例題 63 参照

〔2〕 (1) $\vec{p}=\vec{a}+\vec{b}$, $\vec{q}=\vec{a}+2\vec{b}$ のとき，$3\vec{p}-5(\vec{q}-2\vec{p})$ を a, b で表すことと同様に考える。

(2) 1 次方程式 $2x+6a=5(3b+x)$ と同様に考える。

(3) 連立方程式 $\begin{cases} 2x+y=5a+7b \\ x+2y=4a+2b \end{cases}$ と同様に考える。

解 〔1〕 $\overrightarrow{AB}+\overrightarrow{CD}-(\overrightarrow{AD}+\overrightarrow{CB})=\overrightarrow{AB}+\overrightarrow{CD}-\overrightarrow{AD}-\overrightarrow{CB}$

$=\overrightarrow{AB}+\overrightarrow{CD}+\overrightarrow{DA}+\overrightarrow{BC}=(\overrightarrow{AB}+\overrightarrow{BC})+(\overrightarrow{CD}+\overrightarrow{DA})$

$=\overrightarrow{AC}+\overrightarrow{CA}=\overrightarrow{AA}=\vec{0}$

よって，$\overrightarrow{AB}+\overrightarrow{CD}=\overrightarrow{AD}+\overrightarrow{CB}$ が成り立つ。

〔2〕 (1) $3\vec{p}-5(\vec{q}-2\vec{p})=3\vec{p}-5\vec{q}+10\vec{p}=13\vec{p}-5\vec{q}$

$=13(\vec{a}+\vec{b})-5(\vec{a}+2\vec{b})$

$=8\vec{a}+3\vec{b}$

(2) $2\vec{x}+6\vec{a}=5(3\vec{b}+\vec{x})$ より $2\vec{x}+6\vec{a}=15\vec{b}+5\vec{x}$

$-3\vec{x}=-6\vec{a}+15\vec{b}$

よって $\vec{x}=2\vec{a}-5\vec{b}$

(3) $2\vec{x}+\vec{y}=5\vec{a}+7\vec{b}$ …①，$\vec{x}+2\vec{y}=4\vec{a}+2\vec{b}$ …② とおく。

①×2－② より $3\vec{x}=6\vec{a}+12\vec{b}$

②×2－① より $3\vec{y}=3\vec{a}-3\vec{b}$

よって $\vec{x}=2\vec{a}+4\vec{b}$, $\vec{y}=\vec{a}-\vec{b}$

（左辺）－（右辺）を考える。

$-\overrightarrow{QP}=\overrightarrow{PQ}$,
$\overrightarrow{P\bigcirc}+\overrightarrow{\bigcirc Q}=\overrightarrow{PQ}$

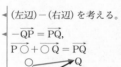

まず $\vec{p}$ と $\vec{q}$ について式を整理し，$\vec{p}=\vec{a}+\vec{b}$ と $\vec{q}=\vec{a}+2\vec{b}$ を代入する。

x についての 1 次方程式 $2x+6a=5(3b+x)$ と同じ手順で解けばよい。

x, y の連立方程式 $\begin{cases} 2x+y=5a+7b \\ x+2y=4a+2b \end{cases}$ と同じ手順で解けばよい。

練習3 〔1〕 等式 $\overrightarrow{AC}-\overrightarrow{DC}=\overrightarrow{BD}-\overrightarrow{BA}$ が成り立つことを証明せよ。

〔2〕 平面上に 2 つのベクトル $\vec{a}$, $\vec{b}$ がある。

(1) $\vec{p}=\vec{a}+\vec{b}$, $\vec{q}=\vec{a}-\vec{b}$ のとき，$2(\vec{p}-3\vec{q})+3(\vec{p}+4\vec{q})$ を $\vec{a}$, $\vec{b}$ で表せ。

(2) $\vec{b}-3\vec{x}+5\vec{a}=2(\vec{a}+5\vec{b}-\vec{x})$ を満たす $\vec{x}$ を $\vec{a}$, $\vec{b}$ で表せ。

(3) $3\vec{x}+\vec{y}=9\vec{a}-7\vec{b}$, $2\vec{x}-\vec{y}=\vec{a}-8\vec{b}$ を同時に満たす $\vec{x}$, $\vec{y}$ を $\vec{a}$, $\vec{b}$ で表せ。

例題 4　ベクトルの分解

O を中心とする正六角形 ABCDEF において，辺 EF の中点を M とする。$\overrightarrow{AB} = \vec{a}$，$\overrightarrow{AF} = \vec{b}$ とするとき，次のベクトルを $\vec{a}$，$\vec{b}$ で表せ。

(1) $\overrightarrow{BC}$　　(2) $\overrightarrow{FD}$　　(3) $\overrightarrow{OM}$　　(4) $\overrightarrow{BM}$

思考のプロセス

図を分ける

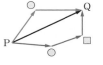

$$\overrightarrow{PQ} = \overrightarrow{P\bigcirc} + \overrightarrow{\bigcirc Q}$$
$$= \overrightarrow{P\bigcirc} + \overrightarrow{\bigcirc\square} + \overrightarrow{\square Q}$$
どこを経由してもよい

① 図の中にある $\vec{a}$，$\vec{b}$ に等しいベクトルを探す。

② それらやその逆ベクトルをつないで，求めるベクトルを表す。

Action» ベクトルの分解は，平行な辺を探して $\overrightarrow{AB} = \overrightarrow{AC} + \overrightarrow{CB}$ を使え

解 (1) $\overrightarrow{BC} = \overrightarrow{BO} + \overrightarrow{OC} = \vec{a} + \vec{b}$

◀ $\overrightarrow{BO} = \overrightarrow{AF} = \vec{b}$
　$\overrightarrow{OC} = \overrightarrow{AB} = \vec{a}$

(2) $\overrightarrow{FD} = \overrightarrow{FO} + \overrightarrow{OD} = \overrightarrow{AB} + \overrightarrow{BC}$

$$= \vec{a} + (\vec{a} + \vec{b}) = 2\vec{a} + \vec{b}$$

◀ $\overrightarrow{FD} = \overrightarrow{FO} + \overrightarrow{OE} + \overrightarrow{ED}$
　$= \vec{a} + \vec{b} + \vec{a}$
　$= 2\vec{a} + \vec{b}$
と考えてもよい。

(3) $\overrightarrow{OM} = \overrightarrow{OF} + \overrightarrow{FM} = -\overrightarrow{AB} + \dfrac{1}{2}\overrightarrow{BC}$

$$= -\vec{a} + \dfrac{1}{2}(\vec{a} + \vec{b}) = -\dfrac{1}{2}\vec{a} + \dfrac{1}{2}\vec{b}$$

◀ $\overrightarrow{FM} = \dfrac{1}{2}\overrightarrow{FE} = \dfrac{1}{2}\overrightarrow{BC}$

(4) $\overrightarrow{BM} = \overrightarrow{BO} + \overrightarrow{OM}$

$$= \vec{b} + \left(-\dfrac{1}{2}\vec{a} + \dfrac{1}{2}\vec{b}\right)$$

$$= -\dfrac{1}{2}\vec{a} + \dfrac{3}{2}\vec{b}$$

(4)**〔別解〕**（差で考える）

$$\overrightarrow{BM}$$
$$= \overrightarrow{OM} - \overrightarrow{OB}$$
$$= \left(-\dfrac{1}{2}\vec{a} + \dfrac{1}{2}\vec{b}\right) - (-\vec{b})$$
$$= -\dfrac{1}{2}\vec{a} + \dfrac{3}{2}\vec{b}$$

練習 4　O を中心とする正六角形 ABCDEF において，辺 DE の中点を M とする。$\overrightarrow{OA} = \vec{a}$，$\overrightarrow{OB} = \vec{b}$ とするとき，次のベクトルを $\vec{a}$，$\vec{b}$ で表せ。

(1) $\overrightarrow{BF}$　　(2) $\overrightarrow{FD}$　　(3) $\overrightarrow{AM}$　　(4) $\overrightarrow{FM}$

22

➡ p.25　問題 4

例題 5　　ベクトルの１次結合
★★☆☆

AB = 4, AD = 3 である平行四辺形 ABCD において，辺 CD の中点を M とする。$\overrightarrow{AB}$, $\overrightarrow{AD}$ と同じ向きの単位ベクトルをそれぞれ $\vec{a}$, $\vec{b}$ とするとき

(1) $\overrightarrow{AC}$, $\overrightarrow{DB}$, $\overrightarrow{AM}$ を $\vec{a}$, $\vec{b}$ で表せ。

(2) $\overrightarrow{AC} = \vec{p}$, $\overrightarrow{DB} = \vec{q}$ とするとき，$\overrightarrow{AM}$ を $\vec{p}$, $\vec{q}$ で表せ。

思考のプロセス

$\left(\begin{array}{l}\vec{a} \text{ と } \vec{b} \text{ は} \\ \text{ともに } \vec{0} \text{ でなく，平行でない}\end{array}\right) \Longrightarrow \left(\begin{array}{l}\text{平面上のすべてのベクトルは} \\ k\vec{a} + l\vec{b} \text{ の形で表すことができる。}\end{array}\right)$

　　　　　　　１次独立　　　　　　　　　　　　　　　　　　　　　　１次結合

(2)　**文字を減らす**　(1) より

$\begin{cases} \vec{p} = \boxed{}\,\vec{a} + \boxed{}\,\vec{b} \\ \vec{q} = \boxed{}\,\vec{a} + \boxed{}\,\vec{b} \end{cases} \Longrightarrow \begin{cases} \vec{a} = \boxed{}\,\vec{p} + \boxed{}\,\vec{q} \\ \vec{b} = \boxed{}\,\vec{p} + \boxed{}\,\vec{q} \end{cases}$

$\overrightarrow{AM} = \boxed{}\,\vec{a} + \boxed{}\,\vec{b} \longleftarrow$ 代入すると，$\overrightarrow{AM}$ が $\vec{p}$, $\vec{q}$ で表される。

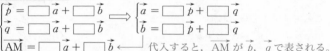

《Re Action　ベクトルの加法・減法・実数倍は，文字式と同様に行え　◀例題 3

解 (1)　AB = 4, AD = 3 より

$$\overrightarrow{AB} = 4\vec{a}, \quad \overrightarrow{AD} = 3\vec{b}$$

よって

$\overrightarrow{AC} = \overrightarrow{AB} + \overrightarrow{BC}$

$\quad = \overrightarrow{AB} + \overrightarrow{AD} = 4\vec{a} + 3\vec{b}$

$\overrightarrow{DB} = \overrightarrow{AB} - \overrightarrow{AD} = 4\vec{a} - 3\vec{b}$

$\overrightarrow{AM} = \overrightarrow{AD} + \overrightarrow{DM} = \overrightarrow{AD} + \dfrac{1}{2}\overrightarrow{AB}$

$\quad = 3\vec{b} + \dfrac{1}{2} \times 4\vec{a} = 2\vec{a} + 3\vec{b}$

◀ $\vec{a}$, $\vec{b}$ は単位ベクトルである。

◀ $\overrightarrow{DB} = \overrightarrow{DA} + \overrightarrow{AB}$
$\quad = -\overrightarrow{AD} + \overrightarrow{AB}$
としてもよい。

◀ $k\vec{a} + l\vec{b}$ の形のベクトルを $\vec{a}$, $\vec{b}$ の **1次結合** という。

(2)　(1) より $\begin{cases} \vec{p} = 4\vec{a} + 3\vec{b} & \cdots ① \\ \vec{q} = 4\vec{a} - 3\vec{b} & \cdots ② \end{cases}$

① + ② より

$$\vec{p} + \vec{q} = 8\vec{a} \quad \text{すなわち} \quad \vec{a} = \dfrac{1}{8}(\vec{p} + \vec{q})$$

① - ② より

$$\vec{p} - \vec{q} = 6\vec{b} \quad \text{すなわち} \quad \vec{b} = \dfrac{1}{6}(\vec{p} - \vec{q})$$

よって　$\overrightarrow{AM} = 2\vec{a} + 3\vec{b}$

$$= \dfrac{1}{4}(\vec{p} + \vec{q}) + \dfrac{1}{2}(\vec{p} - \vec{q}) = \dfrac{3}{4}\vec{p} - \dfrac{1}{4}\vec{q}$$

◀ x, y の連立方程式
$\begin{cases} p = 4x + 3y \\ q = 4x - 3y \end{cases}$
と同じ手順で解けばよい。

◀ (1) の結果を利用する。

練習 5　正六角形 ABCDEF において，$\overrightarrow{AB} = \vec{a}$, $\overrightarrow{AF} = \vec{b}$ とするとき

(1)　$\overrightarrow{AC}$, $\overrightarrow{AE}$ を $\vec{a}$, $\vec{b}$ で表せ。

(2)　$\overrightarrow{AC} = \vec{p}$, $\overrightarrow{AE} = \vec{q}$ とするとき，$\overrightarrow{AD}$ を $\vec{p}$, $\vec{q}$ で表せ。

➡ p.25　問題 5

平行四辺形 OABC の辺 OA，BC の中点をそれぞ
れ M，N とし，対角線 OB を 3 等分する点を O に
近い方からそれぞれ P，Q とする。このとき，四
角形 PMQN は平行四辺形であることを示せ。

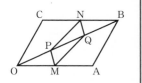

思考のプロセス

目標の言い換え ┌── 向かい合う 1 組の辺が平行で長さが等しい

四角形 PMQN が平行四辺形 $\Longrightarrow$ $\overrightarrow{PM} = \overrightarrow{NQ}$ を示す。

基準を定める

① $\vec{0}$ でなく平行でない 2 つのベクトルを定める。

　　　　　1次独立

　$\Longrightarrow$ ここでは始点を O にして，

　　$\overrightarrow{OA} = \vec{a}$，$\overrightarrow{OC} = \vec{c}$ とする。

② $\overrightarrow{PM} = \boxed{}\vec{a} + \boxed{}\vec{c}$

　$\overrightarrow{NQ} = \boxed{}\vec{a} + \boxed{}\vec{c}$ ┐一致することを示す。

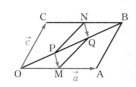

Action» 図形におけるベクトルは，始点をそろえて 2 つのベクトルで表せ

解 $\overrightarrow{OA} = \vec{a}$，$\overrightarrow{OC} = \vec{c}$ とおく。

四角形 OABC は平行四辺形であるから

$$\overrightarrow{CB} = \overrightarrow{OA} = \vec{a}, \qquad \overrightarrow{AB} = \overrightarrow{OC} = \vec{c}$$

$$\overrightarrow{OB} = \overrightarrow{OA} + \overrightarrow{AB} = \vec{a} + \vec{c}$$

M，N はそれぞれ辺 OA，BC の中点であるから

$$\overrightarrow{OM} = \frac{1}{2}\overrightarrow{OA} = \frac{1}{2}\vec{a}, \qquad \overrightarrow{ON} = \overrightarrow{OC} + \frac{1}{2}\overrightarrow{CB} = \vec{c} + \frac{1}{2}\vec{a}$$

また，O，P，Q，B は一直線上にあり，OP = PQ = QB で
あるから

$$\overrightarrow{OP} = \frac{1}{3}\overrightarrow{OB} = \frac{1}{3}(\vec{a} + \vec{c}), \qquad \overrightarrow{OQ} = \frac{2}{3}\overrightarrow{OB} = \frac{2}{3}(\vec{a} + \vec{c})$$

ゆえに

$$\overrightarrow{PM} = \overrightarrow{OM} - \overrightarrow{OP}$$
$$= \frac{1}{2}\vec{a} - \frac{1}{3}(\vec{a} + \vec{c}) = \frac{1}{6}\vec{a} - \frac{1}{3}\vec{c}$$

また　$\overrightarrow{NQ} = \overrightarrow{OQ} - \overrightarrow{ON}$
$$= \frac{2}{3}(\vec{a} + \vec{c}) - \left(\vec{c} + \frac{1}{2}\vec{a}\right) = \frac{1}{6}\vec{a} - \frac{1}{3}\vec{c}$$

よって，$\overrightarrow{PM} = \overrightarrow{NQ}$ が成り立つから，四角形 PMQN は平
行四辺形である。

◀ CB = OA かつ CB ∥ OA
AB = OC かつ AB ∥ OC

◀ $\overrightarrow{PM} = \overrightarrow{NQ}$ を示す。
$\overrightarrow{PM}$，$\overrightarrow{NQ}$ を $\vec{a}$，$\vec{c}$ で表す
ために $\overrightarrow{PM} = \overrightarrow{OM} - \overrightarrow{OP}$，
$\overrightarrow{NQ} = \overrightarrow{OQ} - \overrightarrow{ON}$ と始点を
O とする。

◀ $\overrightarrow{PM}$ と $\overrightarrow{NQ}$ をそれぞれ
$\vec{a}$，$\vec{c}$ を用いて表す。

◀ $\overrightarrow{PN}$ と $\overrightarrow{MQ}$ を $\vec{a}$，$\vec{c}$ を用
いて表し，$\overrightarrow{PN} = \overrightarrow{MQ}$ を
示してもよい。

◀ $\overrightarrow{PM} = \overrightarrow{NQ}$ より，
PM = NQ，PM ∥ NQ で
ある。

練習 6　平行四辺形 OABC の対角線 OB を 3 等分する点を O に近い方からそれぞれ
P，Q とし，対角線 AC を 4 等分する点で A に最も近い点を K，C に最も近い
点を L とする。このとき，四角形 PKQL は平行四辺形であることを示せ。

➡ p.25　問題6

1
★☆☆☆
右の図において，次の条件を満たすベクトルの組をすべて求めよ。

(1) 大きさの等しいベクトル

(2) 互いに逆ベクトル

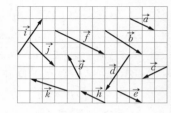

2
★☆☆☆
右の図の 3 つのベクトル $\vec{a}$, $\vec{b}$, $\vec{c}$ について，次のベクトルを図示せよ。ただし，始点は O とせよ。

(1) $\vec{d} = \dfrac{3}{2}(\vec{b}-\vec{a}) + \dfrac{1}{2}(3\vec{a}+2\vec{c}) + \dfrac{1}{2}\vec{b}$

(2) $\vec{e} = (2\vec{a}-\vec{b}) + (\vec{b}-\vec{c}) + (\vec{c}-\vec{a})$

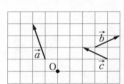

3
★☆☆☆
$\vec{x}+\vec{y}+2\vec{z} = 3\vec{a}$, $2\vec{x}-3\vec{y}-2\vec{z} = 8\vec{a}+4\vec{b}$, $-\vec{x}+2\vec{y}+6\vec{z} = -2\vec{a}-9\vec{b}$ を同時に満たす $\vec{x}$, $\vec{y}$, $\vec{z}$ を $\vec{a}$, $\vec{b}$ で表せ。

4
★★★☆
正八角形 ABCDEFGH において，$\overrightarrow{AB} = \vec{a}$, $\overrightarrow{AH} = \vec{b}$ とするとき，次のベクトルを $\vec{a}$, $\vec{b}$ で表せ。

(1) $\overrightarrow{AD}$ 　　　　　　(2) $\overrightarrow{AG}$

5
★★☆☆
1 辺の長さが 1 の正五角形 ABCDE において，$\overrightarrow{AB} = \vec{a}$, $\overrightarrow{AE} = \vec{b}$ とする。対角線 AC と BE の交点を F とおくとき，$\overrightarrow{AF}$ を $\vec{a}$, $\vec{b}$ で表せ。

6
★★☆☆
平行四辺形 ABCD の辺 AB，BC，CD，DA の中点をそれぞれ K，L，M，N とし，線分 KL，LM，MN，NK の中点をそれぞれ P，Q，R，S とする。

(1) 四角形 KLMN，四角形 PQRS はともに平行四辺形であることを示せ。

(2) PQ ∥ AD であることを示せ。

本質を問う **1** ▶▶解答編 p.8

1 $s\vec{a}+t\vec{b} = s'\vec{a}+t'\vec{b} \Longleftrightarrow s=s'$ かつ $t=t'$ … ① は常に成り立つとは限らない。① が常に成り立つためには，どのような条件を加えるとよいか述べよ。また，その条件を加えたとき，① が成り立つことを示せ。 ◀p.18 概要 [5]

2 $\vec{a} \neq \vec{0}$, $\vec{b} \neq \vec{0}$, $\vec{a}$ と $\vec{b}$ が平行でないとき，$\vec{a}$ と $\vec{b}$ は 1 次独立であるという。このとき，「$\begin{cases} \vec{a} \text{ と } \vec{b} \text{ が 1 次独立である} \\ \vec{b} \text{ と } \vec{c} \text{ が 1 次独立である} \end{cases} \Longrightarrow \vec{a} \text{ と } \vec{c} \text{ は 1 次独立である}$」 は正しいかどうか述べよ。 ◀p.18 [5]

Let's Try! 1

Let's Try! 1

**① ** 1辺の長さが1の正六角形 ABCDEF に対して，$\overrightarrow{AB} = \overrightarrow{a_1}$，$\overrightarrow{BC} = \overrightarrow{a_2}$，$\overrightarrow{CD} = \overrightarrow{a_3}$，$\overrightarrow{DE} = \overrightarrow{a_4}$，$\overrightarrow{EF} = \overrightarrow{a_5}$，$\overrightarrow{FA} = \overrightarrow{a_6}$ とする。

(1) $|\overrightarrow{a_1} + \overrightarrow{a_2}|$ と $|\overrightarrow{a_4} + \overrightarrow{a_6}|$ の値を求めよ。

(2) $\overrightarrow{a_i} + \overrightarrow{a_j}$ $(i < j)$ は 15 通りの i, j の組み合わせがある。
今，$P(i, j) = |\overrightarrow{a_i} + \overrightarrow{a_j}|$ とするとき，$P(i, j)$ のとり得るすべての値を求めよ。

(国士舘大)

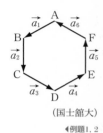

◀例題1, 2

**② ** $\overrightarrow{a} = \overrightarrow{c} - 3\overrightarrow{d}$ …①，$\overrightarrow{b} = -\dfrac{1}{2}\overrightarrow{c} + \overrightarrow{d}$ …② のとき

(1) $\overrightarrow{c}$, $\overrightarrow{d}$ を $\overrightarrow{a}$, $\overrightarrow{b}$ を用いて表せ。

(2) $(\overrightarrow{c} - 4\overrightarrow{d}) \ /\!/ \ \overrightarrow{a}$ のとき，$\overrightarrow{a} \ /\!/ \ \overrightarrow{b}$ を示せ。ただし，$\overrightarrow{c} - 4\overrightarrow{d}$, $\overrightarrow{a}$, $\overrightarrow{b}$ は零ベクトルではないとする。

(専修大)

◀例題3

**③ ** 五角形 ABCDE は，半径 1 の円に内接し，
$$\angle EAD = 30°,$$
$$\angle ADE = \angle BAD = \angle CDA = 60°$$
を満たしている。$\overrightarrow{AB} = \overrightarrow{a}$，$\overrightarrow{AE} = \overrightarrow{b}$ とおくとき，$\overrightarrow{BC}$，$\overrightarrow{AC}$ を $\overrightarrow{a}$, $\overrightarrow{b}$ を用いてそれぞれ表せ。 (センター試験 改)

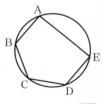

◀例題4

**④ ** 平面上に中心 O，半径 1 の円 K がある。異なる 2 点 A，B があり，直線 AB は円 K と交点をもたないものとする。点 P を円 K 上の点とし，点 Q を $2\overrightarrow{PA} = \overrightarrow{BQ}$ を満たすようにとる。線分 AB と線分 PQ の交点を M とする。

(1) $\overrightarrow{OM}$ を $\overrightarrow{OA}$ と $\overrightarrow{OB}$ を用いて表せ。

(2) $3\overrightarrow{OM} = \overrightarrow{OD}$ を満たす点を D とする。$\overrightarrow{DQ}$ の大きさを求めよ。

◀例題5

**⑤ ** O を中心とする半径 1 の円に内接する正五角形 ABCDE に対し，$\angle AOB = \theta$，$\overrightarrow{OA} = \overrightarrow{a}$，$\overrightarrow{OB} = \overrightarrow{b}$，$\overrightarrow{OC} = \overrightarrow{c}$，$\overrightarrow{OD} = \overrightarrow{d}$，$\overrightarrow{OE} = \overrightarrow{e}$ とおく。

(1) $\overrightarrow{b}$ を $\overrightarrow{a}$, $\overrightarrow{c}$, θ を用いて表せ。

(2) $\overrightarrow{a} + \overrightarrow{b} + \overrightarrow{c} + \overrightarrow{d} + \overrightarrow{e} = \overrightarrow{0}$ を示せ。

◀例題5

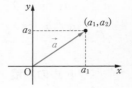

① ベクトルの成分表示

(1) 座標とベクトルの成分

O を原点とする座標平面上に，$\vec{a} = \overrightarrow{OA}$ となる点 A をとり，その座標が $(a_1,\ a_2)$ であるとき，$\vec{a} = (a_1,\ a_2)$ と表す。これを $\vec{a}$ の **成分表示** といい，a_1 を **x 成分**，a_2 を **y 成分** という。

(2) 成分とベクトルの相等

2 つのベクトル $\vec{a} = (a_1,\ a_2)$，$\vec{b} = (b_1,\ b_2)$ に対して

$$\vec{a} = \vec{b} \iff a_1 = b_1,\ a_2 = b_2$$

(3) ベクトルの成分による演算

(ア) $(a_1,\ a_2) + (b_1,\ b_2) = (a_1 + b_1,\ a_2 + b_2)$

(イ) $(a_1,\ a_2) - (b_1,\ b_2) = (a_1 - b_1,\ a_2 - b_2)$

(ウ) $k(a_1,\ a_2) = (ka_1,\ ka_2)$ （k は実数）

(4) ベクトルの成分と大きさ

(ア) $\vec{a} = (a_1,\ a_2)$ のとき $|\vec{a}| = \sqrt{a_1{}^2 + a_2{}^2}$

(イ) $A(a_1,\ a_2)$，$B(b_1,\ b_2)$ のとき

$$\overrightarrow{AB} = (b_1 - a_1,\ b_2 - a_2)$$
$$|\overrightarrow{AB}| = \sqrt{(b_1 - a_1)^2 + (b_2 - a_2)^2}$$

概要

① ベクトルの成分表示

・基本ベクトル

O を原点とする座標平面上で，x 軸および y 軸の正の向きと同じ向きの単位ベクトルを **基本ベクトル** といい，それぞれ $\vec{e_1}$，$\vec{e_2}$ で表す。

O を原点とする座標平面上に，$\vec{a} = \overrightarrow{OA}$ となる点 A をとったとき，その座標が $(a_1,\ a_2)$ であるとすると

$$\vec{a} = a_1\vec{e_1} + a_2\vec{e_2}$$

と表すことができる。これを **基本ベクトル表示** という。

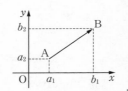

なお，基本ベクトルを成分表示すると $\vec{e_1} = (1,\ 0)$，$\vec{e_2} = (0,\ 1)$

・ベクトルの成分による演算

基本ベクトル表示によって示す。

(ア) $(a_1,\ a_2) + (b_1,\ b_2) = (a_1\vec{e_1} + a_2\vec{e_2}) + (b_1\vec{e_1} + b_2\vec{e_2})$

$\qquad\qquad\qquad\qquad = (a_1 + b_1)\vec{e_1} + (a_2 + b_2)\vec{e_2} = (a_1 + b_1,\ a_2 + b_2)$

(イ)，(ウ) についても同様に示すことができる。

・成分表示されたベクトルの大きさ

$\vec{a} = (a_1,\ a_2)$ のとき，$\vec{a} = \overrightarrow{OA}$ となる点 A をとると，その座標は $(a_1,\ a_2)$ であるから

$$|\overrightarrow{OA}| = OA = \sqrt{a_1{}^2 + a_2{}^2}$$

ベクトルの成分と平行条件

$\vec{0}$ でない 2 つのベクトル $\vec{a} = (a_1,\ a_2)$, $\vec{b} = (b_1,\ b_2)$ について

$$\vec{a} /\!/ \vec{b} \iff (b_1,\ b_2) = k(a_1,\ a_2) \text{ となる実数 } k \text{ が存在する}$$
$$\iff a_1 b_2 - a_2 b_1 = 0$$

③ **ベクトルの内積**

(1) 内積の定義　$\vec{0}$ でない 2 つのベクトル $\vec{a}$ と $\vec{b}$ の

なす角を θ $(0° \leqq \theta \leqq 180°)$ とするとき

$$\vec{a} \cdot \vec{b} = |\vec{a}||\vec{b}|\cos\theta$$

を $\vec{a}$ と $\vec{b}$ の **内積** という。

$(\vec{a} = \vec{0}$ または $\vec{b} = \vec{0}$ のときは $\vec{a} \cdot \vec{b} = 0$ と定める$)$

■ なす角は 2 つのベクトルの始点を一致させて考える。

(2) ベクトルの垂直　$\vec{a} \neq \vec{0}$, $\vec{b} \neq \vec{0}$ のとき　$\vec{a} \perp \vec{b} \iff \vec{a} \cdot \vec{b} = 0$

(3) ベクトルの成分と内積　$\vec{a} = (a_1,\ a_2)$, $\vec{b} = (b_1,\ b_2)$ のとき

(ア) $\vec{a} \cdot \vec{b} = a_1 b_1 + a_2 b_2$

(イ) $\vec{a} \neq \vec{0}$, $\vec{b} \neq \vec{0}$ のとき，$\vec{a}$ と $\vec{b}$ のなす角を θ とすると

$$\cos\theta = \frac{\vec{a} \cdot \vec{b}}{|\vec{a}||\vec{b}|} = \frac{a_1 b_1 + a_2 b_2}{\sqrt{a_1{}^2 + a_2{}^2}\sqrt{b_1{}^2 + b_2{}^2}}$$

← $\vec{a} \cdot \vec{b} = |\vec{a}||\vec{b}|\cos\theta$
より　$\cos\theta = \dfrac{\vec{a} \cdot \vec{b}}{|\vec{a}||\vec{b}|}$

(4) 内積の性質

(ア) $\vec{a} \cdot \vec{b} = \vec{b} \cdot \vec{a}$

(イ) $\vec{a} \cdot (\vec{b} + \vec{c}) = \vec{a} \cdot \vec{b} + \vec{a} \cdot \vec{c}$,　$(\vec{a} + \vec{b}) \cdot \vec{c} = \vec{a} \cdot \vec{c} + \vec{b} \cdot \vec{c}$

(ウ) $(k\vec{a}) \cdot \vec{b} = k(\vec{a} \cdot \vec{b}) = \vec{a} \cdot (k\vec{b})$　(k は実数)

(エ) $\vec{a} \cdot \vec{a} = |\vec{a}|^2$,　$|\vec{a}| = \sqrt{\vec{a} \cdot \vec{a}}$,　$|\vec{a} \cdot \vec{b}| \leqq |\vec{a}||\vec{b}|$

概要

② **ベクトルの成分と平行条件**

$\vec{0}$ でない 2 つのベクトル $\vec{a} = (a_1,\ a_2)$, $\vec{b} = (b_1,\ b_2)$ が平行であるとき，

$\vec{b} = k\vec{a}$ すなわち $(b_1,\ b_2) = k(a_1,\ a_2)$ となる実数が存在するから
$\begin{cases} b_1 = ka_1 \ \cdots ① \\ b_2 = ka_2 \ \cdots ② \end{cases}$

(ア) $a_1 \neq 0$ のとき

① より $k = \dfrac{b_1}{a_1}$ であり，② に代入すると　$b_2 = \dfrac{b_1}{a_1} \cdot a_2$

よって　$a_1 b_2 = a_2 b_1$　すなわち　$a_1 b_2 - a_2 b_1 = 0$

(イ) $a_1 = 0$ のとき

$\vec{a} \neq \vec{0}$ であるから，$a_2 \neq 0$ であり，(ア)と同様に考えると　$a_1 b_2 - a_2 b_1 = 0$

(ア), (イ) より　$a_1 b_2 - a_2 b_1 = 0$

$\boxed{information}$ 「平面上の $\vec{0}$ でない 2 つのベクトル $\vec{a} = (a_1,\ a_2)$, $\vec{b} = (b_1,\ b_2)$ について，$\vec{a} /\!/ \vec{b} \iff a_1 b_2 - a_2 b_1 = 0$ が成り立つことを示せ。」という問題が，広島大学 (2021 年 AO) の入試で出題されている。

③ **ベクトルの内積**

・**内積の表記**

$\vec{a}$ と $\vec{b}$ の内積を $\vec{a} \cdot \vec{b}$ と表す。名称に「積」が含まれているが，「・」を省略したり「・」の代わりに「×」を用いたりしないように注意する。

・**垂直条件の注意点**

垂直条件 $\vec{a} \perp \vec{b} \Longleftrightarrow \vec{a} \cdot \vec{b} = 0$ は，前提となる条件 $\vec{a} \neq \vec{0}$, $\vec{b} \neq \vec{0}$ が重要である。この条件がない場合には，$\Longleftarrow$ はいえない。なぜなら，$\vec{a} \cdot \vec{b} = 0$ となるのは $\vec{a} = \vec{0}$ または $\vec{b} = \vec{0}$ となる場合も含まれるからである。

・**$\vec{a} \cdot \vec{b} = a_1 b_1 + a_2 b_2$ であることの証明**

余弦定理を利用して証明する。

$\vec{0}$ でない 2 つのベクトル $\vec{a} = (a_1,\ a_2)$ と $\vec{b} = (b_1,\ b_2)$ に対して，

$\vec{a} = \overrightarrow{OA}$, $\vec{b} = \overrightarrow{OB}$, $\angle AOB = \theta$ とする。

$0° < \theta < 180°$ のとき，余弦定理により

$$AB^2 = OA^2 + OB^2 - 2OA \cdot OB \cos\theta \quad \cdots ①$$

この式は，$\theta = 0°,\ 180°$ のときも成り立つ。

① より $\quad |\vec{b} - \vec{a}|^2 = |\vec{a}|^2 + |\vec{b}|^2 - 2\vec{a} \cdot \vec{b}$

$\quad (b_1 - a_1)^2 + (b_2 - a_2)^2 = (a_1^2 + a_2^2) + (b_1^2 + b_2^2) - 2\vec{a} \cdot \vec{b}$

整理すると $\quad \vec{a} \cdot \vec{b} = a_1 b_1 + a_2 b_2$

また，この式は $\vec{a} = \vec{0}$ または $\vec{b} = \vec{0}$ のときにも成り立つ。

information

「平面上の $\vec{0}$ でない 2 つのベクトル $\vec{a} = (a_1,\ a_2), \vec{b} = (b_1,\ b_2)$ のなす角を θ とするとき，$|\vec{a}||\vec{b}|\cos\theta = a_1 b_1 + a_2 b_2$ が成り立つことを示せ。」という問題が，愛媛大学（2016 年 AO），獨協大学（2017 年）の入試で出題されている。

・**内積の性質(ア)**

$\vec{a} \cdot \vec{b} = \vec{b} \cdot \vec{a}$ を **交換法則** という。これは内積の定義から明らかである。

$\vec{0}$ でない 2 つのベクトル $\vec{a}$, $\vec{b}$ に対して，$\vec{a}$ と $\vec{b}$ のなす角を θ とすると

$$\vec{a} \cdot \vec{b} = |\vec{a}||\vec{b}|\cos\theta = |\vec{b}||\vec{a}|\cos\theta = \vec{b} \cdot \vec{a}$$

$\vec{a} = \vec{0}$ または $\vec{b} = \vec{0}$ のときは，$\vec{a} \cdot \vec{b} = \vec{b} \cdot \vec{a} = 0$ であり，成り立つ。

・**内積の性質(イ)**

$\vec{a} \cdot (\vec{b} + \vec{c}) = \vec{a} \cdot \vec{b} + \vec{a} \cdot \vec{c}$ $\cdots ①$, $(\vec{a} + \vec{b}) \cdot \vec{c} = \vec{a} \cdot \vec{c} + \vec{b} \cdot \vec{c}$ $\cdots ②$ を **分配法則** という。これは，ベクトルを成分表示することで，次のように証明できる。

〔① の証明〕

$\vec{a} = (a_1,\ a_2)$, $\vec{b} = (b_1,\ b_2)$, $\vec{c} = (c_1,\ c_2)$ とする。

$(左辺) = (a_1,\ a_2) \cdot (b_1 + c_1,\ b_2 + c_2) = a_1(b_1 + c_1) + a_2(b_2 + c_2)$

$\quad = a_1 b_1 + a_1 c_1 + a_2 b_2 + a_2 c_2$

$(右辺) = (a_1,\ a_2) \cdot (b_1,\ b_2) + (a_1,\ a_2) \cdot (c_1,\ c_2) = (a_1 b_1 + a_2 b_2) + (a_1 c_1 + a_2 c_2)$

$\quad = a_1 b_1 + a_1 c_1 + a_2 b_2 + a_2 c_2$

$(左辺) = (右辺)$ より，成り立つ。

② も同様に証明することができる。

information

「(1) ベクトル $\vec{a} = (a_1,\ a_2)$, $\vec{b} = (b_1,\ b_2)$ の内積の定義を述べよ。 (2) (1)で述べた定義にもとづいて次の公式を証明せよ。$\vec{a} \cdot \vec{b} = \vec{b} \cdot \vec{a}$, $(\vec{a} + \vec{b}) \cdot \vec{c} = \vec{a} \cdot \vec{c} + \vec{b} \cdot \vec{c}$」という問題が，中央大学（2016 年）の入試で出題されている。

2 つのベクトル $\vec{a}$, $\vec{b}$ が $\vec{a} - 4\vec{b} = (-7,\ 6)$, $3\vec{a} + \vec{b} = (-8,\ 5)$ を満たすとき

(1)　$\vec{a}$, $\vec{b}$ を成分表示せよ。また，その大きさをそれぞれ求めよ。

(2)　$\vec{c} = (1,\ -3)$ を $k\vec{a} + l\vec{b}$ の形に表せ。ただし，k, l は実数とする。

思考のプロセス

$\vec{a} = (a_1,\ a_2)$, $\vec{b} = (b_1,\ b_2)$ のとき

(ア)　$k\vec{a} + l\vec{b} = (ka_1 + lb_1,\ ka_2 + lb_2)$

(イ)　$|\vec{a}| = \sqrt{a_1{}^2 + a_2{}^2}$

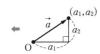

対応を考える

(ウ)　$\vec{a} = \vec{b} \iff \begin{cases} a_1 = b_1 & \longleftarrow\ x\ 成分が等しい \\ a_2 = b_2 & \longleftarrow\ y\ 成分が等しい \end{cases}$

Action»　2 つのベクトルが等しいときは，x 成分，y 成分がともに等しいとせよ

解 (1)　　　　$\vec{a} - 4\vec{b} = (-7,\ 6)$　　　$\cdots$ ①

　　　　　　　$3\vec{a} + \vec{b} = (-8,\ 5)$　　　$\cdots$ ②

とおく。

① ＋ ② × 4 より　　　$13\vec{a} = (-39,\ 26)$

よって　　　　　　　　　　$\vec{a} = (-3,\ 2)$

① × 3 － ② より　　$-13\vec{b} = (-13,\ 13)$

よって　　　　　　　　　　$\vec{b} = (1,\ -1)$

したがって

　　　　　$|\vec{a}| = \sqrt{(-3)^2 + 2^2} = \sqrt{13}$

　　　　　$|\vec{b}| = \sqrt{1^2 + (-1)^2} = \sqrt{2}$

(2)　$k\vec{a} + l\vec{b} = k(-3,\ 2) + l(1,\ -1)$

　　　　　　　　　$= (-3k + l,\ 2k - l)$

これが $\vec{c} = (1,\ -3)$ に等しいから

　　$\begin{cases} -3k + l = 1 & \cdots ③ \\ 2k - l = -3 & \cdots ④ \end{cases}$

③，④ を解くと　　　$k = 2,\ l = 7$

したがって　　　　　　$\vec{c} = 2\vec{a} + 7\vec{b}$

◀ **Re**Action 例題 3
「ベクトルの加法・減法・実数倍は，文字式と同様に行え」

◀ $\vec{a} = (a_1,\ a_2)$ のとき
$|\vec{a}| = \sqrt{a_1{}^2 + a_2{}^2}$

◀ ③ ＋ ④ より　$-k = -2$
であるから　$k = 2$

練習 7　2 つのベクトル $\vec{a}$, $\vec{b}$ が $\vec{a} - 2\vec{b} = (-5,\ -8)$, $2\vec{a} - \vec{b} = (2,\ -1)$ を満たすとき

(1)　$\vec{a}$, $\vec{b}$ を成分表示せよ。また，その大きさをそれぞれ求めよ。

(2)　$\vec{c} = (6,\ 11)$ を $k\vec{a} + l\vec{b}$ の形に表せ。ただし，k, l は実数とする。

➡ p.46　問題 7

平面上に 3 点 A(5, −1), B(8, 0), C(1, 2) がある。

(1) $\overrightarrow{AB}$, $\overrightarrow{AC}$ を成分表示せよ。また，その大きさをそれぞれ求めよ。

(2) $\overrightarrow{AB}$ と平行な単位ベクトルを成分表示せよ。

(3) $\overrightarrow{AC}$ と同じ向きで，大きさが 3 のベクトルを成分表示せよ。

1 章 2 平面上のベクトルの成分と内積

思考のプロセス

(1) A(a_1, a_2), B(b_1, b_2) のとき

$\overrightarrow{AB} = (b_1−a_1, b_2−a_2)$　　←（終点）−（始点）

$|\overrightarrow{AB}| = \sqrt{(b_1−a_1)^2+(b_2−a_2)^2}$

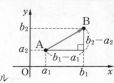

(2) 「同じ向き」ではなく「平行な」単位ベクトルを求める。

　　—→ 「同じ向き」の単位ベクトルの逆ベクトルも求めるベクトル
　　　　である。

(3) 段階的に考える

　　大きさが 5 であるベクトル $\vec{a}$ を
　　同じ向きで大きさが 3 のベクトルにする。

　　⟹ ① 同じ向きの単位ベクトルをつくる。
　　　　② 単位ベクトルを 3 倍する。

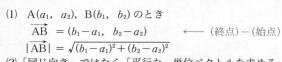

Action» $\vec{a}$ と同じ向きの単位ベクトルは，$\dfrac{\vec{a}}{|\vec{a}|}$ とせよ

解 (1) $\overrightarrow{AB} = (8−5, \ 0−(−1)) = (3, \ 1)$

　　よって　　$|\overrightarrow{AB}| = \sqrt{3^2+1^2} = \sqrt{10}$

　　$\overrightarrow{AC} = (1−5, \ 2−(−1)) = (−4, \ 3)$

　　よって　　$|\overrightarrow{AC}| = \sqrt{(−4)^2+3^2} = 5$

(2) $\overrightarrow{AB}$ と平行な単位ベクトルは

　　$\pm \dfrac{\overrightarrow{AB}}{|\overrightarrow{AB}|} = \pm \dfrac{\overrightarrow{AB}}{\sqrt{10}} = \pm \dfrac{\sqrt{10}}{10}\overrightarrow{AB} = \pm \dfrac{\sqrt{10}}{10}(3, \ 1)$

　　すなわち $\left(\dfrac{3\sqrt{10}}{10}, \ \dfrac{\sqrt{10}}{10}\right)$ **または** $\left(−\dfrac{3\sqrt{10}}{10}, \ −\dfrac{\sqrt{10}}{10}\right)$

(3) $\overrightarrow{AC}$ と同じ向きの単位ベクトルは $\dfrac{\overrightarrow{AC}}{|\overrightarrow{AC}|}$ であるから，

　　$\overrightarrow{AC}$ と同じ向きで大きさが 3 のベクトルは

　　$3 \times \dfrac{\overrightarrow{AC}}{|\overrightarrow{AC}|} = \dfrac{3}{5}\overrightarrow{AC} = \dfrac{3}{5}(−4, \ 3) = \left(−\dfrac{12}{5}, \ \dfrac{9}{5}\right)$

◀ A(a_1, a_2), B(b_1, b_2) のとき

$\overrightarrow{AB} = (b_1−a_1, b_2−a_2)$

◀ $\vec{a}$ と平行な単位ベクトル

は $\pm \dfrac{\vec{a}}{|\vec{a}|}$

$\vec{a}$ と同じ向きの単位ベクトルは $\dfrac{\vec{a}}{|\vec{a}|}$

符号の違いに注意する。

練習 8 平面上に 3 点 A(1, −2), B(3, 1), C(−1, 2) がある。

(1) $\overrightarrow{AB}$, $\overrightarrow{AC}$ を成分表示せよ。また，その大きさをそれぞれ求めよ。

(2) $\overrightarrow{AB}$ と同じ向きの単位ベクトルを成分表示せよ。

(3) $\overrightarrow{AC}$ と平行で，大きさが 5 のベクトルを成分表示せよ。

例題 9　ベクトルと平行四辺形 ★★☆☆

平面上に 3 点 A$(-1, 4)$，B$(3, -1)$，C$(6, 7)$ がある。
(1)　四角形 ABCD が平行四辺形となるとき，点 D の座標を求めよ。
(2)　4 点 A，B，C，D が平行四辺形の 4 つの頂点となるとき，点 D の座標をすべて求めよ。

思考のプロセス

条件の言い換え

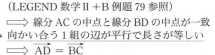

(1)　$\begin{pmatrix}四角形ABCD \\ が平行四辺形\end{pmatrix}$ ⟨ 対角線がそれぞれの中点で交わる（LEGEND 数学Ⅱ＋B 例題 79 参照）
⟹ 線分 AC の中点と線分 BD の中点が一致
向かい合う 1 組の辺が平行で長さが等しい
⟹ $\overrightarrow{AD} = \overrightarrow{BC}$

(2)　点 D の位置は ☐ 通り考えられる　（LEGEND 数学Ⅱ＋B 例題 79 (2) 参照）

Action» 平行四辺形は，向かい合う 1 組のベクトルが等しいとせよ

解　点 D の座標を (a, b) とおく。

(1)　四角形 ABCD が平行四辺形となるとき　$\overrightarrow{AD} = \overrightarrow{BC}$

◀ $\overrightarrow{AB} = \overrightarrow{DC}$ を用いてもよい。

$$\overrightarrow{AD} = (a-(-1), \ b-4) = (a+1, \ b-4)$$
$$\overrightarrow{BC} = (6-3, \ 7-(-1)) = (3, \ 8)$$

よって　　$(a+1, \ b-4) = (3, \ 8)$

成分を比較すると　$\begin{cases} a+1 = 3 \\ b-4 = 8 \end{cases}$

ゆえに，$a = 2$，$b = 12$ より　　**D$(2, 12)$**

(2)　(ア)　四角形 ABCD が平行四辺形となるとき
(1) より　　D$(2, 12)$

◀ 4 点 A, B, C, D の順序によって 3 つの場合がある。

(イ)　四角形 ABDC が平行四辺形となるとき　$\overrightarrow{AC} = \overrightarrow{BD}$

$$\overrightarrow{AC} = (6-(-1), \ 7-4) = (7, \ 3)$$
$$\overrightarrow{BD} = (a-3, \ b-(-1)) = (a-3, \ b+1)$$

よって　　$(a-3, \ b+1) = (7, \ 3)$

ゆえに，$a = 10$，$b = 2$ より　　D$(10, 2)$

(ウ)　四角形 ADBC が平行四辺形となるとき　$\overrightarrow{AD} = \overrightarrow{CB}$

$$\overrightarrow{CB} = (3-6, \ -1-7) = (-3, \ -8)$$

よって　　$(a+1, \ b-4) = (-3, \ -8)$

ゆえに，$a = -4$，$b = -4$ より　　D$(-4, -4)$

(ア)～(ウ) より，点 D の座標は
$$(2, 12), \ (10, 2), \ (-4, -4)$$

練習 9　平面上に 3 点 A$(2, 3)$，B$(5, -6)$，C$(-3, -4)$ がある。
(1)　四角形 ABCD が平行四辺形となるとき，点 D の座標を求めよ。
(2)　4 点 A，B，C，D が平行四辺形の 4 つの頂点となるとき，点 D の座標をすべて求めよ。

➡ p.46　問題 9

例題 **10** ベクトルの大きさの最小値，平行条件

3つのベクトル $\vec{a} = (1, \ -3)$, $\vec{b} = (-2, \ 1)$, $\vec{c} = (7, \ -6)$ について

(1) $\vec{a} + t\vec{b}$ の大きさの最小値，およびそのときの実数 t の値を求めよ。

(2) $\vec{a} + t\vec{b}$ と $\vec{c}$ が平行となるとき，実数 t の値を求めよ。

思考のプロセス

(1) $|\vec{a} + t\vec{b}|$ は $\sqrt{}$ を含む式となる。

目標の言い換え

$|\vec{a} + t\vec{b}|$ の最小値 $\Longrightarrow$ $|\vec{a} + t\vec{b}|^2$ の最小値から考える。

$\leftarrow$ $|\vec{a} + t\vec{b}| \geqq 0$ より $|\vec{a} + t\vec{b}|^2$ が最小のとき，$|\vec{a} + t\vec{b}|$ も最小となる。

(2) **条件の言い換え**

$\vec{0}$ でない 2 つのベクトル $\vec{a} = (a_1, \ a_2)$, $\vec{b} = (b_1, \ b_2)$ について

$\vec{a} \,/\!/\, \vec{b} \iff \vec{b} = k\vec{a}$ (k は実数)

$\iff b_1 = ka_1$ かつ $b_2 = ka_2$ $\Big\}$ どちらを用いてもよい

$\iff a_1 b_2 - a_2 b_1 = 0$

Action» $\vec{a} \,/\!/\, \vec{b}$ のときは，$\vec{b} = k\vec{a}$ (k は実数) とおけ

解 (1) $\vec{a} + t\vec{b} = (1, \ -3) + t(-2, \ 1)$

$\qquad\qquad = (1 - 2t, \ -3 + t) \quad \cdots ①$

よって $|\vec{a} + t\vec{b}|^2 = (1 - 2t)^2 + (-3 + t)^2$

$\qquad\qquad\qquad = 5t^2 - 10t + 10$

$\qquad\qquad\qquad = 5(t - 1)^2 + 5$

ゆえに，$|\vec{a} + t\vec{b}|^2$ は $t = 1$ のとき最小値 5 をとる。

このとき，$|\vec{a} + t\vec{b}|$ も最小となり，最小値は $\sqrt{5}$

したがって $t = 1$ **のとき 最小値** $\sqrt{5}$

$\blacktriangleleft$ $|\vec{a} + t\vec{b}|^2$ を t の式で表す。t の2次式となるから，平方完成して最小値を求める。

(2) $(\vec{a} + t\vec{b}) \,/\!/\, \vec{c}$ のとき，k を実数として $\vec{a} + t\vec{b} = k\vec{c}$ と表される。

① より $(1 - 2t, \ -3 + t) = k(7, \ -6)$

よって $\begin{cases} 1 - 2t = 7k \\ -3 + t = -6k \end{cases}$

これを連立して解くと $k = 1, \ t = -3$

$\blacktriangleleft$ $k(\vec{a} + t\vec{b}) = \vec{c}$ と表してもよいが，$\begin{cases} (1 - 2t)k = 7 \\ (-3 + t)k = -6 \end{cases}$ となり，式が複雑になってしまう。

〔別解〕

$\vec{a} + t\vec{b} = (1 - 2t, \ -3 + t)$, $\vec{c} = (7, \ -6)$ より，

$(\vec{a} + t\vec{b}) \,/\!/\, \vec{c}$ のとき

$\qquad (1 - 2t)(-6) - (-3 + t)7 = 0$

$5t + 15 = 0$ より $t = -3$

$\blacktriangleleft$ $\vec{a} = (a_1, \ a_2), \ \vec{b} = (b_1, \ b_2)$ について $\vec{a} \,/\!/\, \vec{b}$ $\iff a_1 b_2 - a_2 b_1 = 0$

練習 **10** 3つのベクトル $\vec{a} = (2, \ -4)$, $\vec{b} = (3, \ -1)$, $\vec{c} = (-2, \ 1)$ について

(1) $\vec{a} + t\vec{b}$ の大きさの最小値，およびそのときの実数 t の値を求めよ。

(2) $\vec{a} + t\vec{b}$ と $\vec{c}$ が平行となるとき，実数 t の値を求めよ。

→ p.46 問題10

例題 11 ベクトルの内積

★☆☆☆

AB $= 1$, AD $= \sqrt{3}$ の長方形 ABCD において，次の
内積を求めよ。

(1) $\overrightarrow{AB} \cdot \overrightarrow{AD}$ (2) $\overrightarrow{AB} \cdot \overrightarrow{AC}$ (3) $\overrightarrow{AD} \cdot \overrightarrow{DB}$

思考のプロセス

〔内積〕 $\vec{a} \cdot \vec{b} = |\vec{a}||\vec{b}|\cos\theta$

$\vec{a}$ と $\vec{b}$ のなす角 θ … $\vec{a}$ と $\vec{b}$ の始点を一致させたときにできる角

$(0° \leqq \theta \leqq 180°)$

図で考える

(1) 始点一致 (2) 始点一致 (3) 始点異なる 始点一致

   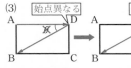

Action» 内積は，ベクトルの大きさと始点をそろえてなす角を調べよ

解 (1) $|\overrightarrow{AB}| = 1$, $|\overrightarrow{AD}| = \sqrt{3}$, $\overrightarrow{AB}$ と $\overrightarrow{AD}$ のなす角は $90°$

よって

$$\overrightarrow{AB} \cdot \overrightarrow{AD} = 1 \times \sqrt{3} \times \cos 90° = \mathbf{0}$$

◀ $\cos 90° = 0$

(2) AB $= 1$, BC $= \sqrt{3}$, $\angle B = 90°$ より   AC $= 2$

$\triangle ABC$ は $\angle BCA = 30°$, $\angle CAB = 60°$

の直角三角形であるから，$|\overrightarrow{AB}| = 1$,

$|\overrightarrow{AC}| = 2$, $\overrightarrow{AB}$ と $\overrightarrow{AC}$ のなす角は $60°$

よって

$$\overrightarrow{AB} \cdot \overrightarrow{AC} = 1 \times 2 \times \cos 60° = \mathbf{1}$$

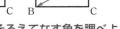

◀ $\cos 60° = \dfrac{1}{2}$

(3) $\triangle ABD$ は $\angle ABD = 60°$,

$\angle BDA = 30°$, BD $= 2$

の直角三角形であるから，

$|\overrightarrow{AD}| = \sqrt{3}$, $|\overrightarrow{DB}| = 2$

$\overrightarrow{AD}$ と $\overrightarrow{DB}$ のなす角は $150°$

よって

$$\overrightarrow{AD} \cdot \overrightarrow{DB} = \sqrt{3} \times 2 \times \cos 150° = \mathbf{-3}$$

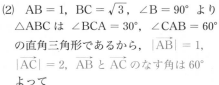

■ $\overrightarrow{AD}$ を平行移動して
$\overrightarrow{DB}$ と始点を一致させて
なす角を考える。

◀ $\cos 150° = -\dfrac{\sqrt{3}}{2}$

練習 11 1辺の長さが 1 の正六角形 ABCDEF において，次の内積を求
めよ。

(1) $\overrightarrow{AD} \cdot \overrightarrow{AF}$ (2) $\overrightarrow{AD} \cdot \overrightarrow{BC}$ (3) $\overrightarrow{DA} \cdot \overrightarrow{BE}$

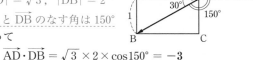

34

➡ p.46 問題11

〔1〕 次の2つのベクトル $\vec{a}$, $\vec{b}$ のなす角 θ $(0° \leqq \theta \leqq 180°)$ を求めよ。

(1) $|\vec{a}| = 3$, $|\vec{b}| = 4$, $\vec{a} \cdot \vec{b} = -6$ (2) $\vec{a} = (1, 2)$, $\vec{b} = (-1, 3)$

〔2〕 平面上の2つのベクトル $\vec{a} = (1, 3)$, $\vec{b} = (x, -1)$ について, $\vec{a}$ と $\vec{b}$ のなす角が 135° であるとき, x の値を求めよ。

1章 2 平面上のベクトルの成分と内積

思考のプロセス

〔成分と内積〕 $\vec{a} = (a_1, a_2)$, $\vec{b} = (b_1, b_2)$ のとき $\vec{a} \cdot \vec{b} = a_1 b_1 + a_2 b_2$

目標の言い換え

〔1〕 $\vec{a}$ と $\vec{b}$ のなす角を θ とすると $\cos\theta = \dfrac{\vec{a} \cdot \vec{b}}{|\vec{a}||\vec{b}|}$ ← $\vec{a} \cdot \vec{b} = |\vec{a}||\vec{b}|\cos\theta$ より

(2) $\vec{a} = (1, 2)$, $\vec{b} = (-1, 3)$ から $|\vec{a}|$, $|\vec{b}|$, $\vec{a} \cdot \vec{b}$ を求める。

〔2〕 $\vec{a} \cdot \vec{b} = |\vec{a}||\vec{b}|\cos 135° \implies x$ の方程式

$\vec{a} = (1, 3)$, $\vec{b} = (x, -1)$ から計算

Action» 2つのベクトルのなす角は, 内積の定義を利用せよ

解 〔1〕 (1) $\cos\theta = \dfrac{\vec{a} \cdot \vec{b}}{|\vec{a}||\vec{b}|} = \dfrac{-6}{3 \times 4} = -\dfrac{1}{2}$

$0° \leqq \theta \leqq 180°$ より $\theta = 120°$

(2) $\vec{a} \cdot \vec{b} = 1 \times (-1) + 2 \times 3 = 5$

$|\vec{a}| = \sqrt{1^2 + 2^2} = \sqrt{5}$, $|\vec{b}| = \sqrt{(-1)^2 + 3^2} = \sqrt{10}$ より

$\cos\theta = \dfrac{\vec{a} \cdot \vec{b}}{|\vec{a}||\vec{b}|} = \dfrac{5}{\sqrt{5} \times \sqrt{10}} = \dfrac{1}{\sqrt{2}}$

$0° \leqq \theta \leqq 180°$ より $\theta = 45°$

〔2〕 $\vec{a} \cdot \vec{b} = 1 \times x + 3 \times (-1) = x - 3$

$|\vec{a}| = \sqrt{1^2 + 3^2} = \sqrt{10}$, $|\vec{b}| = \sqrt{x^2 + 1}$

$\vec{a}$ と $\vec{b}$ のなす角が 135° であるから

$x - 3 = \sqrt{10} \times \sqrt{x^2 + 1} \times \cos 135°$

$x - 3 = -\sqrt{5(x^2 + 1)}$ ···①

両辺を2乗すると $(x-3)^2 = 5(x^2 + 1)$

$2x^2 + 3x - 2 = 0$ より $(2x-1)(x+2) = 0$

よって $x = \dfrac{1}{2}, -2$

これらはともに①を満たすから $x = \dfrac{1}{2}, -2$

右側注:
$\vec{a} \cdot \vec{b} = |\vec{a}||\vec{b}|\cos\theta$ より $\cos\theta = \dfrac{\vec{a} \cdot \vec{b}}{|\vec{a}||\vec{b}|}$

$\vec{a} = (a_1, a_2)$, $\vec{b} = (b_1, b_2)$ のとき $\vec{a} \cdot \vec{b} = a_1 b_1 + a_2 b_2$ $|\vec{a}| = \sqrt{a_1^2 + a_2^2}$

$\vec{a} = (a_1, a_2)$, $\vec{b} = (b_1, b_2)$ のとき $\vec{a} \cdot \vec{b} = a_1 b_1 + a_2 b_2$

$\vec{a} \cdot \vec{b} = |\vec{a}||\vec{b}|\cos\theta$

$\cos 135° = -\dfrac{1}{\sqrt{2}}$

■①を2乗して求めているから, 実際に代入して確かめる。$A = B \Rightarrow A^2 = B^2$ は成り立つが, 逆は成り立たない。

練習12 〔1〕 次の2つのベクトル $\vec{a}$, $\vec{b}$ のなす角 θ $(0° \leqq \theta \leqq 180°)$ を求めよ。

(1) $|\vec{a}| = 2$, $|\vec{b}| = \sqrt{3}$, $\vec{a} \cdot \vec{b} = -3$ (2) $\vec{a} = (-1, 2)$, $\vec{b} = (2, -4)$

〔2〕 平面上の2つのベクトル $\vec{a} = (1, x)$, $\vec{b} = (4, 2)$ について, $\vec{a}$ と $\vec{b}$ のなす角が 45° であるとき, x の値を求めよ。

例題 13　ベクトルの内積となす角〔2〕
★★☆☆

> (1)　$|\vec{a}| = \sqrt{2}$, $|\vec{b}| = 1$, $|\vec{a} - 2\vec{b}| = \sqrt{10}$ のとき, $\vec{a}$ と $\vec{b}$ のなす角 θ を求めよ。
>
> (2)　$|\vec{a}| = 2$, $|\vec{b}| = 3$, $\vec{a}$ と $\vec{b}$ のなす角が $120°$ である。$2\vec{a} + \vec{b}$ と $\vec{a} - 2\vec{b}$ のなす角を θ とするとき, $\cos\theta$ の値を求めよ。

思考のプロセス

目標の言い換え

(1)　$|\vec{a} - 2\vec{b}|$ は, このままでは計算が進まない。

$\implies$ 2乗すると　$|\vec{a} - 2\vec{b}|^2 = |\vec{a}|^2 - 4\underset{\parallel}{\vec{a} \cdot \vec{b}} + 4|\vec{b}|^2$　　$\leftarrow |\vec{a} - 2\vec{b}|^2$

$|\vec{a}||\vec{b}|\cos\theta$　　$= (\vec{a} - 2\vec{b}) \cdot (\vec{a} - 2\vec{b})$

(2)　$\cos\theta = \dfrac{(2\vec{a} + \vec{b}) \cdot (\vec{a} - 2\vec{b})}{|2\vec{a} + \vec{b}||\vec{a} - 2\vec{b}|}$ ←── 分母・分子の値をそれぞれ求める

Action» ベクトルの大きさは, 2乗して内積を利用せよ

解 (1)　$|\vec{a} - 2\vec{b}|^2 = (\vec{a} - 2\vec{b}) \cdot (\vec{a} - 2\vec{b})$

$= \vec{a} \cdot \vec{a} - 2\vec{a} \cdot \vec{b} - 2\vec{b} \cdot \vec{a} + 4\vec{b} \cdot \vec{b}$

$= |\vec{a}|^2 - 4\vec{a} \cdot \vec{b} + 4|\vec{b}|^2$

$|\vec{a}| = \sqrt{2}$, $|\vec{b}| = 1$, $|\vec{a} - 2\vec{b}| = \sqrt{10}$ を代入すると

$10 = 2 - 4\vec{a} \cdot \vec{b} + 4$ より　　$\vec{a} \cdot \vec{b} = -1$

> まず, $\vec{a} \cdot \vec{b}$ を求める。
> $|\vec{a} - 2\vec{b}|$ を2乗して,
> $\vec{a} \cdot \vec{b}$ をつくり出す。
> $\vec{a} \cdot \vec{a} = |\vec{a}|^2$
>
> $4\vec{a} \cdot \vec{b} = -4$

例題12

よって　　$\cos\theta = \dfrac{\vec{a} \cdot \vec{b}}{|\vec{a}||\vec{b}|} = \dfrac{-1}{\sqrt{2} \times 1} = -\dfrac{1}{\sqrt{2}}$

$0° \leqq \theta \leqq 180°$ より　　**$\theta = 135°$**

(2)　$\vec{a} \cdot \vec{b} = |\vec{a}||\vec{b}|\cos 120° = 2 \times 3 \times \left(-\dfrac{1}{2}\right) = -3$

よって　　$|2\vec{a} + \vec{b}|^2 = 4|\vec{a}|^2 + 4\vec{a} \cdot \vec{b} + |\vec{b}|^2 = 13$

$|2\vec{a} + \vec{b}| \geqq 0$ であるから　　$|2\vec{a} + \vec{b}| = \sqrt{13}$

次に　　$|\vec{a} - 2\vec{b}|^2 = |\vec{a}|^2 - 4\vec{a} \cdot \vec{b} + 4|\vec{b}|^2 = 52$

$|\vec{a} - 2\vec{b}| \geqq 0$ であるから　　$|\vec{a} - 2\vec{b}| = 2\sqrt{13}$

また　　$(2\vec{a} + \vec{b}) \cdot (\vec{a} - 2\vec{b}) = 2|\vec{a}|^2 - 3\vec{a} \cdot \vec{b} - 2|\vec{b}|^2$

$= -1$

したがって

> まず $\vec{a}$ と $\vec{b}$ の内積を求める。
> 2乗して展開し,
> $|\vec{a}| = 2$, $|\vec{b}| = 3$,
> $\vec{a} \cdot \vec{b} = -3$ を代入する。
>
> $(2\vec{a} + \vec{b}) \cdot (\vec{a} - 2\vec{b})$
> $= 2\vec{a} \cdot \vec{a} - 4\vec{a} \cdot \vec{b}$
> $\quad + \vec{b} \cdot \vec{a} - 2\vec{b} \cdot \vec{b}$

例題12

$\cos\theta = \dfrac{(2\vec{a} + \vec{b}) \cdot (\vec{a} - 2\vec{b})}{|2\vec{a} + \vec{b}||\vec{a} - 2\vec{b}|} = \dfrac{-1}{\sqrt{13} \times 2\sqrt{13}} = -\dfrac{1}{26}$

> $\vec{p}$ と $\vec{q}$ のなす角を θ とすると　$\cos\theta = \dfrac{\vec{p} \cdot \vec{q}}{|\vec{p}||\vec{q}|}$

練習 13 (1)　$|\vec{a}| = \sqrt{3}$, $|\vec{b}| = 2$, $|\vec{a} - \vec{b}| = 1$ のとき, $\vec{a}$ と $\vec{b}$ のなす角 θ を求めよ。

(2)　$|\vec{a}| = 4$, $|\vec{b}| = \sqrt{3}$, $\vec{a}$ と $\vec{b}$ のなす角が $150°$ である。$\vec{a} + 3\vec{b}$ と $3\vec{a} + 2\vec{b}$ のなす角 θ を求めよ。

➡ p.46 問題13

例題 14　ベクトルの垂直条件〔1〕

> (1) $\vec{a} = (1,\ x),\ \vec{b} = (3,\ 2)$ について，$\vec{a}$ と $\vec{b}$ が垂直のとき x の値を求めよ。
>
> (2) $\vec{a} = (3,\ -4)$ に垂直な単位ベクトル $\vec{e}$ を求めよ。

思考のプロセス

条件の言い換え

$\vec{a}$ と $\vec{b}$ が垂直 $\Longrightarrow$ $\vec{a}$ と $\vec{b}$ のなす角が $90°$

$\qquad\qquad\qquad \Longrightarrow \vec{a}\cdot\vec{b} = 0$

大きさに無関係
$\longleftarrow\ \vec{a}\cdot\vec{b} = |\vec{a}||\vec{b}|\cos 90° = 0$
$\qquad\qquad\qquad\qquad\qquad \underset{0}{\|}$

(2)　**未知のものを文字でおく**

$\vec{e} = (x,\ y)$ とおくと $\begin{cases} \vec{a} \perp \vec{e} \longrightarrow (x\ と\ y\ の式) \\ |\vec{e}| = 1 \longrightarrow (x\ と\ y\ の式) \end{cases}$ 連立して，$x,\ y$ を求める

Action» $\vec{a} \perp \vec{b}$ のときは，$\vec{a}\cdot\vec{b} = 0$ とせよ

解 (1)　$\vec{a}\cdot\vec{b} = 1\times 3 + x\times 2 = 2x + 3$

$\qquad$ $\vec{a}$ と $\vec{b}$ が垂直のとき，$\vec{a}\cdot\vec{b} = 0$ であるから

$\qquad$ $2x + 3 = 0$ より　　$x = -\dfrac{3}{2}$

$\blacktriangleleft\ \vec{a} = (a_1,\ a_2),\ \vec{b} = (b_1,\ b_2)$
$\quad$ のとき
$\qquad \vec{a}\cdot\vec{b} = a_1 b_1 + a_2 b_2$

(2)　$\vec{e} = (x,\ y)$ とおく。

$\qquad$ $\vec{a} \perp \vec{e}$ より　　$\vec{a}\cdot\vec{e} = 3x - 4y = 0$　　$\cdots$①

$\qquad$ $|\vec{e}| = 1$ より　　$|\vec{e}|^2 = x^2 + y^2 = 1$　　$\cdots$②

$\qquad$ ① より　　$y = \dfrac{3}{4}x$　　$\cdots$③

$\qquad$ ② に代入すると，$x^2 = \dfrac{16}{25}$ より　　$x = \pm\dfrac{4}{5}$

$\qquad$ ③ より，$x = \dfrac{4}{5}$ のとき　　$y = \dfrac{3}{5}$

$\qquad\qquad\qquad\quad x = -\dfrac{4}{5}$ のとき　$y = -\dfrac{3}{5}$

$\qquad$ よって　　$\vec{e} = \left(\dfrac{4}{5},\ \dfrac{3}{5}\right),\ \left(-\dfrac{4}{5},\ -\dfrac{3}{5}\right)$

$\blacktriangleleft\ \vec{a} \perp \vec{e}$ より　$\vec{a}\cdot\vec{e} = 0$

$\blacktriangleleft\ \vec{e}$ が単位ベクトルより
$\quad |\vec{e}| = 1$

$\blacktriangleleft\ \vec{e}$ は 2 つ存在する。

Point...ベクトルの垂直条件 ────────

$\vec{a} \neq \vec{0}$ とする。$\vec{a} = (a_1,\ a_2)$ と垂直なベクトルは，例えば

$\qquad \vec{b} = (a_2,\ -a_1),\ (-a_2,\ a_1)$

このとき，確かに

$\qquad \vec{a}\cdot\vec{b} = a_1 a_2 + a_2(-a_1) = 0,\quad \vec{a}\cdot\vec{b} = a_1(-a_2) + a_2 a_1 = 0$

$\vec{a} \neq \vec{0},\ \vec{b} \neq \vec{0}$ より　　$\vec{a} \perp \vec{b}$

$\longleftarrow\ x$ 成分と y 成分を入れかえ
$\qquad$ 一方の符号を変える。

練習 14 (1)　$\vec{a} = (2,\ x+1),\ \vec{b} = (1,\ 1)$ について，$\vec{a}$ と $\vec{b}$ が垂直のとき x の値を求めよ。

$\qquad\quad$ (2)　$\vec{a} = (-2,\ 3)$ と垂直で大きさが 2 のベクトル $\vec{p}$ を求めよ。

例題 15　ベクトルの垂直条件〔2〕　★★☆☆

$\vec{0}$ でない 2 つのベクトル $\vec{a}$, $\vec{b}$ について，$|\vec{b}| = \sqrt{2}\,|\vec{a}|$ が成り立っている。
$2\vec{a} - \vec{b}$ と $4\vec{a} + 3\vec{b}$ が垂直であるとき，次の問に答えよ。

(1)　$\vec{a}$ と $\vec{b}$ のなす角 θ $(0° \leqq \theta \leqq 180°)$ を求めよ。

(2)　$\vec{a}$ と $\vec{a} + t\vec{b}$ が垂直であるとき，t の値を求めよ。

思考のプロセス

≪ReAction $\vec{a} \perp \vec{b}$ のときは，$\vec{a} \cdot \vec{b} = 0$ とせよ　◀例題14

条件の言い換え

$(2\vec{a} - \vec{b}) \perp (4\vec{a} + 3\vec{b}) \Longrightarrow (2\vec{a} - \vec{b}) \cdot (4\vec{a} + 3\vec{b}) = 0$
$\qquad\qquad\qquad\qquad\qquad \Longrightarrow$ 計算して $|\vec{a}|$, $|\vec{b}|$, $\vec{a} \cdot \vec{b}$ の式をつくる。

(1)　$\vec{a}$ と $\vec{b}$ のなす角 θ は，$\cos\theta$ から求める。（例題12）

(2)　$\vec{a} \perp (\vec{a} + t\vec{b}) \Longrightarrow \vec{a} \cdot (\vec{a} + t\vec{b}) = 0 \Longrightarrow$ 計算して t の方程式をつくる。

解 (1)　$(2\vec{a} - \vec{b}) \perp (4\vec{a} + 3\vec{b})$ であるから

例題14

$$(2\vec{a} - \vec{b}) \cdot (4\vec{a} + 3\vec{b}) = 0$$
$$8|\vec{a}|^2 + 2\vec{a} \cdot \vec{b} - 3|\vec{b}|^2 = 0 \qquad \cdots ①$$

ここで，$|\vec{b}| = \sqrt{2}\,|\vec{a}|$ より　　$|\vec{b}|^2 = 2|\vec{a}|^2$

①に代入すると

$$8|\vec{a}|^2 + 2\vec{a} \cdot \vec{b} - 6|\vec{a}|^2 = 0$$

よって　　$\vec{a} \cdot \vec{b} = -|\vec{a}|^2 \qquad \cdots ②$

ゆえに

例題12

$$\cos\theta = \frac{\vec{a} \cdot \vec{b}}{|\vec{a}||\vec{b}|} = \frac{-|\vec{a}|^2}{|\vec{a}| \times \sqrt{2}\,|\vec{a}|} = -\frac{1}{\sqrt{2}}$$

$0° \leqq \theta \leqq 180°$ より　　$\boldsymbol{\theta = 135°}$

(2)　$\vec{a}$ と $\vec{a} + t\vec{b}$ が垂直であるとき

例題14

$$\vec{a} \cdot (\vec{a} + t\vec{b}) = 0$$

よって　　$|\vec{a}|^2 + t\vec{a} \cdot \vec{b} = 0$

②を代入して　　$|\vec{a}|^2 - t|\vec{a}|^2 = 0$

$$(1 - t)|\vec{a}|^2 = 0$$

$|\vec{a}| \neq 0$ であるから　　$1 - t = 0$

したがって，求める t の値は　　$\boldsymbol{t = 1}$

◀ $8\vec{a} \cdot \vec{a} + 2\vec{a} \cdot \vec{b} - 3\vec{b} \cdot \vec{b} = 0$

◀**ReAction** 例題12
「2 つのベクトルのなす角は，内積の定義を利用せよ」

◀ $\vec{a} \cdot \vec{a} = |\vec{a}|^2$

◀ $\vec{a} \neq \vec{0}$ より $|\vec{a}| \neq 0$

練習15　$\vec{0}$ でない 2 つのベクトル $\vec{a}$, $\vec{b}$ について，$|\vec{a}| = |\vec{b}|$ が成り立っている。
$3\vec{a} + \vec{b}$ と $\vec{a} - 3\vec{b}$ が垂直であるとき，次の問に答えよ。

(1)　$\vec{a}$ と $\vec{b}$ のなす角 θ $(0° \leqq \theta \leqq 180°)$ を求めよ。

(2)　$\vec{a} - 2\vec{b}$ と $\vec{a} + t\vec{b}$ が垂直であるとき，t の値を求めよ。

➡ p.47　問題15

例題 16　内積と三角形の面積〔1〕

△OAB において，$\overrightarrow{OA} = \vec{a}$，$\overrightarrow{OB} = \vec{b}$ とおくと，$|\vec{a}| = 3$，$|\vec{b}| = 2$，
$|\vec{a} - 2\vec{b}| = 4$ である。$\angle AOB = \theta$ とするとき，次の値を求めよ。
(1) $\cos\theta$　　　　　　　　　　(2) △OAB の面積 S

思考のプロセス

逆向きに考える

(1)　$\angle AOB = \theta$ は $\vec{a}$ と $\vec{b}$ のなす角

$\Longrightarrow \cos\theta = \dfrac{\vec{a} \cdot \vec{b}}{|\vec{a}||\vec{b}|}$ から考える。

$\Longrightarrow \vec{a} \cdot \vec{b}$ の値を求めたい。

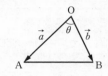

≪ⓇⓔAction　ベクトルの大きさは，2乗して内積を利用せよ　◀例題 13

(2)　$\underset{\substack{\uparrow\\|\vec{a}|}}{\text{△OAB}} = \dfrac{1}{2}\underset{\substack{\uparrow\\|\vec{a}|}}{\text{OA}} \cdot \underset{\substack{\uparrow\\|\vec{b}|}}{\text{OB}} \cdot \sin\theta$
$\underset{\llcorner \cos\theta \text{ から求める。}}{}$

解

例題13

(1)　$|\vec{a} - 2\vec{b}| = 4$ の両辺を 2 乗すると

$$|\vec{a} - 2\vec{b}|^2 = 4^2$$

$$|\vec{a}|^2 - 4\vec{a} \cdot \vec{b} + 4|\vec{b}|^2 = 16$$

$|\vec{a}| = 3$，$|\vec{b}| = 2$ を代入すると

$$9 - 4\vec{a} \cdot \vec{b} + 16 = 16$$

よって　　$\vec{a} \cdot \vec{b} = \dfrac{9}{4}$

したがって　　$\cos\theta = \dfrac{\vec{a} \cdot \vec{b}}{|\vec{a}||\vec{b}|} = \dfrac{\frac{9}{4}}{3 \times 2} = \dfrac{3}{8}$

(2)　$0° < \theta < 180°$ より，$\sin\theta > 0$ であるから

$$\sin\theta = \sqrt{1 - \cos^2\theta}$$
$$= \sqrt{1 - \left(\dfrac{3}{8}\right)^2} = \dfrac{\sqrt{55}}{8}$$

したがって

$$S = \dfrac{1}{2}|\vec{a}||\vec{b}|\sin\theta$$
$$= \dfrac{1}{2} \times 3 \times 2 \times \dfrac{\sqrt{55}}{8} = \dfrac{3\sqrt{55}}{8}$$

◀$|\vec{a} - 2\vec{b}|$ を 2 乗して，$\vec{a} \cdot \vec{b}$ をつくり出す。

◀$|\vec{a} - 2\vec{b}|^2$
$= (\vec{a} - 2\vec{b}) \cdot (\vec{a} - 2\vec{b})$
$= \vec{a} \cdot \vec{a} - 4\vec{a} \cdot \vec{b} + 4\vec{b} \cdot \vec{b}$
$= |\vec{a}|^2 - 4\vec{a} \cdot \vec{b} + 4|\vec{b}|^2$

◀△OAB の面積 S は
$S = \dfrac{1}{2}\text{OA} \cdot \text{OB} \cdot \sin\theta$ で
求められるから，まず，
(1)の結果から $\sin\theta$ を求める。

練習 16　△OAB において，$\overrightarrow{OA} = \vec{a}$，$\overrightarrow{OB} = \vec{b}$ とおくと，$|\vec{a}| = 4$，$|\vec{b}| = 5$，
$|\vec{a} + \vec{b}| = 5$ である。$\angle AOB = \theta$ とするとき，次の値を求めよ。
(1) $\cos\theta$　　　　　　　　　　(2) △OAB の面積 S

→ p.47　問題16

(1)　$\triangle ABC = \dfrac{1}{2}\sqrt{|\overrightarrow{AB}|^2\,|\overrightarrow{AC}|^2 - (\overrightarrow{AB}\cdot\overrightarrow{AC})^2}$　であることを示せ。

(2)　$\overrightarrow{AB} = (x_1,\ y_1),\ \overrightarrow{AC} = (x_2,\ y_2)$ のとき，$\triangle ABC$ の面積を $x_1,\ y_1,\ x_2,\ y_2$ を用いて表せ。

思考のプロセス

(1)　**既知の問題に帰着**

　例題 16 で，三角形の面積を求めた流れと同様に考える。

(2)　**前問の結果の利用**

　$|\overrightarrow{AB}|^2,\ |\overrightarrow{AC}|^2,\ \overrightarrow{AB}\cdot\overrightarrow{AC}$ をそれぞれ $x_1,\ x_2,\ y_1,\ y_2$ で表して，代入する。

Action» 三角形の面積は，$S = \dfrac{1}{2}|\overrightarrow{AB}||\overrightarrow{AC}|\sin\theta$ を利用せよ

解　(1)　$\cos A = \dfrac{\overrightarrow{AB}\cdot\overrightarrow{AC}}{|\overrightarrow{AB}||\overrightarrow{AC}|}$ であり，

　　　$0° < A < 180°$ より，$\sin A > 0$ であるから

$$\sin A = \sqrt{1 - \cos^2 A} = \sqrt{1 - \dfrac{(\overrightarrow{AB}\cdot\overrightarrow{AC})^2}{|\overrightarrow{AB}|^2\,|\overrightarrow{AC}|^2}}$$

$$= \dfrac{\sqrt{|\overrightarrow{AB}|^2\,|\overrightarrow{AC}|^2 - (\overrightarrow{AB}\cdot\overrightarrow{AC})^2}}{|\overrightarrow{AB}||\overrightarrow{AC}|}$$

したがって

$$\triangle ABC = \dfrac{1}{2}|\overrightarrow{AB}||\overrightarrow{AC}|\sin A$$

$$= \dfrac{1}{2}|\overrightarrow{AB}||\overrightarrow{AC}|\dfrac{\sqrt{|\overrightarrow{AB}|^2\,|\overrightarrow{AC}|^2 - (\overrightarrow{AB}\cdot\overrightarrow{AC})^2}}{|\overrightarrow{AB}||\overrightarrow{AC}|}$$

$$= \dfrac{1}{2}\sqrt{|\overrightarrow{AB}|^2\,|\overrightarrow{AC}|^2 - (\overrightarrow{AB}\cdot\overrightarrow{AC})^2}$$

(2)　$|\overrightarrow{AB}|^2 = x_1{}^2 + y_1{}^2$ …①，$|\overrightarrow{AC}|^2 = x_2{}^2 + y_2{}^2$ …②

　　　$\overrightarrow{AB}\cdot\overrightarrow{AC} = x_1 x_2 + y_1 y_2$ …③

(1)の公式に①，②，③を代入すると

$$S = \dfrac{1}{2}\sqrt{(x_1{}^2 + y_1{}^2)(x_2{}^2 + y_2{}^2) - (x_1 x_2 + y_1 y_2)^2}$$

$$= \dfrac{1}{2}\sqrt{x_1{}^2 y_2{}^2 - 2x_1 x_2 y_1 y_2 + x_2{}^2 y_1{}^2}$$

$$= \dfrac{1}{2}\sqrt{(x_1 y_2 - x_2 y_1)^2} = \dfrac{1}{2}\,|x_1 y_2 - x_2 y_1|$$

三角比の符号に注意する。

$\sin^2 A + \cos^2 A = 1$

$$\sqrt{1 - \dfrac{(\overrightarrow{AB}\cdot\overrightarrow{AC})^2}{|\overrightarrow{AB}|^2\,|\overrightarrow{AC}|^2}}$$

$$= \sqrt{\dfrac{|\overrightarrow{AB}|^2\,|\overrightarrow{AC}|^2 - (\overrightarrow{AB}\cdot\overrightarrow{AC})^2}{|\overrightarrow{AB}|^2\,|\overrightarrow{AC}|^2}}$$

$$= \dfrac{\sqrt{|\overrightarrow{AB}|^2\,|\overrightarrow{AC}|^2 - (\overrightarrow{AB}\cdot\overrightarrow{AC})^2}}{|\overrightarrow{AB}||\overrightarrow{AC}|}$$

$\triangle ABC$ の面積は，$\overrightarrow{AB}$，$\overrightarrow{AC}$ の大きさと内積で表すことができる。

$|\overrightarrow{AB}|^2,\ |\overrightarrow{AC}|^2,\ \overrightarrow{AB}\cdot\overrightarrow{AC}$ を，$\overrightarrow{AB}$，$\overrightarrow{AC}$ の成分 $x_1,$ $y_1,\ x_2,\ y_2$ を用いて表す。

$\sqrt{A^2} = |A|$

練習 17　$\triangle ABC$ の面積を S とするとき，例題 17 を用いて，次の問に答えよ。

(1)　$|\overrightarrow{AB}| = 2,\ |\overrightarrow{AC}| = 3,\ \overrightarrow{AB}\cdot\overrightarrow{AC} = 2$ であるとき，S の値を求めよ。

(2)　3 点 A$(0,\ 0)$，B$(1,\ 4)$，C$(2,\ 3)$ とするとき，S の値を求めよ。

➡p.47　問題17

Play Back **1** 베ベクトルを用いて証明しよう〔1〕…中線定理

中線定理を様々な方法で証明してみましょう。

探究例題 **1** 中線定理の証明

> ［中線定理］ △ABC において，BC の中点を M とすると
> $$AB^2 + AC^2 = 2(AM^2 + BM^2)$$

(1) $\overrightarrow{AB} = \vec{b}$, $\overrightarrow{AC} = \vec{c}$ とおき，ベクトルを用いて中線定理を証明せよ。

(2) $\angle AMB = \theta$ とおき，余弦定理を用いて中線定理を証明せよ。

思考のプロセス (1)　条件の言い換え

$$\left.\begin{array}{l} AB^2 + AC^2 = |\overrightarrow{AB}|^2 + |\overrightarrow{AC}|^2 \\ 2(AM^2 + BM^2) = 2(|\overrightarrow{AM}|^2 + |\overrightarrow{BM}|^2) \end{array}\right\} \Longrightarrow \vec{b}, \vec{c} \text{ で表す。}$$

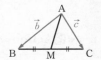

《Re Action ベクトルの大きさは，2 乗して内積を利用せよ ◀例題 13

解 (1) $\overrightarrow{AM} = \overrightarrow{AB} + \dfrac{1}{2}\overrightarrow{BC} = \vec{b} + \dfrac{1}{2}(\vec{c} - \vec{b}) = \dfrac{\vec{b} + \vec{c}}{2}$ ◀ M は BC の中点

$\overrightarrow{BM} = \dfrac{1}{2}\overrightarrow{BC} = \dfrac{\vec{c} - \vec{b}}{2}$

よって

$(左辺) = AB^2 + AC^2 = |\overrightarrow{AB}|^2 + |\overrightarrow{AC}|^2 = |\vec{b}|^2 + |\vec{c}|^2$

$(右辺) = 2(AM^2 + BM^2) = 2(|\overrightarrow{AM}|^2 + |\overrightarrow{BM}|^2)$

$\qquad = 2\left(\left|\dfrac{\vec{b}+\vec{c}}{2}\right|^2 + \left|\dfrac{\vec{c}-\vec{b}}{2}\right|^2\right)$ ◀ $\left|\dfrac{\vec{b}+\vec{c}}{2}\right|^2 = \dfrac{1}{4}|\vec{b}+\vec{c}|^2$

$\qquad = \dfrac{1}{2}(|\vec{b}+\vec{c}|^2 + |-\vec{b}+\vec{c}|^2)$ ◀ $\left|\dfrac{\vec{c}-\vec{b}}{2}\right|^2 = \left|\dfrac{-\vec{b}+\vec{c}}{2}\right|^2$

$\qquad = \dfrac{1}{2}(|\vec{b}|^2 + 2\vec{b}\cdot\vec{c} + |\vec{c}|^2 + |\vec{b}|^2 - 2\vec{b}\cdot\vec{c} + |\vec{c}|^2)$ $\qquad = \dfrac{1}{4}|-\vec{b}+\vec{c}|^2$

$\qquad = |\vec{b}|^2 + |\vec{c}|^2$

したがって　$AB^2 + AC^2 = 2(AM^2 + BM^2)$

図を分ける

(2) $\angle AMB = \theta$ より　　$\angle AMC = 180° - \theta$

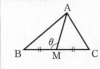

△ABM において，余弦定理により

$\qquad AB^2 = AM^2 + BM^2 - 2AM \cdot BM\cos\theta$ 　　…①

△ACM において，余弦定理により

$\qquad AC^2 = AM^2 + CM^2 - 2AM \cdot CM\cos(180° - \theta)$

$\qquad\quad = AM^2 + BM^2 + 2AM \cdot BM\cos\theta$ 　　…②

①＋② より　　$AB^2 + AC^2 = 2(AM^2 + BM^2)$

M は BC の中点より
$\quad BM = CM$
$\cos(180° - \theta) = -\cos\theta$
LEGEND I + A 例題 144
参照。

チャレンジ 〈1〉 座標軸を設定し A(a, b), B($-c$, 0), C(c, 0) とおき，2 点間の距離の公式 を用いて中線定理を証明せよ。

（⇨ 解答編 p.18）

次の不等式を証明せよ。

(1) $-|\vec{a}||\vec{b}| \leqq \vec{a}\cdot\vec{b} \leqq |\vec{a}||\vec{b}|$　　　(2) $\underset{[2]}{|\vec{a}|-|\vec{b}|} \leqq |\vec{a}+\vec{b}| \leqq |\vec{a}|+|\vec{b}|$ [1]

思考のプロセス

(1) $-|\vec{a}||\vec{b}| \leqq \vec{a}\cdot\vec{b} \leqq |\vec{a}||\vec{b}|$ を示したい $\Longrightarrow$ $\cos\theta$ の範囲から考える。

　　$|\vec{a}||\vec{b}|\cos\theta$ ← ❗ これが成り立つのは $|\vec{a}| \neq 0$ かつ $|\vec{b}| \neq 0$ のとき

(2) **式を分ける**　問題文の [1]，[2] に分けて示す。

　　[1] $|\vec{a}+\vec{b}|$ のままでは計算が進まない
　　　　両辺ともに正である $\Big\}\Longrightarrow$ $(\overset{大}{右辺})^2 - (\overset{小}{左辺})^2 \geqq 0$ を示す。

　　[2] [1] と同様に考えたいが，(左辺) $= |\vec{a}|-|\vec{b}|$ は正とは限らない。

《®Action　ベクトルの大きさは，2乗して内積を利用せよ ◀例題 13

解 (1) (ア) $\vec{a} \neq \vec{0}$ かつ $\vec{b} \neq \vec{0}$ のとき

　　　$\vec{a}$ と $\vec{b}$ のなす角を θ とすると　　$-1 \leqq \cos\theta \leqq 1$

　　　　$-|\vec{a}||\vec{b}| \leqq |\vec{a}||\vec{b}|\cos\theta \leqq |\vec{a}||\vec{b}|$ ◀ $|\vec{a}||\vec{b}| > 0$

　　　よって　　$-|\vec{a}||\vec{b}| \leqq \vec{a}\cdot\vec{b} \leqq |\vec{a}||\vec{b}|$

　(イ) $\vec{a} = \vec{0}$ または $\vec{b} = \vec{0}$ のとき

　　　$\vec{a}\cdot\vec{b} = 0$, $|\vec{a}||\vec{b}| = 0$ より　$-|\vec{a}||\vec{b}| = \vec{a}\cdot\vec{b} = |\vec{a}||\vec{b}|$ ◀ すべて値は 0。

　(ア), (イ) より　　$-|\vec{a}||\vec{b}| \leqq \vec{a}\cdot\vec{b} \leqq |\vec{a}||\vec{b}|$

(2) [1] $|\vec{a}+\vec{b}| \leqq |\vec{a}|+|\vec{b}|$ を示す。

　　　　$(|\vec{a}|+|\vec{b}|)^2 - |\vec{a}+\vec{b}|^2$

　　$= (|\vec{a}|^2 + 2|\vec{a}||\vec{b}| + |\vec{b}|^2) - (|\vec{a}|^2 + 2\vec{a}\cdot\vec{b} + |\vec{b}|^2)$

　　$= 2(|\vec{a}||\vec{b}| - \vec{a}\cdot\vec{b}) \geqq 0$

◀ 左辺，右辺ともに 0 以上であるから $(右辺)^2 - (左辺)^2 \geqq 0$ を示す。

◀ (1) より　$|\vec{a}||\vec{b}| \geqq \vec{a}\cdot\vec{b}$

　　　よって，$|\vec{a}+\vec{b}|^2 \leqq (|\vec{a}|+|\vec{b}|)^2$ であり，$|\vec{a}|+|\vec{b}| \geqq 0$,

　　　$|\vec{a}+\vec{b}| \geqq 0$ より　　$|\vec{a}+\vec{b}| \leqq |\vec{a}|+|\vec{b}|$

　　[2] $|\vec{a}|-|\vec{b}| \leqq |\vec{a}+\vec{b}|$ を示す。

　　　(ア) $|\vec{a}|-|\vec{b}| < 0$ のとき，明らかに成り立つ。

◀ (右辺) $= |\vec{a}+\vec{b}| \geqq 0$ である。

　　　(イ) $|\vec{a}|-|\vec{b}| \geqq 0$ のとき

　　　　　　$|\vec{a}+\vec{b}|^2 - (|\vec{a}|-|\vec{b}|)^2$

　　　$= (|\vec{a}|^2 + 2\vec{a}\cdot\vec{b} + |\vec{b}|^2) - (|\vec{a}|^2 - 2|\vec{a}||\vec{b}| + |\vec{b}|^2)$

　　　$= 2(\vec{a}\cdot\vec{b} + |\vec{a}||\vec{b}|) \geqq 0$

◀ 左辺，右辺ともに 0 以上であるから，$(右辺)^2 - (左辺)^2 \geqq 0$ を示す。

◀ これは，(1) の
　　$\vec{a}\cdot\vec{b} \geqq -|\vec{a}||\vec{b}|$
　を利用している。

　　　　よって，$(|\vec{a}|-|\vec{b}|)^2 \leqq |\vec{a}+\vec{b}|^2$ であり，$|\vec{a}+\vec{b}| \geqq 0$,

　　　　$|\vec{a}|-|\vec{b}| \geqq 0$ より　　$|\vec{a}|-|\vec{b}| \leqq |\vec{a}+\vec{b}|$

　　　(ア), (イ) より　　$|\vec{a}|-|\vec{b}| \leqq |\vec{a}+\vec{b}|$

◀ $\vec{a}\cdot\vec{b}$ は正とは限らないから，(1) の誘導がない場合には自分で証明する必要がある。

　　[1], [2] より　　$|\vec{a}|-|\vec{b}| \leqq |\vec{a}+\vec{b}| \leqq |\vec{a}|+|\vec{b}|$

練習 18 次の不等式を証明せよ。

(1) $\vec{a}\cdot\vec{b} + \vec{b}\cdot\vec{c} + \vec{c}\cdot\vec{a} \leqq |\vec{a}|^2 + |\vec{b}|^2 + |\vec{c}|^2$　(2) $2|\vec{a}| - 3|\vec{b}| \leqq |2\vec{a}+3\vec{b}| \leqq 2|\vec{a}|+3|\vec{b}|$

➡ p.47　問題 18

$\vec{a}$, $\vec{b}$ が ⑦$|3\vec{a}+\vec{b}|=2$, ⑦$|\vec{a}-\vec{b}|=1$ を満たすとき，⑦$|2\vec{a}+3\vec{b}|$ のとり得る

値の範囲を求めよ。

思考のプロセス

≪®Action ベクトルの大きさは，2乗して内積を利用せよ　◀例題 13

⑦, ⑦, ⑦ いずれも $|k\vec{a}+l\vec{b}|$ の形であるが，すべて 2 乗してしまうと大変。

既知の問題に帰着

例　$|\vec{p}|=2$, $|\vec{q}|=1$ のとき $|2\vec{p}+3\vec{q}|$ のとり得る値の範囲

　　$\implies$ $|2\vec{p}+3\vec{q}|^2$ を計算して，$\vec{p}\cdot\vec{q}$ の範囲を考える。

〔例題 19〕

　$\underset{\parallel}{|3\vec{a}+\vec{b}|}=2$, $\underset{\parallel}{|\vec{a}-\vec{b}|}=1$ のとき $\underset{\parallel}{|2\vec{a}+3\vec{b}|}$ のとり得る値の範囲

　　$\vec{p}$ とおく　　　　$\vec{q}$ とおく　$\longrightarrow$ $|\square\vec{p}+\square\vec{q}|$　　　←　例 に帰着

解　$3\vec{a}+\vec{b}=\vec{p}$ …①, $\vec{a}-\vec{b}=\vec{q}$ …② とおくと

　　　　$|\vec{p}|=2$, $|\vec{q}|=1$

①＋② より，$4\vec{a}=\vec{p}+\vec{q}$ となり　　　$\vec{a}=\dfrac{\vec{p}+\vec{q}}{4}$

①－②×3 より，$4\vec{b}=\vec{p}-3\vec{q}$ となり　　　$\vec{b}=\dfrac{\vec{p}-3\vec{q}}{4}$

よって　　　$2\vec{a}+3\vec{b}=\dfrac{5\vec{p}-7\vec{q}}{4}$

ゆえに

$$|2\vec{a}+3\vec{b}|^2=\left|\dfrac{5\vec{p}-7\vec{q}}{4}\right|^2=\dfrac{25|\vec{p}|^2-70\vec{p}\cdot\vec{q}+49|\vec{q}|^2}{16}$$

$$=\dfrac{100-70\vec{p}\cdot\vec{q}+49}{16}=\dfrac{149}{16}-\dfrac{35}{8}\vec{p}\cdot\vec{q}$$

ここで，$-|\vec{p}||\vec{q}|\leqq\vec{p}\cdot\vec{q}\leqq|\vec{p}||\vec{q}|$ であるから

$$-2\leqq\vec{p}\cdot\vec{q}\leqq2$$

$$-\dfrac{35}{4}\leqq-\dfrac{35}{8}\vec{p}\cdot\vec{q}\leqq\dfrac{35}{4}$$

$$\dfrac{9}{16}\leqq\dfrac{149}{16}-\dfrac{35}{8}\vec{p}\cdot\vec{q}\leqq\dfrac{289}{16}$$

$$\dfrac{9}{16}\leqq|2\vec{a}+3\vec{b}|^2\leqq\dfrac{289}{16}$$

$|2\vec{a}+3\vec{b}|\geqq0$ より　　　$\dfrac{3}{4}\leqq|2\vec{a}+3\vec{b}|\leqq\dfrac{17}{4}$

◀ 問題の言い換え

$|\vec{p}|=2$, $|\vec{q}|=1$ のとき，

$\left|\dfrac{5\vec{p}-7\vec{q}}{4}\right|$ のとり得る値

の範囲を求めよ。

◀$|2\vec{a}+3\vec{b}|$ の範囲は，
$|2\vec{a}+3\vec{b}|^2$ の範囲から考える。

◀$\vec{p}\cdot\vec{q}$ のとり得る値の範囲
が分かれば，$|2\vec{a}+3\vec{b}|^2$
の範囲が分かる。$\vec{p}\cdot\vec{q}$ の
とり得る値の範囲として
例題 18(1) の不等式を用
いる。

練習 **19**　$\vec{a}$, $\vec{b}$ が $|\vec{a}+2\vec{b}|=\sqrt{2}$, $|2\vec{a}-\vec{b}|=1$ を満たすとき，$|3\vec{a}+\vec{b}|$ のとり得る値
　　　　の範囲を求めよ。

Go Ahead 1 別解研究… $ax+by$ と内積

探究 例題 2　$4x+3y$ の最大値を求めるには？

> 問題 実数 x, y が $x^2+y^2=1$ …① を満たすとき，$4x+3y$ の最大値を求めよ。

太郎：① は原点中心，半径 1 の円と考えられるね。$4x+3y=k$ とおくと，これは
　　　直線を表すね。

花子：① をベクトルの大きさが 1 であると考えてみることはできないかな。$4x+3y$
　　　もベクトルの内積で表すこともできそうだし。

(1)　太郎さんの考えをもとに 問題 を解け。　(2)　花子さんの考えをもとに 問題 を解け。

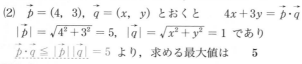

思考のプロセス
(2)　$x^2+y^2=1$ … ベクトルの大きさが 1
　　　$4x+3y$ 　… ベクトルの内積　$\Longrightarrow$ $|\vec{q}|=1$, $\vec{p}\cdot\vec{q}=4x+3y$ となる $\vec{p}$ と $\vec{q}$ を考える　見方を変える

定義に戻る $\vec{p}\cdot\vec{q}=|\vec{p}||\vec{q}|\cos\theta$ より $\vec{p}\cdot\vec{q}$ と $|\vec{p}||\vec{q}|$ の大小関係は？

Action» $ax+by$ や x^2+y^2 の値の範囲は，ベクトルの内積や大きさを考えよ

解 (1)　$4x+3y=k$ とおくと　　　$y=-\dfrac{4}{3}x+\dfrac{k}{3}$　…②

　　よって，$4x+3y$ が最大となるのは，円 ① と直線 ② が共有点
　　をもち，② の y 切片が最大となるときである。

　　このとき，円 ① と直線 ② は接するから　$\dfrac{|4\cdot0+3\cdot0-k|}{\sqrt{4^2+3^2}}=1$

　　よって，$k=\pm5$ であり，$4x+3y$ の最大値は　**5**

(2)　$\vec{p}=(4,\ 3)$, $\vec{q}=(x,\ y)$ とおくと　　$4x+3y=\vec{p}\cdot\vec{q}$

　　$|\vec{p}|=\sqrt{4^2+3^2}=5$, $|\vec{q}|=\sqrt{x^2+y^2}=1$ であり

　　$\vec{p}\cdot\vec{q}\leqq|\vec{p}||\vec{q}|=5$ より，求める最大値は　　**5**

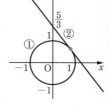

◾ $\vec{p}\cdot\vec{q}=|\vec{p}||\vec{q}|\cos\theta$
　$-1\leqq\cos\theta\leqq1$
◀例題 18 参照。

$\underline{ax+by}$ を $\vec{p}=(a,\ b)$, $\vec{q}=(x,\ y)$ に対する内積 $\vec{p}\cdot\vec{q}$ とみることがこの問題以外にも有
効な場合があります。例えば，LEGEND 数学II＋B 例題 70 で学習したコーシー・シュ
ワルツの不等式 $(a^2+b^2)(x^2+y^2)\geqq(ax+by)^2$ は，ベクトルの内積と大きさを利用し
て次のように証明することができます。

（証明） $\vec{p}=(a,\ b)$, $\vec{q}=(x,\ y)$ とおくと　　（左辺）$=|\vec{p}|^2|\vec{q}|^2$, （右辺）$=(\vec{p}\cdot\vec{q})^2$
　　ここで，$-|\vec{p}||\vec{q}|\leqq\vec{p}\cdot\vec{q}\leqq|\vec{p}||\vec{q}|$ であるから　　$(|\vec{p}||\vec{q}|)^2\geqq(\vec{p}\cdot\vec{q})^2$
　　したがって　　$(a^2+b^2)(x^2+y^2)\geqq(ax+by)^2$

> $ax+by$, x^2+y^2 を含む大小関係や最大・最小を考えるとき，ベクト
> ルの内積と大きさを用いると，簡潔に求められる場合があります。

(以下は，p.87〜空間におけるベクトルを学習したあとに学習しましょう)

空間のベクトルにおいても同様のことが成り立ち，より効果を発揮します。

チャレンジ 〈2〉
(1)　不等式 $(a^2+b^2+c^2)(x^2+y^2+z^2)\geqq(ax+by+cz)^2$ を証明せよ。
(2)　実数 x, y, z が $x^2+y^2+z^2=1$ を満たすとき，$3x+4y+5z$ の最大値
　　を求めよ。

　　　　　　　　　　　　　　　　　　　(⇨ 解答編 p.21)

数学Ⅱ「三角関数」で学んだ加法定理は，高校数学で学習する定理の中でも最も重要なものの1つです。座標平面を用いた証明は LEGEND 数学Ⅱ＋B p.274 まとめ10 を参照しておきましょう。

> ここでは，加法定理をベクトルを用いて証明してみます。
> 加法定理 $\cos(\alpha - \beta) = \cos\alpha\cos\beta + \sin\alpha\sin\beta$ の式の形は，
> p.44 **Go Ahead** 1 で学習した $ax + by$ の形になっていますね。
> このことに着目して，内積を用いて考えていきます。

〔証明〕

$\overrightarrow{OP} = (\cos\alpha, \ \sin\alpha), \ \overrightarrow{OQ} = (\cos\beta, \ \sin\beta)$ とおくと

$\qquad \overrightarrow{OP} \cdot \overrightarrow{OQ} = \cos\alpha\cos\beta + \sin\alpha\sin\beta \qquad \cdots ①$

一方，$0 \leqq \beta \leqq \alpha \leqq \pi$ のとき，$\overrightarrow{OP}$ と $\overrightarrow{OQ}$ のなす角は $\alpha - \beta$

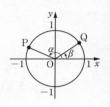

であり，$|\overrightarrow{OP}| = 1, \ |\overrightarrow{OQ}| = 1$ であるから

$\qquad \overrightarrow{OP} \cdot \overrightarrow{OQ} = |\overrightarrow{OP}||\overrightarrow{OQ}|\cos(\alpha - \beta)$

$\qquad\qquad\qquad = \cos(\alpha - \beta) \qquad \cdots ②$

①，② より

$\qquad \cos(\alpha - \beta) = \cos\alpha\cos\beta + \sin\alpha\sin\beta \qquad \cdots ③$

なお，α，β が一般角であるとき，$\overrightarrow{OP}$ と $\overrightarrow{OQ}$ のなす角は，n を整数として

$\qquad 2n\pi - |\alpha - \beta|$

の形で表され

$\qquad \cos(2n\pi - |\alpha - \beta|) = \cos|\alpha - \beta| = \cos(\alpha - \beta)$

となる。

よって，③ は α，β が一般角のときにも成り立つ。

加法定理のその他の式

$\qquad \sin(\alpha + \beta) = \sin\alpha\cos\beta + \cos\alpha\sin\beta$

$\qquad \sin(\alpha - \beta) = \sin\alpha\cos\beta - \cos\alpha\sin\beta$

$\qquad \cos(\alpha + \beta) = \cos\alpha\cos\beta - \sin\alpha\sin\beta$

は，LEGEND 数学Ⅱ＋B p.274 まとめ10 の証明と同様に，β を $-\beta$ に置き換えるなどの変形によって証明していきます。

> この証明のポイントは内積を定義式と成分表示による式の2通りで表すことです。

> 座標平面を用いた証明は，点を回転させる工夫が少し思い付きにくかったですが，ベクトルの内積を利用した証明は，簡潔でしたね。

7
★☆☆☆
3つの単位ベクトル $\vec{a}$, $\vec{b}$, $\vec{c}$ が $\vec{a}+\vec{b}+\vec{c}=\vec{0}$ を満たしている。
$\vec{a}=(1,\ 0)$ のとき,$\vec{b}$, $\vec{c}$ を成分表示せよ。

8
★☆☆☆
平面上に2点 A$(x+1,\ 3-x)$,B$(1-2x,\ 4)$ がある。$\overrightarrow{AB}$ の大きさが13となる
とき,$\overrightarrow{AB}$ と平行な単位ベクトルを成分表示せよ。

9
★★☆☆
平面上の4点 A$(1,\ 2)$,B$(-2,\ 7)$,C$(p,\ q)$,D$(r,\ r+3)$ について,四角形 ABCD
がひし形となるとき,定数 p, q, r の値を求めよ。

10
★★☆☆
$\vec{a}=(1,\ 1)$,$\vec{b}=(-1,\ 0)$,$\vec{c}=(1,\ 2)$ に対して,$\vec{c}$ が $(m^2-3)\vec{a}+m\vec{b}$ と平行に
なるような自然数 m を求めよ。
(関西大)

11
★☆☆☆
1辺の長さが1の正六角形 ABCDEF において,次の内積を求
めよ。

(1) $\overrightarrow{AB}\cdot\overrightarrow{BE}$ (2) $(\overrightarrow{AB}+\overrightarrow{FE})\cdot\overrightarrow{AD}$

12
★☆☆☆
〔1〕 3点 A$(2,\ 3)$,B$(-2,\ 6)$,C$(1,\ 10)$ に対して,次のものを求めよ。

   (1) 内積 $\overrightarrow{AB}\cdot\overrightarrow{AC}$ (2) ∠BAC の大きさ   (3) ∠ABC の大きさ

〔2〕 平面上のベクトル $\vec{a}=(7,\ -1)$ とのなす角が $45°$ で大きさが5であるよ
うなベクトル $\vec{b}$ を求めよ。

13
★★☆☆
$|\vec{a}+\vec{b}|=\sqrt{19}$,$|\vec{a}-\vec{b}|=7$,$|\vec{a}|<|\vec{b}|$,$\vec{a}$ と $\vec{b}$ のなす角が $120°$ のとき

(1) 内積 $\vec{a}\cdot\vec{b}$ を求めよ。 (2) $\vec{a}$, $\vec{b}$ の大きさをそれぞれ求めよ。

(3) $\vec{a}+\vec{b}$ と $\vec{a}-\vec{b}$ のなす角を θ $(0°\leqq\theta\leqq180°)$ とするとき,$\cos\theta$ の値を求め
よ。

14
★☆☆☆
2つのベクトル $\vec{a}=(t+2,\ t^2-k)$,$\vec{b}=(t^2,\ -t-1)$ がどのような実数 t に
対しても垂直にならないような,実数 k の値の範囲を求めよ。ただし,$\vec{a}\neq\vec{0}$,
$\vec{b}\neq\vec{0}$ とする。
(芝浦工業大 改)

15 $|\vec{x}-\vec{y}|=1$, $|\vec{x}-2\vec{y}|=2$ で $\vec{x}+\vec{y}$ と $6\vec{x}-7\vec{y}$ が垂直であるとき，次の問に答
★★☆☆ えよ。

(1) $\vec{x}$ と $\vec{y}$ の大きさを求めよ。

(2) $\vec{x}$ と $\vec{y}$ のなす角 θ $(0° \leqq \theta \leqq 180°)$ を求めよ。

16 △OAB において，$\overrightarrow{OA}=\vec{a}$, $\overrightarrow{OB}=\vec{b}$ とおくと，$\vec{a}\cdot\vec{b}=3$, $|\vec{a}-\vec{b}|=1$,
★★☆☆ $(\vec{a}-\vec{b})\cdot(\vec{a}+2\vec{b})=-2$ である。

(1) $|\vec{a}|$, $|\vec{b}|$ を求めよ。　　　　(2) △OAB の面積を求めよ。

17 3点 A$(-1,\ -2)$, B$(3,\ 0)$, C$(1,\ 1)$ に対して，△ABC の面積を求めよ。
★★☆☆

18 $|\vec{a}+\vec{b}+\vec{c}|^2 \geqq 3(\vec{a}\cdot\vec{b}+\vec{b}\cdot\vec{c}+\vec{c}\cdot\vec{a})$ を証明せよ。
★★★☆

19 平面上の2つのベクトル $\vec{a}$, $\vec{b}$ はそれぞれの大きさが1であり，また平行でない
★★★☆ とする。

(1) $t \geqq 0$ であるような実数 t に対して，不等式 $0 < |\vec{a}+t\vec{b}|^2 \leqq (1+t)^2$ が成
立することを示せ。

(2) $t \geqq 0$ であるような実数 t に対して $\vec{p}=\dfrac{2t^2\vec{b}}{|\vec{a}+t\vec{b}|^2}$ とおき，$f(t)=|\vec{p}|$ と

する。このとき，不等式 $f(t) \geqq \dfrac{2t^2}{(1+t)^2}$ が成立することを示せ。

(3) $f(t)=1$ となる正の実数 t が存在することを示せ。　　　　　　　（新潟大）

本質を問う2

▶▶解答編 p.29

$\boxed{1}$　右の図において，内積 $\overrightarrow{AB}\cdot\overrightarrow{AC}$ の値を求めよ。　　　　◀p.28 ③

$\boxed{2}$　$\vec{a}=(a_1,\ a_2)$, $\vec{b}=(b_1,\ b_2)$ とする。

〔1〕　$\vec{a}\cdot\vec{b}=a_1b_1+a_2b_2$ が成り立つことを余弦定理を用いて示せ。

〔2〕　$\vec{a}\neq\vec{0}$, $\vec{b}\neq\vec{0}$ とする。

(1) $\vec{a}/\!\!/\vec{b}$ であるとき，$a_1b_2-a_2b_1=0$ が成り立つことを示せ。

(2) $\vec{a}\perp\vec{b}$ であるとき，$a_1b_1+a_2b_2=0$ が成り立つことを示せ。

◀p.28 概要 ②, p.29 概要 ③

Let's Try! 2

① 平面上に 3 つのベクトル $\vec{a} = (3,\ 2)$, $\vec{b} = (-1,\ 2)$, $\vec{c} = (4,\ 1)$ がある。

  (1) $3\vec{a} + \vec{b} - 2\vec{c}$ を求めよ。

  (2) $\vec{a} = m\vec{b} + n\vec{c}$ となる実数 m, n を求めよ。

  (3) $(\vec{a} + k\vec{c}) \parallel (2\vec{b} - \vec{a})$ となる実数 k を求めよ。

  (4) この平面上にベクトル $\vec{d} = (x,\ y)$ をとる。ベクトル $\vec{d}$ が $(\vec{d} - \vec{c}) \parallel (\vec{a} + \vec{b})$ および $|\vec{d} - \vec{c}| = 1$ を満たすように $\vec{d}$ を決めよ。   (東京工科大) ◀例題 7, 10

② $|\vec{a}| = 2$, $|\vec{b}| = \sqrt{2}$, $|\vec{a} - 2\vec{b}| = 2$ とする。

  (1) $\vec{a}$ と $\vec{b}$ のなす角 θ $(0° < \theta < 180°)$ を求めよ。

  (2) $|\vec{a} + t\vec{b}|$ の最小値，およびそのときの実数 t の値を求めよ。   (明治学院大　改)

◀例題 10, 12

③ 平面上の 3 つのベクトル $\vec{a}$, $\vec{b}$, $\vec{c}$ は，$|\vec{a}| = |\vec{b}| = |\vec{c}| = |\vec{a} + \vec{b}| = 1$ を満たし，$\vec{c}$ は $\vec{a}$ に垂直で，$\vec{b} \cdot \vec{c} > 0$ であるとする。

  (1) $\vec{a} \cdot \vec{b}$, $|2\vec{a} + \vec{b}|$ の値および $2\vec{a} + \vec{b}$ と $\vec{b}$ のなす角を求めよ。

  (2) ベクトル $\vec{c}$ を $\vec{a}$ と $\vec{b}$ を用いて表せ。

  (3) x, y を実数とする。ベクトル $\vec{p} = x\vec{a} + y\vec{c}$ が $0 \leq \vec{p} \cdot \vec{a} \leq 1$, $0 \leq \vec{p} \cdot \vec{b} \leq 1$ を満たすための必要十分条件を求めよ。

  (4) x と y が (3) で求めた条件の範囲を動くとき，$\vec{p} \cdot \vec{c}$ の最大値を求めよ。また，そのときの $\vec{p}$ を $\vec{a}$ と $\vec{b}$ で表せ。   (センター試験　改)

◀例題 13, 15

④ 鋭角三角形 OAB において，頂点 B から辺 OA に下ろした垂線を BC とする。$\vec{a} = \overrightarrow{OA}$, $\vec{b} = \overrightarrow{OB}$ とする。次の問に答えよ。

  (1) $|\vec{a}| = 2$ であるとき，$\overrightarrow{OC}$ を内積 $\vec{a} \cdot \vec{b}$ と $\vec{a}$ を用いて表せ。

  (2) $|\vec{a}| = 2$, $|\vec{b}| = \sqrt{3}$ であるとき，$0 < \vec{a} \cdot \vec{b} < 2\sqrt{3}$ を示せ。

  (3) $|\vec{a}| = 2$, $|\vec{b}| = \sqrt{3}$ であるとき，$|\overrightarrow{CB}|$ を内積 $\vec{a} \cdot \vec{b}$ を用いて表せ。

  (佐賀大　改) ◀例題 14, 15

⑤ O を原点とする平面上に点 A，B，C がある。3 点 A，B，C がつくる三角形が $|\overrightarrow{OA}| = |\overrightarrow{OB}| = |\overrightarrow{OC}| = 1$ …①，$\overrightarrow{OA} + \overrightarrow{OB} + \overrightarrow{OC} = \vec{0}$ …② を満たすとき

  (1) 内積 $\overrightarrow{OA} \cdot \overrightarrow{OB}$ の値を求めよ。   (2) ∠AOB の大きさを求めよ。

  (3) △ABC の面積を求めよ。   (立命館大　改) ◀例題 16

① 位置ベクトル

(1) 位置ベクトル

平面上に定点 O をとると，この平面上の点 P の位置は，$\overrightarrow{\mathrm{OP}} = \vec{p}$ によって定まる。このとき，$\vec{p}$ を O を基準とする点 P の **位置ベクトル** という。

点 P の位置ベクトルが $\vec{p}$ であることを $\mathrm{P}(\vec{p})$ と表す。

(2) 分点，重心の位置ベクトル

3 点 $\mathrm{A}(\vec{a})$，$\mathrm{B}(\vec{b})$，$\mathrm{C}(\vec{c})$ について，

線分 AB を $m:n$ に内分する点を $\mathrm{P}(\vec{p})$，$m:n$ に外分する点を $\mathrm{Q}(\vec{q})$ とすると

$$\vec{p} = \frac{n\vec{a} + m\vec{b}}{m+n}, \quad \vec{q} = \frac{-n\vec{a} + m\vec{b}}{m-n}$$

$\triangle \mathrm{ABC}$ の重心を $\mathrm{G}(\vec{g})$ とすると $\qquad \vec{g} = \dfrac{\vec{a} + \vec{b} + \vec{c}}{3}$

概要

① **位置ベクトル** 上記の点 A，B，C，P，Q，G に対して

・**内分点 $\mathrm{P}(\vec{p})$ の位置ベクトル**

$$\vec{p} = \overrightarrow{\mathrm{OA}} + \overrightarrow{\mathrm{AP}} = \overrightarrow{\mathrm{OA}} + \frac{m}{m+n}\overrightarrow{\mathrm{AB}}$$

$$= \vec{a} + \frac{m}{m+n}(\vec{b} - \vec{a}) = \frac{n\vec{a} + m\vec{b}}{m+n}$$

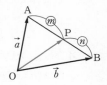

・**外分点 $\mathrm{Q}(\vec{q})$ の位置ベクトル**

(ア) $m > n$ のとき，$\overrightarrow{\mathrm{AQ}} = \dfrac{m}{m-n}\overrightarrow{\mathrm{AB}}$ であるから

$$\vec{q} = \overrightarrow{\mathrm{OA}} + \overrightarrow{\mathrm{AQ}} = \overrightarrow{\mathrm{OA}} + \frac{m}{m-n}\overrightarrow{\mathrm{AB}}$$

$$= \vec{a} + \frac{m}{m-n}(\vec{b} - \vec{a}) = \frac{-n\vec{a} + m\vec{b}}{m-n}$$

(イ) $m < n$ のとき，

$\overrightarrow{\mathrm{AQ}} = \dfrac{m}{n-m}\overrightarrow{\mathrm{BA}} = \dfrac{m}{m-n}\overrightarrow{\mathrm{AB}}$ であるから，

$m > n$ のときと同様に示される。

(ア)，(イ) より $\qquad \vec{q} = \dfrac{-n\vec{a} + m\vec{b}}{m-n}$

・**重心 $\mathrm{G}(\vec{g})$ の位置ベクトル**

$\triangle \mathrm{ABC}$ の重心 G は，中線 AM を $2:1$ に内分するから

$$\vec{g} = \frac{\overrightarrow{\mathrm{OA}} + 2\overrightarrow{\mathrm{OM}}}{2+1}, \quad \overrightarrow{\mathrm{OM}} = \frac{\overrightarrow{\mathrm{OB}} + \overrightarrow{\mathrm{OC}}}{2}$$

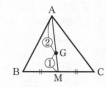

よって $\qquad \vec{g} = \dfrac{\overrightarrow{\mathrm{OA}} + \overrightarrow{\mathrm{OB}} + \overrightarrow{\mathrm{OC}}}{3} = \dfrac{\vec{a} + \vec{b} + \vec{c}}{3}$

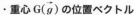

information 内分点と重心の位置ベクトルの公式の証明は，宮城大学 (2016 年)，山梨大学 (2021 年) の入試で出題されている。

2点 A，B が異なるとき

3点 A，B，C が一直線上にある

$\iff$ $\overrightarrow{AC} = k\overrightarrow{AB}$ **となる実数 k が存在する**

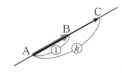

3 ベクトル方程式

(1) 直線の方向ベクトルとベクトル方程式

点 $A(\vec{a})$ を通り，$\vec{u}$ $(\neq \vec{0})$ に平行な直線 l のベクトル方程式は

$\vec{p} = \vec{a} + t\vec{u}$ （t は媒介変数）

このとき，$\vec{u}$ を直線 l の **方向ベクトル** という。

(2) 直線 l の媒介変数表示

$A(x_1,\ y_1)$，$P(x,\ y)$，$\vec{u} = (a,\ b)$ のとき

$\begin{cases} x = x_1 + at \\ y = y_1 + bt \end{cases}$ （t は媒介変数）

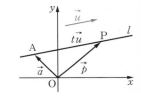

(3) 2点を通る直線のベクトル方程式

2点 $A(\vec{a})$，$B(\vec{b})$ を通る直線のベクトル方程式は

(ア) $\vec{p} = (1-t)\vec{a} + t\vec{b}$

(イ) $\vec{p} = s\vec{a} + t\vec{b}$，$s + t = 1$

(4) 直線の法線ベクトルとベクトル方程式

点 $A(\vec{a})$ を通り，$\vec{n}$ $(\neq \vec{0})$ に垂直な直線 l のベクトル

方程式は $\vec{n} \cdot (\vec{p} - \vec{a}) = 0$

このとき，$\vec{n}$ を直線 l の **法線ベクトル** という。

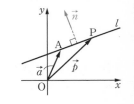

(5) 円のベクトル方程式

(ア) 点 $C(\vec{c})$ を中心とする半径 r の円のベクトル方程式は

$|\vec{p} - \vec{c}| = r$

(イ) 2点 $A(\vec{a})$，$B(\vec{b})$ を直径の両端とする円のベクトル方

程式は $(\vec{p} - \vec{a}) \cdot (\vec{p} - \vec{b}) = 0$

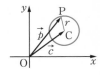

概要

2 3点が一直線上にあるための条件

・共線，共点

△ABC において中線 AM と重心 G を考えると，3点 A，G，M は1つの直線上にある。このように異なる3つ以上の点が同じ直線上にあるとき，これらの点は **共線** であるという。このことから，3点が一直線上にある条件は **共線条件** ともいう。

また，△ABC における3つの中線は重心 G を通る。このように，異なる3つ以上の直線が同じ点を通るとき，これらの直線は **共点** であるという。

・3点が一直線上にあるときの条件の別形

2点A，Bが異なるとき，3点A，B，Cが一直線上にある
$$\Longleftrightarrow \overrightarrow{AC} = k\overrightarrow{AB} \cdots ① \text{ となる実数 } k \text{ がある}$$

ここで，$A(\vec{a})$，$B(\vec{b})$，$C(\vec{c})$ とすると

①は，$\vec{c}-\vec{a}=k(\vec{b}-\vec{a})$ より $\vec{c}=(1-k)\vec{a}+k\vec{b}$

ここで，$1-k=s$，$k=t$ とおくと

$$\vec{c}=s\vec{a}+t\vec{b} \text{ かつ } s+t=1$$

したがって

3点$A(\vec{a})$，$B(\vec{b})$，$C(\vec{c})$ が一直線上にある $\Longleftrightarrow \vec{c}=s\vec{a}+t\vec{b}$ $(s+t=1)$ となる実数 s, t がある

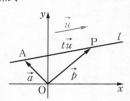

③ ベクトル方程式

・ベクトル方程式 … 曲線上の点Pの位置ベクトル $\vec{p}$ の満たす関係式

・直線のベクトル方程式

定点$A(\vec{a})$ を通り，$\vec{u}$ に平行な直線 l 上の点を $P(\vec{p})$ とすると

$$\overrightarrow{AP} /\!/ \vec{u} \text{ または } \overrightarrow{AP} = \vec{0}$$

よって，$\overrightarrow{AP}=t\vec{u}$ となる実数 t が存在する。

ゆえに $\vec{p}-\vec{a}=t\vec{u}$

したがって，直線 l のベクトル方程式は $\vec{p}=\vec{a}+t\vec{u}$ $\cdots ①$

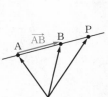

・直線の媒介変数表示

$A(x_1,\ y_1)$，$P(x,\ y)$，$\vec{u}=(a,\ b)$ とおくと，$\vec{a}=(x_1,\ y_1)$，$\vec{p}=(x,\ y)$ であるから，①に

代入すると $(x,\ y)=(x_1,\ y_1)+t(a,\ b)=(x_1+at,\ y_1+bt)$

よって $\begin{cases} x=x_1+at \\ y=y_1+bt \end{cases}$

・2点 $A(\vec{a})$，$B(\vec{b})$ を通る直線のベクトル方程式

この直線の方向ベクトルとして $\overrightarrow{AB}=\vec{b}-\vec{a}$ を考えると

$$\vec{p}=\vec{a}+t(\vec{b}-\vec{a})=(1-t)\vec{a}+t\vec{b}$$

ここで，$1-t=s$ とおくと

$$\vec{p}=s\vec{a}+t\vec{b} \text{ かつ } s+t=1$$

・定点 $A(\vec{a})$ を通り，$\vec{n}$ に垂直な直線 l のベクトル方程式

直線 l 上の点を $P(\vec{p})$ とすると $\vec{n} \perp \overrightarrow{AP}$ または $\overrightarrow{AP}=\vec{0}$

よって $\vec{n}\cdot\overrightarrow{AP}=0$ すなわち $\vec{n}\cdot(\vec{p}-\vec{a})=0$

・直線の方程式と法線ベクトル

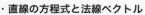

点$A(x_1,\ y_1)$ を通り，法線ベクトルが $\vec{n}=(a,\ b)$ である直線上の点

$P(x,\ y)$ について，$\vec{n}\cdot\overrightarrow{AP}=0$，$\overrightarrow{AP}=(x-x_1,\ y-y_1)$ より

$$a(x-x_1)+b(y-y_1)=0$$

$\vec{n}=(a,\ b)$ は直線 $ax+by+c=0$ の法線ベクトルである。

・円のベクトル方程式

(ア) 中心が $C(\vec{c})$，半径が r の円上の点を $P(\vec{p})$ と

すると $|\overrightarrow{CP}|=r$ すなわち $|\vec{p}-\vec{c}|=r$

(イ) 2点$A(\vec{a})$，$B(\vec{b})$ を直径の両端とする円上の点

を $P(\vec{p})$ とすると

$$\overrightarrow{AP} \perp \overrightarrow{BP} \text{ または } \overrightarrow{AP}=\vec{0} \text{ または } \overrightarrow{BP}=\vec{0}$$

よって $\overrightarrow{AP}\cdot\overrightarrow{BP}=0$ すなわち $(\vec{p}-\vec{a})\cdot(\vec{p}-\vec{b})=0$

(ア) (イ)

平面上に 3 点 $A(\vec{a})$, $B(\vec{b})$, $C(\vec{c})$ がある。次の点の位置ベクトルを $\vec{a}$, $\vec{b}$, $\vec{c}$ を用いて表せ。

(1) 線分 AB を $2:1$ に内分する点 $P(\vec{p})$

(2) 線分 BC の中点 $M(\vec{m})$

(3) 線分 CA を $2:1$ に外分する点 $Q(\vec{q})$

(4) △PMQ の重心 $G(\vec{g})$

思考のプロセス

公式の利用　座標平面における内分点・外分点，重心の公式と似ている。
　　　　　　　　　（LEGEND 数学 II ＋B 例題 78 参照）

点$A(\vec{a})$, $B(\vec{b})$, $C(\vec{c})$ に対して

線分 AB を $m:n$ に内分する点 $P(\vec{p})$ は　　　$\vec{p} = \dfrac{n\vec{a} + m\vec{b}}{m+n}$

　!　$m:n$ に外分する点は $m:(-n)$ に内分する点と考える。

△ABC の重心 $G(\vec{g})$ は　　　$\vec{g} = \dfrac{\vec{a} + \vec{b} + \vec{c}}{3}$

Action» 線分 AB を $m:n$ に分ける点 P は，$\overrightarrow{OP} = \dfrac{n\overrightarrow{OA} + m\overrightarrow{OB}}{m+n}$ とせよ

解 (1) $\vec{p} = \dfrac{1\vec{a} + 2\vec{b}}{2+1} = \dfrac{\vec{a} + 2\vec{b}}{3}$

(2) $\vec{m} = \dfrac{\vec{b} + \vec{c}}{2}$

(3) 線分 CA を $2:(-1)$ に分ける点と考えて

$\vec{q} = \dfrac{(-1)\vec{c} + 2\vec{a}}{2+(-1)} = 2\vec{a} - \vec{c}$

(4) $\vec{g} = \dfrac{\vec{p} + \vec{m} + \vec{q}}{3}$

$= \dfrac{1}{3}\left(\dfrac{\vec{a}+2\vec{b}}{3} + \dfrac{\vec{b}+\vec{c}}{2} + 2\vec{a} - \vec{c} \right)$

$= \dfrac{2\vec{a} + 4\vec{b} + 3\vec{b} + 3\vec{c} + 12\vec{a} - 6\vec{c}}{18}$

$= \dfrac{14\vec{a} + 7\vec{b} - 3\vec{c}}{18}$

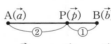

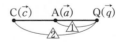

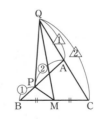

$A(\vec{a})$, $B(\vec{b})$ に対し，線分 AB を $m:n$ に内分する点の位置ベクトルは

$\dfrac{n\vec{a} + m\vec{b}}{m+n}$

線分 AB の中点の位置ベクトルは　$\dfrac{\vec{a} + \vec{b}}{2}$

!線分を $m:n$ に外分する点の位置ベクトルは $m:(-n)$ に内分する点と考える。

重心の位置ベクトルは，3頂点の位置ベクトルの和を 3 で割る。

練習 **20** 　平面上に 3 点 $A(\vec{a})$, $B(\vec{b})$, $C(\vec{c})$ がある。次の点の位置ベクトルを $\vec{a}$, $\vec{b}$, $\vec{c}$ を用いて表せ。

(1) 線分 BC を $3:2$ に内分する点 $P(\vec{p})$　　(2) 線分 CA の中点 $M(\vec{m})$

(3) 線分 AB を $3:2$ に外分する点 $Q(\vec{q})$　　(4) △PMQ の重心 $G(\vec{g})$

➡ p.83　問題20

D
★★☆☆

> $\triangle ABC$ の内部に点 P をとる。原点を O とし，$\overrightarrow{OA} = \vec{a}$，$\overrightarrow{OB} = \vec{b}$，$\overrightarrow{OC} = \vec{c}$，
> $\overrightarrow{OP} = \vec{p}$ とする。さらに $\triangle APB$，$\triangle BPC$，$\triangle CPA$ の重心をそれぞれ D，
> E，F とし，$\triangle ABC$，$\triangle DEF$ の重心をそれぞれ G，H とする。
> (1)　ベクトル $\overrightarrow{OH}$ を $\vec{a}$，$\vec{b}$，$\vec{c}$，$\vec{p}$ を用いて表せ。
> (2)　点 P が G と一致するとき，G と H も一致することを示せ。

思考のプロセス

始点を O に固定すると，点とその位置ベクトルが対応する。　　　　← 点 H $\Longleftrightarrow$ $\overrightarrow{OH}$

(1)　$\triangle DEF$ の重心 H $\Longrightarrow$ $\overrightarrow{OH} = \dfrac{O\square + O\square + O\square}{3}$

(2)　結論の言い換え

点 G と点 H が一致 $\Longrightarrow$ 2 点 G，H の位置ベクトルが等しい。
$\Longrightarrow$ $\overrightarrow{OG} = \overrightarrow{OH}$ を示す。

Action» 2点の一致は，それぞれの位置ベクトルが等しいことを示せ

解 (1)　点 H は $\triangle DEF$ の重心であり，点 D，E，F はそれぞ
れ，$\triangle APB$，$\triangle BPC$，$\triangle CPA$ の重心であるから

$$\overrightarrow{OH} = \frac{\overrightarrow{OD} + \overrightarrow{OE} + \overrightarrow{OF}}{3}$$

$$= \frac{1}{3}\left(\frac{\vec{a} + \vec{p} + \vec{b}}{3} + \frac{\vec{b} + \vec{p} + \vec{c}}{3} + \frac{\vec{c} + \vec{p} + \vec{a}}{3}\right)$$

$$= \frac{1}{9}(2\vec{a} + 2\vec{b} + 2\vec{c} + 3\vec{p})$$

(2)　点 P が $\triangle ABC$ の重心 G と一致するから

$$\vec{p} = \overrightarrow{OG} = \frac{1}{3}(\vec{a} + \vec{b} + \vec{c})$$

(1) より　　$\overrightarrow{OH} = \dfrac{1}{9}\left(2\vec{a} + 2\vec{b} + 2\vec{c} + 3 \times \dfrac{\vec{a} + \vec{b} + \vec{c}}{3}\right)$

$$= \frac{1}{3}(\vec{a} + \vec{b} + \vec{c})$$

$\overrightarrow{OG} = \overrightarrow{OH}$ が成り立つから，2 点 G，H は一致する。

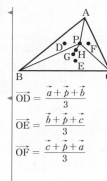

$\overrightarrow{OD} = \dfrac{\vec{a} + \vec{p} + \vec{b}}{3}$

$\overrightarrow{OE} = \dfrac{\vec{b} + \vec{p} + \vec{c}}{3}$

$\overrightarrow{OF} = \dfrac{\vec{c} + \vec{p} + \vec{a}}{3}$

同じ位置ベクトルで表される点は，一致する。

Point...重心の位置ベクトル

$\triangle ABC$ の重心 G について，O を始点とすると $\overrightarrow{OG} = \dfrac{\overrightarrow{OA} + \overrightarrow{OB} + \overrightarrow{OC}}{3}$ が成り立つが，

始点を A にすると，$\overrightarrow{AG} = \dfrac{\overrightarrow{AA} + \overrightarrow{AB} + \overrightarrow{AC}}{3}$ より $\overrightarrow{AG} = \dfrac{\overrightarrow{AB} + \overrightarrow{AC}}{3}$ と，2 つのベクトル

$\overrightarrow{AB}$，$\overrightarrow{AC}$ のみで表すこともできる。

練習 **21**　$\triangle ABC$ の辺 BC，CA，AB を $1:2$ に内分する点をそれぞれ点 D，E，F とする
とき，$\triangle ABC$，$\triangle DEF$ の重心は一致することを示せ。

Play Back 3　位置ベクトルの意味

「位置ベクトル」がどういうものか，イメージがつきません。

点の位置を表すということがどういうことか，考えてみましょう。

これまで，平面において点の位置を表すときには，座標の考え方を用いてきました。点 P の座標とは，平面上に原点 O と O で垂直に交わる x 軸と y 軸が定まっており，点 P の位置をその原点 O に対する位置として表したものです。

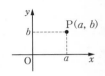

つまり，座標は，絶対的な原点 O が先にあって，それに対する点 P の位置を表しています。

例えば，自宅の位置を説明するときに，緯度と経度を用いて表すことができます。
これも絶対的な原点があって，その原点に対する位置が緯度と経度という座標によって表されているのです。

しかし，この緯度と経度による表し方は，自宅の位置を説明するのに便利とはいえません。

自宅の位置を説明するならば，例えば，最寄駅や学校を基準に設定して，その基準に対する相対的な位置を説明した方が分かりやすいですよね。

さて，点 P の位置ベクトルとは，平面上に定点 O を定めたときの $\overrightarrow{OP} = \vec{p}$ です。
位置ベクトルのよさは，この基準となる O を適当に定めてよいところにあります。
例題 21 **Point** で紹介したように，△ABC の重心 G の位置ベクトルは，始点を O に定めても A に定めても構わないのです。
これは，自宅の位置の例において，基準を最寄駅や学校など適当に定めてよいことに似ていますね。

最後に，「ベクトル」と「位置ベクトル」の違いを確認しておきましょう。
(1)「ベクトル $\vec{a}$, $\vec{b}$ が等しい」と (2)「O を基準とした位置ベクトル $\vec{a}$, $\vec{b}$ が等しい」は意味が違います。
(1) は 2 つのベクトルの一方を平行移動すると，もう一方に重なることを意味します。

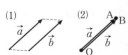

一方，(2) は $\vec{a}$, $\vec{b}$ の始点がともに O であるから，$\vec{a} = \overrightarrow{OA}$，$\vec{b} = \overrightarrow{OB}$ とすると，それぞれの終点 A，B が一致することを意味します。
位置ベクトルを用いると，2 点が一致することをベクトルで簡単に示すことができるのです。

54

平行四辺形 ABCD において，辺 CD を 1:2 に内分する点を E，辺 BC を
3:1 に外分する点を F とする。このとき，3 点 A，E，F は一直線上にある
ことを示せ。また，AE:AF を求めよ。

思考のプロセス

結論の言い換え

結論「3 点 A，E，F が一直線上」$\Longrightarrow$ $\overrightarrow{AF} = k\overrightarrow{AE}$ を示す。

基準を定める　[1次独立]

$\begin{pmatrix} \vec{0} でなく平行でない 2 つのベクトル \\ \overrightarrow{AB} = \vec{a} と \overrightarrow{AD} = \vec{b} を導入 \end{pmatrix}$ $\Longrightarrow$ $\begin{cases} \overrightarrow{AE} = \boxed{}\vec{a} + \boxed{}\vec{b} \\ \overrightarrow{AF} = \boxed{}\vec{a} + \boxed{}\vec{b} \end{cases}$

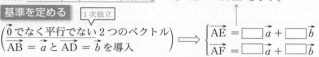

Action» 3点 A，B，C が一直線上を示すときは，$\overrightarrow{AC} = k\overrightarrow{AB}$ を導け

解 $\overrightarrow{AB} = \vec{a}$，$\overrightarrow{AD} = \vec{b}$ とする。

四角形 ABCD は平行四辺形であるから　　$\overrightarrow{AC} = \vec{a} + \vec{b}$

例題20　点 E は辺 CD を 1:2 に内分する点であるから

$$\overrightarrow{AE} = \frac{2\overrightarrow{AC} + \overrightarrow{AD}}{1+2}$$

$$= \frac{2(\vec{a}+\vec{b}) + \vec{b}}{3}$$

$$= \frac{2\vec{a} + 3\vec{b}}{3} \quad \cdots ①$$

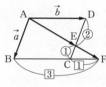

例題20　点 F は辺 BC を 3:1 に外分する点であるから

$$\overrightarrow{AF} = \frac{(-1)\overrightarrow{AB} + 3\overrightarrow{AC}}{3+(-1)}$$

$$= \frac{-\vec{a} + 3(\vec{a}+\vec{b})}{2} = \frac{2\vec{a} + 3\vec{b}}{2} \quad \cdots ②$$

①，② より　　$\overrightarrow{AF} = \dfrac{3}{2}\overrightarrow{AE}$　　$\cdots ③$

よって，3 点 A，E，F は一直線上にある。

また，③ より　　AE:AF = 2:3

右側:

$\overrightarrow{AE} = \vec{b} + \overrightarrow{DE}$

$= \vec{b} + \dfrac{2}{3}\overrightarrow{DC}$

$= \vec{b} + \dfrac{2}{3}\vec{a}$

$= \dfrac{2\vec{a} + 3\vec{b}}{3}$

$\overrightarrow{AF} = \overrightarrow{AB} + \overrightarrow{BF}$

$= \overrightarrow{AB} + \dfrac{3}{2}\overrightarrow{BC}$

$= \vec{a} + \dfrac{3}{2}\vec{b}$

としてもよい。

$\overrightarrow{AF} = \dfrac{3}{2} \times \dfrac{2\vec{a} + 3\vec{b}}{3}$

$= \dfrac{3}{2}\overrightarrow{AE}$

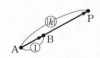

Point...一直線上にある3点

3 点 A，B，P が一直線上にある $\Longleftrightarrow$ $\overrightarrow{AP} = k\overrightarrow{AB}$ （k は実数）

さらに，$\overrightarrow{AP} = k\overrightarrow{AB}$ が成り立つとき，線分 AB と AP の長さの

比は　　AB:AP = 1:|k|

練習 **22**　△ABC において，辺 AB の中点を D，辺 BC を 2:1 に外分する点を E，辺 AC
を 2:1 に内分する点を F とする。このとき，3 点 D，E，F が一直線上にある
ことを示せ。また，DF:FE を求めよ。

例題 23　交点の位置ベクトル〔1〕　★★☆☆

△OAB において，辺 OA を 2:1 に内分する点を E，辺 OB を 3:2 に内分する点を F とする。また，線分 AF と線分 BE の交点を P とし，直線 OP と辺 AB の交点を Q とする。さらに，$\overrightarrow{OA} = \vec{a}$，$\overrightarrow{OB} = \vec{b}$ とおく。

(1)　$\overrightarrow{OP}$ を $\vec{a}$，$\vec{b}$ を用いて表せ。

(2)　$\overrightarrow{OQ}$ を $\vec{a}$，$\vec{b}$ を用いて表せ。

(3)　AQ:QB，OP:PQ をそれぞれ求めよ。

思考のプロセス

見方を変える

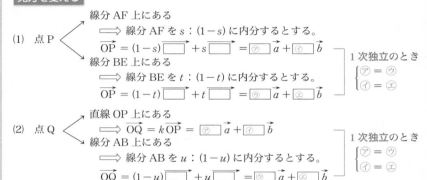

(1)　点 P
- 線分 AF 上にある
  $\implies$ 線分 AF を $s:(1-s)$ に内分するとする。
  $\overrightarrow{OP} = (1-s)\boxed{} + s\boxed{} = \boxed{⑦}\,\vec{a} + \boxed{④}\,\vec{b}$
- 線分 BE 上にある
  $\implies$ 線分 BE を $t:(1-t)$ に内分するとする。
  $\overrightarrow{OP} = (1-t)\boxed{} + t\boxed{} = \boxed{⑨}\,\vec{a} + \boxed{④}\,\vec{b}$

1 次独立のとき
$\begin{cases} ⑦ = ⑨ \\ ④ = ④ \end{cases}$

(2)　点 Q
- 直線 OP 上にある
  $\implies \overrightarrow{OQ} = k\overrightarrow{OP} = \boxed{⑦}\,\vec{a} + \boxed{}\,\vec{b}$
- 線分 AB 上にある
  $\implies$ 線分 AB を $u:(1-u)$ に内分するとする。
  $\overrightarrow{OQ} = (1-u)\boxed{} + u\boxed{} = \boxed{⑨}\,\vec{a} + \boxed{④}\,\vec{b}$

1 次独立のとき
$\begin{cases} ⑦ = ⑨ \\ ④ = ④ \end{cases}$

Action» 2直線の交点の位置ベクトルは，1次独立なベクトルを用いて2通りに表せ

解　(1)　点 E は辺 OA を 2:1 に内分する点であるから　$\overrightarrow{OE} = \dfrac{2}{3}\vec{a}$

点 F は辺 OB を 3:2 に内分する点であるから　$\overrightarrow{OF} = \dfrac{3}{5}\vec{b}$

AP:PF $= s:(1-s)$ とおくと

$\overrightarrow{OP} = (1-s)\overrightarrow{OA} + s\overrightarrow{OF} = (1-s)\vec{a} + \dfrac{3}{5}s\vec{b}$　…①

BP:PE $= t:(1-t)$ とおくと

$\overrightarrow{OP} = (1-t)\overrightarrow{OB} + t\overrightarrow{OE} = \dfrac{2}{3}t\vec{a} + (1-t)\vec{b}$　…②

$\vec{a} \neq \vec{0}$，$\vec{b} \neq \vec{0}$ であり，$\vec{a}$ と $\vec{b}$ は平行でないから，

①，② より　$1-s = \dfrac{2}{3}t$　かつ　$\dfrac{3}{5}s = 1-t$

これを解くと　$s = \dfrac{5}{9}$，$t = \dfrac{2}{3}$

よって　$\overrightarrow{OP} = \dfrac{4}{9}\vec{a} + \dfrac{1}{3}\vec{b}$

点 P を △OAF の辺 AF の内分点と考える。

点 P を △OBE の辺 BE の内分点と考える。

■係数を比較するときには必ず1次独立であることを述べる。

◀①または②に代入する。

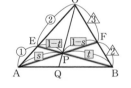

(2)　点 Q は直線 OP 上の点であるから

$$\overrightarrow{OQ} = k\overrightarrow{OP} = \frac{4}{9}k\vec{a} + \frac{1}{3}k\vec{b} \quad \cdots ③$$

とおける。

また，AQ:QB $= u:(1-u)$ とおくと

$$\overrightarrow{OQ} = (1-u)\vec{a} + u\vec{b} \quad\quad\quad \cdots ④$$

$\vec{a} \neq \vec{0}$，$\vec{b} \neq \vec{0}$ であり，$\vec{a}$ と $\vec{b}$ は平行でないから，

③，④ より　　$\dfrac{4}{9}k = 1-u$　かつ　$\dfrac{1}{3}k = u$

これを解くと　　$k = \dfrac{9}{7}$，$u = \dfrac{3}{7}$

よって　　　$\overrightarrow{OQ} = \dfrac{4}{7}\vec{a} + \dfrac{3}{7}\vec{b}$

〔別解〕　点 Q は直線 OP 上の点であるから

$$\overrightarrow{OQ} = k\overrightarrow{OP} = \frac{4}{9}k\vec{a} + \frac{1}{3}k\vec{b} \quad \cdots ③$$

とおける。

点 Q は辺 AB 上の点であるから　　$\dfrac{4}{9}k + \dfrac{1}{3}k = 1$

$k = \dfrac{9}{7}$　より，③ に代入すると　　$\overrightarrow{OQ} = \dfrac{4}{7}\vec{a} + \dfrac{3}{7}\vec{b}$

(3)　(2) より

$$AQ:QB = \frac{3}{7}:\left(1-\frac{3}{7}\right) = 3:4$$

また，(2) より　　$\overrightarrow{OP} = \dfrac{7}{9}\overrightarrow{OQ}$

OP:OQ $= 7:9$ となるから

$$\mathbf{OP:PQ = 7:2}$$

◀ 3 点 O, P, Q が一直線上にある $\iff \overrightarrow{OQ} = k\overrightarrow{OP}$

◀ ■係数を比較するときには必ず 1 次独立であることを述べる。

◀ ③ または ④ に代入する。

◀ $\overrightarrow{OP} = \dfrac{4}{9}\vec{a} + \dfrac{1}{3}\vec{b}$

$= \dfrac{4\vec{a} + 3\vec{b}}{9}$

$= \dfrac{7}{9} \times \dfrac{4\vec{a} + 3\vec{b}}{7}$

と変形して考えてもよい。例題 25 参照。

◀ ■点 Q が直線 AB 上にある

$\iff \overrightarrow{OQ} = s\overrightarrow{OA} + t\overrightarrow{OB}$
$(s+t = 1)$

◀ $\overrightarrow{OQ} = \dfrac{4\vec{a} + 3\vec{b}}{7}$

$= \dfrac{4\overrightarrow{OA} + 3\overrightarrow{OB}}{3+4}$

より 点 Q は 線分 AB を 3:4 に内分すると考えてもよい。

Point... 1 次独立であることを述べる理由 ―――――――――

例えば，$\vec{a} = \vec{0}$ のとき，$2\vec{a} + 3\vec{b} = -5\vec{a} + 3\vec{b}$ が成り立つが，両辺の $\vec{a}$ の係数は等しくない。また，$\vec{a} = 2\vec{b}$（$\vec{a}$ と $\vec{b}$ が平行）のとき，$2\vec{a} + 5\vec{b} = 3\vec{a} + 3\vec{b}$ が成り立つが，両辺の $\vec{a}$，$\vec{b}$ の係数は等しくない。

このように，$\vec{a} = \vec{0}$ または $\vec{b} = \vec{0}$ または $\vec{a} /\!/ \vec{b}$ であるときは，係数が等しくならない場合があるため，「$\vec{a} \neq \vec{0}$，$\vec{b} \neq \vec{0}$，$\vec{a}$ は $\vec{b}$ は平行ではない」ということを述べている。

練習23　△OAB において，辺 OA を 3:1 に内分する点を E，辺 OB を 2:3 に内分する点を F とする。また，線分 AF と線分 BE の交点を P，直線 OP と辺 AB の交点を Q とする。さらに，$\overrightarrow{OA} = \vec{a}$，$\overrightarrow{OB} = \vec{b}$ とおく。

(1)　$\overrightarrow{OP}$ を $\vec{a}$，$\vec{b}$ を用いて表せ。　　(2)　$\overrightarrow{OQ}$ を $\vec{a}$，$\vec{b}$ を用いて表せ。

(3)　AQ:QB，OP:PQ をそれぞれ求めよ。

➡ p.83　問題23

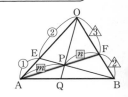

例題 23 では，AP:PF $= s:(1-s)$ とおいて考えましたが，普通に考えると AP:PF $= m:n$ などとおきたくなります。なぜ，AP:PF $= s:(1-s)$ とおくような発想が出てくるのでしょうか。

線分 AF に着目すると，点 P は線分 AF の内分点となっていますから，AP:PF の比があれば内分点の位置ベクトルの式を用いて $\overrightarrow{\text{OP}}$ を求めることができるはずです。そこで AP:PF $= m:n$ とおいて考えると

$$\overrightarrow{\text{OP}} = \frac{n\overrightarrow{\text{OA}} + m\overrightarrow{\text{OF}}}{m+n} = \frac{n}{m+n}\overrightarrow{\text{OA}} + \frac{m}{m+n}\overrightarrow{\text{OF}} \quad \cdots ①$$

と求めることができます。しかし，線分 BE でも同様の方法で求めると使う文字が 4 個となり，そのあとの計算を考えると非常に大変です。

そこで，① の結果に着目して文字の個数を減らす工夫を考えます。① の右辺の係数に着目すると $\dfrac{n}{m+n} + \dfrac{m}{m+n} = \dfrac{m+n}{m+n} = 1$ となり，① の係数の和は 1 です。そこで，

$\dfrac{m}{m+n} = s$ とおけば，$\dfrac{n}{m+n} = 1-s$ となり，① は

$$\overrightarrow{\text{OP}} = (1-s)\overrightarrow{\text{OA}} + s\overrightarrow{\text{OF}} = \frac{(1-s)\overrightarrow{\text{OA}} + s\overrightarrow{\text{OF}}}{s+(1-s)}$$

と変形することができます。これは AP:PF $= s:(1-s)$ とおいて考えた結果と一致します。

このように内分点の位置ベクトルの式を用いると「係数の和が 1」となることに着目して文字の個数を減らす工夫を行った結果，内分の比を $s:(1-s)$ とおくという発想が生まれているのです。

また，2 直線の交点については次のように考えることもできます。

$$(\text{点 P は 2 直線 } l_1, \ l_2 \text{ の交点である}) \Longleftrightarrow \begin{cases} \text{点 P は直線 } l_1 \text{ 上の点} \\ \text{かつ} \\ \text{点 P は直線 } l_2 \text{ 上の点} \end{cases}$$

この考え方を用いると，例題 23 においては線分 AF と線分 BE の交点が P であるから

$$\begin{cases} \text{点 P は線分 AF 上の点} \quad \cdots ② \\ \text{かつ} \\ \text{点 P は線分 BE 上の点} \end{cases}$$

と考えられます。3 点 A，P，F が一直線上にあることから ② は $\overrightarrow{\text{AP}} = s\overrightarrow{\text{AF}}$ と表すことができ，この式を変形すると

$$\overrightarrow{\text{AP}} = s\overrightarrow{\text{AF}} \quad \text{より} \quad \overrightarrow{\text{OP}} - \overrightarrow{\text{OA}} = s(\overrightarrow{\text{OF}} - \overrightarrow{\text{OA}})$$

よって　$\overrightarrow{\text{OP}} = (1-s)\overrightarrow{\text{OA}} + s\overrightarrow{\text{OF}}$

となり，AP:PF $= s:(1-s)$ とおいて考えた結果と同様の式が得られます。これは点 P が外分点の場合（すなわち $s<0$ または

$1<s$ のとき）にも適用することができ，$s:(1-s)$ とおく方法よりも汎用性が高いです。

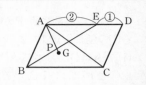

例題 **24** 交点の位置ベクトル〔2〕 ★★☆☆

平行四辺形 ABCD があり，辺 AD を 2:1 に内分する点を E，△ABC の重心を G とする。AG と BE の交点を P とするとき

(1) BP:PE を求めよ。 (2) AP:PG を求めよ。

思考のプロセス

基準を定める

$\left(\begin{matrix}\text{始点を A で固定して}\\ \overrightarrow{AB} = \vec{b},\ \overrightarrow{AD} = \vec{d}\ \text{を導入}\end{matrix}\right) \implies \left(\begin{matrix}\overrightarrow{AE},\ \overrightarrow{AG},\ \overrightarrow{AP}\ \text{を}\\ \vec{b}\ \text{と}\ \vec{d}\ \text{で表す}\end{matrix}\right)$

見方を変える

点 P が直線 BE 上にある $\iff$ $\overrightarrow{AP} = s\overrightarrow{AB} + t\overrightarrow{AE},$ $\underline{s + t = 1}$

$\longrightarrow$ 係数の和が 1

Action» 点 P が直線 AB 上にあるときは，$\overrightarrow{OP} = s\overrightarrow{OA} + t\overrightarrow{OB},$ $s + t = 1$ とせよ

解 (1) $\overrightarrow{AB} = \vec{b},$ $\overrightarrow{AD} = \vec{d}$ とおく。

点 E は辺 AD を 2:1 に内分するから $\overrightarrow{AE} = \dfrac{2}{3}\vec{d}$

点 G は △ABC の重心であるから

$$\overrightarrow{AG} = \frac{\overrightarrow{AB} + \overrightarrow{AC}}{3} = \frac{\vec{b} + (\vec{b} + \vec{d})}{3} = \frac{2\vec{b} + \vec{d}}{3}$$

点 P は線分 AG 上にあるから

$$\overrightarrow{AP} = k\overrightarrow{AG} = \frac{2}{3}k\vec{b} + \frac{1}{3}k\vec{d}$$

となる実数 k がある。

$\vec{b} = \overrightarrow{AB},$ $\vec{d} = \dfrac{3}{2}\overrightarrow{AE}$ より $\overrightarrow{AP} = \dfrac{2}{3}k\overrightarrow{AB} + \dfrac{1}{2}k\overrightarrow{AE}$

点 P は線分 BE 上にあるから $\dfrac{2}{3}k + \dfrac{1}{2}k = 1$

よって $k = \dfrac{6}{7}$

このとき，$\overrightarrow{AP} = \dfrac{4}{7}\overrightarrow{AB} + \dfrac{3}{7}\overrightarrow{AE}$ となるから

BP:PE = 3:4

(2) (1) より $\overrightarrow{AP} = \dfrac{6}{7}\overrightarrow{AG}$ となるから

AP:PG = 6:1

$\blacktriangleleft$ $\overrightarrow{AG} = \dfrac{\overrightarrow{AA} + \overrightarrow{AB} + \overrightarrow{AC}}{3}$

であり，$\overrightarrow{AB} = \vec{0},$
$\overrightarrow{AC} = \vec{b} + \vec{d}$ である。

$\blacktriangleleft$ $\overrightarrow{AG},$ $\overrightarrow{AP}$ を $\vec{b}$ と $\vec{d}$ で表す。

$\blacktriangleleft$ 点 P が直線 BE 上にあることから $\overrightarrow{AP}$ を $\overrightarrow{AB}$ と $\overrightarrow{AE}$ で表す。
点 P が直線 BE 上にある
$\iff \overrightarrow{AP} = s\overrightarrow{AB} + t\overrightarrow{AE}$
$(s + t = 1)$

$\blacktriangleleft$ $\overrightarrow{AP} = \dfrac{4\overrightarrow{AB} + 3\overrightarrow{AE}}{7}$ であり，P は線分 BE を 3:4 に内分する点

$\blacktriangleleft$ AP:AG = 6:7

練習 **24** △ABC において，辺 BC を 2:3 に内分する点を D とし，線分 AD の中点を E とする。直線 BE と辺 AC の交点を F とするとき，AF:FC を求めよ。

$\rightarrow$ p.83 問題24

例題 25　三角形の内部の点の位置ベクトル ★★☆☆

> △ABC の内部に点 P があり，$2\overrightarrow{PA}+3\overrightarrow{PB}+5\overrightarrow{PC}=\vec{0}$ を満たしている。
> AP の延長と辺 BC の交点を D とするとき，次の問に答えよ。
> (1)　BD：DC および AP：PD を求めよ。
> (2)　△PBC：△PCA：△PAB を求めよ。

思考のプロセス

基準を定める　　どこにあるか分からない点 P は基準にしにくい。

始点を A とし，2 つのベクトル $\overrightarrow{AB}$ と $\overrightarrow{AC}$ で表す。
　　三角形の頂点の 1 つ　　　　　　1 次独立

条件式　　　$2\overrightarrow{PA}+3\overrightarrow{PB}+5\overrightarrow{PC}=\vec{0}$ ⟶　$\overrightarrow{AP}=\dfrac{3\overrightarrow{AB}+5\overrightarrow{AC}}{10}$

求めるものの言い換え

$\left.\begin{array}{l} \text{AP：PD} \Longrightarrow \overrightarrow{AP}=\boxed{}\,\overrightarrow{AD} \\[2mm] \text{BD：DC} \Longrightarrow \overrightarrow{AD}=\dfrac{\bigcirc\,\overrightarrow{AB}+\triangle\,\overrightarrow{AC}}{\triangle+\bigcirc} \end{array}\right\} \Longrightarrow \overrightarrow{AP}=\boxed{}\times\dfrac{\bigcirc\,\overrightarrow{AB}+\triangle\,\overrightarrow{AC}}{\triangle+\bigcirc}$　の形に導く

Action» $\vec{p}=n\vec{a}+m\vec{b}$ は，$\vec{p}=(m+n)\dfrac{n\vec{a}+m\vec{b}}{m+n}$ と変形せよ

解 (1)　$2\overrightarrow{PA}+3\overrightarrow{PB}+5\overrightarrow{PC}=\vec{0}$ より

$2(-\overrightarrow{AP})+3(\overrightarrow{AB}-\overrightarrow{AP})+5(\overrightarrow{AC}-\overrightarrow{AP})=\vec{0}$

$-10\overrightarrow{AP}+3\overrightarrow{AB}+5\overrightarrow{AC}=\vec{0}$

よって　　$\overrightarrow{AP}=\dfrac{3\overrightarrow{AB}+5\overrightarrow{AC}}{10}=\dfrac{8}{10}\times\dfrac{3\overrightarrow{AB}+5\overrightarrow{AC}}{8}$

3 点 A，P，D は一直線上にあり，
点 D は辺 BC 上の点であるから

$\overrightarrow{AD}=\dfrac{3\overrightarrow{AB}+5\overrightarrow{AC}}{8},\quad \overrightarrow{AP}=\dfrac{4}{5}\overrightarrow{AD}$

したがって
　　BD：DC = 5：3，　AP：PD = 4：1

右側注:
始点を A とするベクトルに直し，$\overrightarrow{AP}$ を $\overrightarrow{AB}$ と $\overrightarrow{AC}$ で表す。

$3\overrightarrow{AB}+5\overrightarrow{AC}$ の係数の合計が 8 であるから，分母が 8 になるように変形する。

$\overrightarrow{AD}=k\overrightarrow{AP}$ とおき，
$\overrightarrow{AD}=\dfrac{3}{10}k\overrightarrow{AB}+\dfrac{1}{2}k\overrightarrow{AC}$
から，$\dfrac{3}{10}k+\dfrac{1}{2}k=1$ を解いて k の値を求めてもよい。

三角形の面積比は，辺の長さの比を利用する。

IA
255

(2)　△ABC の面積を S とすると

$\triangle PBC=\dfrac{1}{5}S$

$\triangle PCA=\dfrac{4}{5}\triangle ACD=\dfrac{4}{5}\times\dfrac{3}{8}S=\dfrac{3}{10}S$

$\triangle PAB=\dfrac{4}{5}\triangle ABD=\dfrac{4}{5}\times\dfrac{5}{8}S=\dfrac{1}{2}S$

よって　△PBC：△PCA：△PAB $=\dfrac{1}{5}S:\dfrac{3}{10}S:\dfrac{1}{2}S$

　　　　　　　　　　　　　　　　　$=2：3：5$

練習 25　△ABC の内部の点 P が $2\overrightarrow{PA}+3\overrightarrow{PB}+4\overrightarrow{PC}=\vec{0}$ を満たしている。AP の延長と辺 BC の交点を D とするとき，次の問に答えよ。
　　(1)　BD：DC および AP：PD を求めよ。　(2)　△PBC：△PCA：△PAB を求めよ。

➡ p.83　問題25

Play Back 5 $l\overrightarrow{PA} + m\overrightarrow{PB} + n\overrightarrow{PC} = \vec{0}$ と面積比

例題 25 では，$l\overrightarrow{PA} + m\overrightarrow{PB} + n\overrightarrow{PC} = \vec{0}$ の形の式と △PBC：△PCA：△PAB の面積比について学習しました。これに関して，一般に次のことが成り立ちます。

> △ABC の内部に点 P があり，$l\overrightarrow{PA} + m\overrightarrow{PB} + n\overrightarrow{PC} = \vec{0}$ を
> 満たしているとき　△PBC：△PCA：△PAB $= l : m : n$

ここでは，例題 25 とは違う方法で証明してみましょう。

探究例題 3　P はどのような点？

> 線分 AB 上に点 P があり，$l\overrightarrow{PA} + m\overrightarrow{PB} = \vec{0}$ …① を満たすとする。
> $l\overrightarrow{PA} = \overrightarrow{PA'}$, $m\overrightarrow{PB} = \overrightarrow{PB'}$ とおくと ① より　　$\overrightarrow{PA'} + \overrightarrow{PB'} = \vec{0}$
> よって，点 P は線分 A'B' の中点であるから
>
> $$PA : PB = \frac{1}{l}PA' : \frac{1}{m}PB' = m : l$$
>
>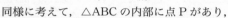
>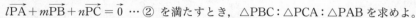
>
> 同様に考えて，△ABC の内部に点 P があり，
> $l\overrightarrow{PA} + m\overrightarrow{PB} + n\overrightarrow{PC} = \vec{0}$ …② を満たすとき，△PBC：△PCA：△PAB を求めよ。

思考のプロセス

既知の問題に帰着　① の変形と同じように考える。

$l\overrightarrow{PA} = \overrightarrow{PA'}$, $m\overrightarrow{PB} = \overrightarrow{PB'}$, $n\overrightarrow{PC} = \overrightarrow{PC'}$ とおくと，② より □ $= \vec{0}$
⟹ 点 P は △A'B'C' の □ である。

Action» ベクトルの関係式から，図形的性質を読みとれ

解　$l\overrightarrow{PA} = \overrightarrow{PA'}$, $m\overrightarrow{PB} = \overrightarrow{PB'}$, $n\overrightarrow{PC} = \overrightarrow{PC'}$ とおくと，

②は　　$\overrightarrow{PA'} + \overrightarrow{PB'} + \overrightarrow{PC'} = \vec{0}$
$-\overrightarrow{A'P} + (\overrightarrow{A'B'} - \overrightarrow{A'P}) + (\overrightarrow{A'C'} - \overrightarrow{A'P}) = \vec{0}$
$3\overrightarrow{A'P} = \overrightarrow{A'B'} + \overrightarrow{A'C'}$

よって　　$\overrightarrow{A'P} = \dfrac{\overrightarrow{A'B'} + \overrightarrow{A'C'}}{3}$

ゆえに，点 P は △A'B'C' の重心である。

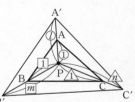

このことから　$\triangle PA'B' = \triangle PB'C' = \triangle PC'A' = \dfrac{1}{3}\triangle A'B'C'$

ここで　$\triangle PAB = \dfrac{1}{l} \cdot \dfrac{1}{m} \triangle PA'B'$, $\triangle PBC = \dfrac{1}{m} \cdot \dfrac{1}{n} \triangle PB'C'$,

$\triangle PCA = \dfrac{1}{n} \cdot \dfrac{1}{l} \triangle PC'A'$

したがって　△PBC：△PCA：△PAB

$= \dfrac{1}{m} \cdot \dfrac{1}{n} \triangle PB'C' : \dfrac{1}{n} \cdot \dfrac{1}{l} \triangle PC'A' : \dfrac{1}{l} \cdot \dfrac{1}{m} \triangle PA'B'$

$= \dfrac{1}{mn} : \dfrac{1}{nl} : \dfrac{1}{lm} = l : m : n$

◀ 点 A' を位置ベクトルの始点に定める。
$\overrightarrow{PA'} + \overrightarrow{PB'} + \overrightarrow{PC'} = \vec{0}$ について始点を O にすると
$\overrightarrow{OP} = \dfrac{\overrightarrow{OA'} + \overrightarrow{OB'} + \overrightarrow{OC'}}{3}$
よって，点 P は △A'B'C' の重心であると考えてもよい。

◀ $\triangle PB'C' = \triangle PC'A'$ $= \triangle PA'B'$

例題 26　角の二等分線　★★☆☆

$\overrightarrow{\text{OA}} = (4,\ 2)$, $\overrightarrow{\text{OB}} = (1,\ -2)$ とするとき，∠AOB の二等分線と平行な単位ベクトルを求めよ。

思考のプロセス

段階的に考える

Ⅰ．∠AOB の二等分線上の点 C について，$\overrightarrow{\text{OC}}$ を $\overrightarrow{\text{OA}}$ と $\overrightarrow{\text{OB}}$ で表す。

（方法1）　$\overrightarrow{\text{OC}} = \dfrac{\overrightarrow{\text{OA}}}{|\overrightarrow{\text{OA}}|} + \dfrac{\overrightarrow{\text{OB}}}{|\overrightarrow{\text{OB}}|}$

（方法2）　C を辺 AB 上にとり，
　　　　　AC : CB = OA : OB を利用

Ⅱ．求める単位ベクトルは $\pm \dfrac{\overrightarrow{\text{OC}}}{|\overrightarrow{\text{OC}}|}$

OA′CB′ はひし形

Action» 角の二等分線は，2 つの単位ベクトルの和を利用せよ

解　$|\overrightarrow{\text{OA}}| = \sqrt{4^2 + 2^2} = 2\sqrt{5}$, $|\overrightarrow{\text{OB}}| = \sqrt{1^2 + (-2)^2} = \sqrt{5}$

例題8　$\overrightarrow{\text{OA}}$, $\overrightarrow{\text{OB}}$ と同じ向きの単位ベクトルを $\overrightarrow{\text{OA′}}$, $\overrightarrow{\text{OB′}}$ とすると

$$\overrightarrow{\text{OA′}} = \frac{1}{2\sqrt{5}}(4,\ 2) = \frac{1}{\sqrt{5}}(2,\ 1), \quad \overrightarrow{\text{OB′}} = \frac{1}{\sqrt{5}}(1,\ -2)$$

ここで，$\overrightarrow{\text{OA′}} + \overrightarrow{\text{OB′}} = \overrightarrow{\text{OC}}$ とすると，$\overrightarrow{\text{OC}}$ は ∠AOB の二等分線と平行なベクトルとなる。

$$\overrightarrow{\text{OC}} = \frac{1}{\sqrt{5}}(2,\ 1) + \frac{1}{\sqrt{5}}(1,\ -2) = \left(\frac{3\sqrt{5}}{5},\ -\frac{\sqrt{5}}{5}\right)$$

ここで　$|\overrightarrow{\text{OC}}| = \sqrt{\left(\frac{3\sqrt{5}}{5}\right)^2 + \left(-\frac{\sqrt{5}}{5}\right)^2} = \sqrt{2}$

求める単位ベクトルは $\pm \dfrac{1}{\sqrt{2}} \overrightarrow{\text{OC}}$ であるから

$$\left(\frac{3\sqrt{10}}{10},\ -\frac{\sqrt{10}}{10}\right),\ \left(-\frac{3\sqrt{10}}{10},\ \frac{\sqrt{10}}{10}\right)$$

（別解）

∠AOB の二等分線と AB の交点を C とすると

AC : CB = OA : OB = $2\sqrt{5} : \sqrt{5} = 2 : 1$

よって　$\overrightarrow{\text{OC}} = \dfrac{\overrightarrow{\text{OA}} + 2\overrightarrow{\text{OB}}}{2+1} = \left(2,\ -\dfrac{2}{3}\right)$

求める単位ベクトルは $\pm \dfrac{\overrightarrow{\text{OC}}}{|\overrightarrow{\text{OC}}|}$ であるから

$$\left(\frac{3\sqrt{10}}{10},\ -\frac{\sqrt{10}}{10}\right),\ \left(-\frac{3\sqrt{10}}{10},\ \frac{\sqrt{10}}{10}\right)$$

ReAction 例題8
「$\vec{a}$ と同じ向きの単位ベクトルは，$\dfrac{\vec{a}}{|\vec{a}|}$ とせよ」

$\overrightarrow{\text{OC}}$ はひし形 OB′CA′ の対角線より ∠AOC = ∠BOC

平行なベクトルであるから同じ向きと逆向きの2つを考えなければならない。

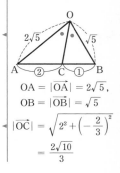

OA = $|\overrightarrow{\text{OA}}| = 2\sqrt{5}$,
OB = $|\overrightarrow{\text{OB}}| = \sqrt{5}$

$|\overrightarrow{\text{OC}}| = \sqrt{2^2 + \left(-\dfrac{2}{3}\right)^2}$
　　　$= \dfrac{2\sqrt{10}}{3}$

練習 26　$\overrightarrow{\text{OA}} = (3,\ -4)$, $\overrightarrow{\text{OB}} = (-8,\ 6)$ とするとき，∠AOB の二等分線と平行な単位ベクトルを求めよ。

→ p.83　問題26

例題 27　内心の位置ベクトル

> AB = 3，BC = 7，CA = 5 である △ABC の内心を I とする。このとき，$\overrightarrow{AI}$ を $\overrightarrow{AB}$ と $\overrightarrow{AC}$ を用いて表せ。

思考のプロセス

段階的に考える

内心 … 角の二等分線の交点

⟹ ① ∠A の二等分線と BC の交点を D
　　② ∠B の二等分線と AD の交点が I

⟹ $\begin{cases} ① \ \text{BD}:\text{DC} = \boxed{} : \boxed{} \ \text{より} & \overrightarrow{AD} = \boxed{}\overrightarrow{AB} + \boxed{}\overrightarrow{AC} \\ ② \ \text{AI}:\text{ID} = \boxed{} : \boxed{} \ \text{より} & \overrightarrow{AI} = \boxed{}\overrightarrow{AD} \end{cases}$

⟹ $\overrightarrow{AI} = \boxed{}\overrightarrow{AB} + \boxed{}\overrightarrow{AC}$

Action» 内心は，内角の二等分線の交点であることを用いよ

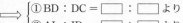

解
IA 248

∠BAC の二等分線と辺 BC の
交点を D とすると

$$\text{BD}:\text{DC} = \text{AB}:\text{AC}$$
$$= 3:5$$

◀ 三角形の角の二等分線の
性質

例題 20 ゆえに　　$\overrightarrow{AD} = \dfrac{5\overrightarrow{AB} + 3\overrightarrow{AC}}{8}$

また　　$\text{BD} = \dfrac{3}{8}\text{BC} = \dfrac{21}{8}$

◀ 点 D は，線分 BC を 3:5
に内分する点である。

IA 248 次に，線分 BI は ∠ABD の二等分線であるから

$$\text{AI}:\text{ID} = \text{BA}:\text{BD} = 3:\frac{21}{8} = 8:7$$

◀ △ABD において，BI は
∠ABD の二等分線である。

よって　　$\overrightarrow{AI} = \dfrac{8}{15}\overrightarrow{AD} = \dfrac{8}{15} \times \dfrac{5\overrightarrow{AB} + 3\overrightarrow{AC}}{8}$

$$= \frac{5\overrightarrow{AB} + 3\overrightarrow{AC}}{15}$$

したがって　　$\overrightarrow{AI} = \dfrac{1}{3}\overrightarrow{AB} + \dfrac{1}{5}\overrightarrow{AC}$

Point...角の二等分線の性質

△ABC の ∠BAC の二等分線と辺 BC の交点を D とするとき
BD:DC = AB:AC = $c:b$ であるから

$$\overrightarrow{AD} = \frac{b\overrightarrow{AB} + c\overrightarrow{AC}}{c + b}$$

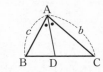

練習27 OA = a，OB = b，AB = c である △OAB の内心を I とする。このとき，$\overrightarrow{OI}$ を a, b, c および $\overrightarrow{OA}$, $\overrightarrow{OB}$ を用いて表せ。

⇒ p.83　問題27

> AB = 5, AC = 4, BC = 6 である △ABC の外心を O とする。
> (1) 内積 $\overrightarrow{AB} \cdot \overrightarrow{AC}$ を求めよ。
> (2) $\overrightarrow{AO}$ を $\overrightarrow{AB}$, $\overrightarrow{AC}$ を用いて表せ。また，$\overrightarrow{AO}$ の大きさを求めよ。
> (3) 直線 AO と辺 BC の交点を D とするとき，BD:DC, AO:OD を求めよ。

思考のプロセス

(1) ■逆向きに考える■

$\overrightarrow{AB} \cdot \overrightarrow{AC}$ をつくるために，$|\overrightarrow{AB} - \overrightarrow{AC}|^2$ を考える。
$\qquad\qquad\qquad\qquad \underset{\overrightarrow{CB}}{\Vert}$

（別解）

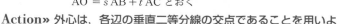

$\overrightarrow{AB} \cdot \overrightarrow{AC} = |\overrightarrow{AB}||\overrightarrow{AC}| \cos \angle BAC$
$\qquad\qquad\qquad\qquad\quad \underset{\text{└─ これが求まればよい。}}{}$

(2) **外心** … 各辺の垂直二等分線の交点

O が △ABC の外心

$\Longrightarrow \begin{cases} \overrightarrow{AB} \cdot \overrightarrow{OM} = 0 \\ \overrightarrow{AC} \cdot \overrightarrow{ON} = 0 \end{cases} \Longrightarrow s, t$ の連立方程式

■未知のものを文字でおく■

$\overrightarrow{AO} = s\overrightarrow{AB} + t\overrightarrow{AC}$ とおく

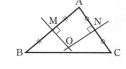

Action» 外心は，各辺の垂直二等分線の交点であることを用いよ

解 (1) $\overrightarrow{CB} = \overrightarrow{AB} - \overrightarrow{AC}$ であるから

$|\overrightarrow{CB}|^2 = |\overrightarrow{AB} - \overrightarrow{AC}|^2$
$\qquad\quad = |\overrightarrow{AB}|^2 - 2\overrightarrow{AB} \cdot \overrightarrow{AC} + |\overrightarrow{AC}|^2$

$6^2 = 5^2 - 2\overrightarrow{AB} \cdot \overrightarrow{AC} + 4^2$ より

$\qquad \overrightarrow{AB} \cdot \overrightarrow{AC} = \dfrac{5}{2}$

（別解）

余弦定理により

$\qquad \cos A = \dfrac{5^2 + 4^2 - 6^2}{2 \cdot 5 \cdot 4} = \dfrac{1}{8}$

よって

$\qquad \overrightarrow{AB} \cdot \overrightarrow{AC} = |\overrightarrow{AB}||\overrightarrow{AC}| \cos A$
$\qquad\qquad\qquad = 5 \times 4 \times \dfrac{1}{8} = \dfrac{5}{2}$

(2) $\overrightarrow{AO} = s\overrightarrow{AB} + t\overrightarrow{AC}$ とおく。

外心 O は，辺 AB と AC の垂直二等分線の交点であるから，辺 AB，AC の中点をそれぞれ M，N とすると

$\qquad \overrightarrow{AB} \cdot \overrightarrow{OM} = 0 \cdots \text{①}, \qquad \overrightarrow{AC} \cdot \overrightarrow{ON} = 0 \cdots \text{②}$

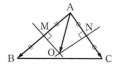

■定義に戻る■
$\overrightarrow{AB} \cdot \overrightarrow{AC} = |\overrightarrow{AB}||\overrightarrow{AC}| \cos A$
を用いるために，まず $\cos A$ の値を求める。

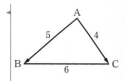

$\overrightarrow{AO} = s\overrightarrow{AB} + (1-s)\overrightarrow{AC}$
とおくと，O は直線 BC 上に存在することになる。ここでは O は常に直線 BC 上にあるとはいえないから，s と t を用いる。

ここで

$$\overrightarrow{OM} = \overrightarrow{AM} - \overrightarrow{AO} = \frac{1}{2}\overrightarrow{AB} - (s\overrightarrow{AB} + t\overrightarrow{AC})$$

◀ $\overrightarrow{OM}$ を $\overrightarrow{AB}$, $\overrightarrow{AC}$ で表す。

$$= \left(\frac{1}{2} - s\right)\overrightarrow{AB} - t\overrightarrow{AC}$$

$$\overrightarrow{ON} = \overrightarrow{AN} - \overrightarrow{AO} = \frac{1}{2}\overrightarrow{AC} - (s\overrightarrow{AB} + t\overrightarrow{AC})$$

◀ $\overrightarrow{ON}$ を $\overrightarrow{AB}$, $\overrightarrow{AC}$ で表す。

$$= -s\overrightarrow{AB} + \left(\frac{1}{2} - t\right)\overrightarrow{AC}$$

よって，① より

$$\overrightarrow{AB} \cdot \left\{\left(\frac{1}{2} - s\right)\overrightarrow{AB} - t\overrightarrow{AC}\right\} = 0$$

$$\left(\frac{1}{2} - s\right)|\overrightarrow{AB}|^2 - t\overrightarrow{AB} \cdot \overrightarrow{AC} = 0$$

ゆえに $25\left(\frac{1}{2} - s\right) - \frac{5}{2}t = 0$

◀ (1) より
$$\overrightarrow{AB} \cdot \overrightarrow{AC} = \frac{5}{2}$$

すなわち $10s + t = 5$ $\cdots$ ③

また，② より

$$\overrightarrow{AC} \cdot \left\{-s\overrightarrow{AB} + \left(\frac{1}{2} - t\right)\overrightarrow{AC}\right\} = 0$$

$$-s\overrightarrow{AB} \cdot \overrightarrow{AC} + \left(\frac{1}{2} - t\right)|\overrightarrow{AC}|^2 = 0$$

ゆえに $-\frac{5}{2}s + 16\left(\frac{1}{2} - t\right) = 0$

すなわち $5s + 32t = 16$ $\cdots$ ④

③，④ を解くと $s = \frac{16}{35}$, $t = \frac{3}{7}$

よって $\overrightarrow{AO} = \frac{16}{35}\overrightarrow{AB} + \frac{3}{7}\overrightarrow{AC}$

ゆえに

$$|\overrightarrow{AO}|^2 = \left|\frac{16}{35}\overrightarrow{AB} + \frac{3}{7}\overrightarrow{AC}\right|^2$$

$$= \left(\frac{16}{35}\right)^2|\overrightarrow{AB}|^2 + 2 \times \frac{16}{35} \times \frac{3}{7}\overrightarrow{AB} \cdot \overrightarrow{AC} + \left(\frac{3}{7}\right)^2|\overrightarrow{AC}|^2$$

$$= \left(\frac{16}{35}\right)^2 \times 5^2 + 2 \times \frac{16}{35} \times \frac{3}{7} \times \frac{5}{2} + \left(\frac{3}{7}\right)^2 \times 4^2$$

$$= \frac{4^2}{7^2}(16 + 3 + 9) = \frac{4^2 \times 28}{7^2}$$

したがって $|\overrightarrow{AO}| = \frac{8\sqrt{7}}{7}$

◀【別解】
$\cos A = \frac{1}{8}$ より
$$\sin A = \frac{3\sqrt{7}}{8}$$

$|\overrightarrow{AO}|$ は $\triangle ABC$ の 外 接
円の半径であるから，正
弦定理により

$$2|\overrightarrow{AO}| = \frac{6}{\sin A}$$

よって

$$|\overrightarrow{AO}| = 3 \times \frac{8}{3\sqrt{7}}$$

$$= \frac{8\sqrt{7}}{7}$$

1 章
3
平面上の位置ベクトル

例題
13

〔別解〕

$\overrightarrow{AO} = s\overrightarrow{AB} + t\overrightarrow{AC}$ とおく。

外心 O は，辺 AB と AC の
垂直二等分線の交点である
から，辺 AB，AC の中点を
それぞれ M，N とすると，内積の定義より

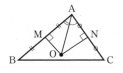

$$\overrightarrow{AM} \cdot \overrightarrow{AO} = |\overrightarrow{AM}||\overrightarrow{AO}|\cos\angle OAM$$
$$= |\overrightarrow{AM}|^2 = \frac{25}{4} \quad \cdots ①$$

$$\overrightarrow{AN} \cdot \overrightarrow{AO} = |\overrightarrow{AN}||\overrightarrow{AO}|\cos\angle OAN$$
$$= |\overrightarrow{AN}|^2 = 4 \quad \cdots ②$$

一方

$$\overrightarrow{AM} \cdot \overrightarrow{AO} = \frac{1}{2}\overrightarrow{AB} \cdot (s\overrightarrow{AB} + t\overrightarrow{AC})$$
$$= \frac{s}{2}|\overrightarrow{AB}|^2 + \frac{t}{2}\overrightarrow{AB} \cdot \overrightarrow{AC}$$
$$= \frac{25}{2}s + \frac{5}{4}t \quad \cdots ③$$

$$\overrightarrow{AN} \cdot \overrightarrow{AO} = \frac{1}{2}\overrightarrow{AC} \cdot (s\overrightarrow{AB} + t\overrightarrow{AC})$$
$$= \frac{s}{2}\overrightarrow{AB} \cdot \overrightarrow{AC} + \frac{t}{2}|\overrightarrow{AC}|^2$$
$$= \frac{5}{4}s + 8t \quad \cdots ④$$

①，③ より

$$\frac{25}{2}s + \frac{5}{4}t = \frac{25}{4} \quad \text{すなわち} \quad 10s + t = 5 \quad \cdots ⑤$$

②，④ より

$$\frac{5}{4}s + 8t = 4 \quad \text{すなわち} \quad 5s + 32t = 16 \quad \cdots ⑥$$

⑤，⑥ を解くと $s = \dfrac{16}{35}, \ t = \dfrac{3}{7}$

よって $\overrightarrow{AO} = \dfrac{16}{35}\overrightarrow{AB} + \dfrac{3}{7}\overrightarrow{AC}$ （以降同様）

(3) (2) より

$$\overrightarrow{AO} = \frac{31}{35} \times \frac{16\overrightarrow{AB} + 15\overrightarrow{AC}}{31}$$

よって **BD : DC = 15 : 16**
AO : OD = 31 : 4

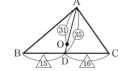

練習 **28** $AB = 7$，$AC = 5$，$\overrightarrow{AB} \cdot \overrightarrow{AC} = 10$ である △ABC の外心を O とする。

(1) $\overrightarrow{AO}$ を $\overrightarrow{AB}$，$\overrightarrow{AC}$ を用いて表せ。また，$\overrightarrow{AO}$ の大きさを求めよ。

(2) 直線 AO と辺 BC の交点を D とするとき，BD : DC，AO : OD を求めよ。

右側注釈

$\overrightarrow{AM} \cdot \overrightarrow{AO}$，$\overrightarrow{AN} \cdot \overrightarrow{AO}$ をそれぞれ 2 通りに表す。

△AMO は直角三角形であるから
$|\overrightarrow{AO}|\cos\angle OAM = |\overrightarrow{AM}|$

△ANO は直角三角形であるから
$|\overrightarrow{AO}|\cos\angle OAN = |\overrightarrow{AN}|$
$\overrightarrow{AN}$ や上の $\overrightarrow{AM}$ は，それぞれ $\overrightarrow{AO}$ の辺 AC，AB への正射影ベクトルである。
p.98 **Go Ahead** 4 参照。

3 点 A, O, D は一直線上にあり，点 D は辺 BC 上の点であるから
$\overrightarrow{AD} = \dfrac{16\overrightarrow{AB} + 15\overrightarrow{AC}}{31}$，
$\overrightarrow{AO} = \dfrac{31}{35}\overrightarrow{AD}$

➡ p.83 問題28

例題 **29**　垂心の位置ベクトル　　　★★★☆

$\angle A = 60°$, $AB = 3$, $AC = 2$ の $\triangle ABC$ の垂心を H とする。ベクトル $\overrightarrow{AH}$ をベクトル $\overrightarrow{AB}$, $\overrightarrow{AC}$ を用いて表せ。

（東京電機大）

思考のプロセス

垂心 … 頂点から，それぞれの対辺に下ろした垂線の交点

H が $\triangle ABC$ の垂心

$\Longrightarrow$ $\begin{cases} \overrightarrow{BH} \cdot \overrightarrow{AC} = 0 \\ \overrightarrow{CH} \cdot \overrightarrow{AB} = 0 \end{cases}$ $\Longrightarrow$ s, t の連立方程式

未知のものを文字でおく

$$\overrightarrow{AH} = s\overrightarrow{AB} + t\overrightarrow{AC}$$

Action» 垂心は，頂点から対辺に下ろした垂線の交点であることを用いよ

解 $\overrightarrow{AH} = s\overrightarrow{AB} + t\overrightarrow{AC}$ とおく。

点 H は $\triangle ABC$ の垂心であるから

　　$\overrightarrow{BH} \cdot \overrightarrow{AC} = 0$ … ①, 　　$\overrightarrow{CH} \cdot \overrightarrow{AB} = 0$ … ②

① より

　　$(\overrightarrow{AH} - \overrightarrow{AB}) \cdot \overrightarrow{AC} = 0$

　　$\{(s-1)\overrightarrow{AB} + t\overrightarrow{AC}\} \cdot \overrightarrow{AC} = 0$

　　$(s-1)\overrightarrow{AB} \cdot \overrightarrow{AC} + t|\overrightarrow{AC}|^2 = 0$ 　…③

ここで，$|\overrightarrow{AB}| = 3$, $|\overrightarrow{AC}| = 2$ より

　　$\overrightarrow{AB} \cdot \overrightarrow{AC} = 3 \times 2 \times \cos 60° = 3$

③ に代入すると

　　$3(s-1) + 4t = 0$

よって　　$3s + 4t = 3$ 　…④

② より　　$(\overrightarrow{AH} - \overrightarrow{AC}) \cdot \overrightarrow{AB} = 0$

　　$\{s\overrightarrow{AB} + (t-1)\overrightarrow{AC}\} \cdot \overrightarrow{AB} = 0$

　　$s|\overrightarrow{AB}|^2 + (t-1)\overrightarrow{AB} \cdot \overrightarrow{AC} = 0$

　　$9s + 3(t-1) = 0$

よって　　$3s + t = 1$ 　…⑤

④, ⑤ を解くと　　$s = \dfrac{1}{9}$, $t = \dfrac{2}{3}$

したがって　　$\overrightarrow{AH} = \dfrac{1}{9}\overrightarrow{AB} + \dfrac{2}{3}\overrightarrow{AC}$

◄ $\overrightarrow{BH} = \overrightarrow{AH} - \overrightarrow{AB}$

◄ $\overrightarrow{CH} = \overrightarrow{AH} - \overrightarrow{AC}$

◄ $|\overrightarrow{AB}| = 3$, $\overrightarrow{AB} \cdot \overrightarrow{AC} = 3$

練習 **29** $\triangle ABC$ において $|\overrightarrow{AB}| = 4$, $|\overrightarrow{AC}| = 5$, $|\overrightarrow{BC}| = 6$ である。辺 AC 上の点 D は $BD \perp AC$ を満たし，辺 AB 上の点 E は $CE \perp AB$ を満たす。CE と BD の交点を H とする。

(1) $\overrightarrow{AD} = r\overrightarrow{AC}$ となる実数 r を求めよ。

(2) $\overrightarrow{AH} = s\overrightarrow{AB} + t\overrightarrow{AC}$ となる実数 s, t を求めよ。

（一橋大）

➡ p.84　問題29

正三角形でない鋭角三角形 ABC の外心を O，重心を G とする。OG の
G の方への延長上に $\overset{\frown}{\underset{⑦}{OH = 3OG}}$ となる点 $\underset{①}{H}$ をとる。このとき，点 $\underset{⑨}{H}$ は
△ABC の垂心であることを示せ。

思考の
プロセス

H が △ABC の垂心 $\Longrightarrow$ $\overrightarrow{AH} \cdot \overrightarrow{BC} = 0$，$\overrightarrow{BH} \cdot \overrightarrow{CA} = 0$，$\overrightarrow{CH} \cdot \overrightarrow{AB} = 0$ のうち 2 つを示す。

基準を定める

条件 ⑨ を利用しやすいように基準を O にする。

$\Longleftarrow$ A を基準にすると，
$\overrightarrow{AO}$ を $\overrightarrow{AB}$，$\overrightarrow{AC}$ で
表す必要があるが，
大変（例題 28 参照）

条件の言い換え

条件 ⑦ $\Longrightarrow$ $|\overrightarrow{OA}| = |\overrightarrow{OB}| = |\overrightarrow{OC}|$

条件 ① $\Longrightarrow$ $\overrightarrow{OG} = \dfrac{\overrightarrow{OA} + \overrightarrow{OB} + \overrightarrow{OC}}{3}$

条件 ⑨ $\Longrightarrow$ $\overrightarrow{OH} = 3\overrightarrow{OG}$

Action» 三角形の五心は，その図形的性質を利用せよ

解 $\overrightarrow{OA} = \vec{a}$，$\overrightarrow{OB} = \vec{b}$，$\overrightarrow{OC} = \vec{c}$ とおく。

例題
20

点 O が △ABC の外心であるから

$$|\vec{a}| = |\vec{b}| = |\vec{c}|$$

点 G が △ABC の重心であるから

$$\overrightarrow{OG} = \frac{\vec{a} + \vec{b} + \vec{c}}{3}$$

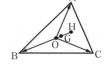

点 O が外心であるから
OA = OB = OC

点 H は OG の G の方への延長上に $OH = 3OG$ となる点
であるから　　$\overrightarrow{OH} = 3\overrightarrow{OG} = \vec{a} + \vec{b} + \vec{c}$
よって

$$\overrightarrow{AH} = \overrightarrow{OH} - \overrightarrow{OA} = \vec{b} + \vec{c}，\qquad \overrightarrow{BC} = \overrightarrow{OC} - \overrightarrow{OB} = \vec{c} - \vec{b}$$

ゆえに　　$\overrightarrow{AH} \cdot \overrightarrow{BC} = (\vec{b} + \vec{c}) \cdot (\vec{c} - \vec{b}) = |\vec{c}|^2 - |\vec{b}|^2 = 0$

$\overrightarrow{AH} \neq \vec{0}$，$\overrightarrow{BC} \neq \vec{0}$ より　　$\overrightarrow{AH} \perp \overrightarrow{BC}$

同様にして

$$\overrightarrow{BH} = \overrightarrow{OH} - \overrightarrow{OB} = \vec{a} + \vec{c}，\qquad \overrightarrow{CA} = \overrightarrow{OA} - \overrightarrow{OC} = \vec{a} - \vec{c}$$

ゆえに　　$\overrightarrow{BH} \cdot \overrightarrow{CA} = (\vec{a} + \vec{c}) \cdot (\vec{a} - \vec{c}) = |\vec{a}|^2 - |\vec{c}|^2 = 0$

$\overrightarrow{BH} \neq \vec{0}$，$\overrightarrow{CA} \neq \vec{0}$ より　　$\overrightarrow{BH} \perp \overrightarrow{CA}$

したがって，AH ⊥ BC，BH ⊥ CA が成り立つから，
点 H は △ABC の垂心である。

3 点 O, G, H が一直線上
にあるから $\overrightarrow{OH} = k\overrightarrow{OG}$
（k は実数）とおける。

$\overrightarrow{AH} \perp \overrightarrow{BC}$ を示すために，
$\overrightarrow{AH}$，$\overrightarrow{BC}$ を考える。

$|\vec{a}| = |\vec{b}| = |\vec{c}|$

$|\vec{a}| = |\vec{b}| = |\vec{c}|$

CH ⊥ AB は示さずとも
十分である。

三角形の外心 O，重心 G，
垂心 H を通る直線を **オ
イラー線** という。

練習 30　正三角形でない鋭角三角形 ABC の外心を O，重心を G とする。OG の G の方
への延長上に $OH = 3OG$ となる点を H とし，直線 OA と △ABC の外接円の
交点のうち A でない方を D とする。このとき，四角形 BDCH は平行四辺形で
あることを示せ。

➡ p.84　問題30

> 点 O を中心とする円上に 3 点 A, B, C がある。$\overrightarrow{OA} + \overrightarrow{OB} + \overrightarrow{OC} = \vec{0}$ が成り立つとき，△ABC は正三角形であることを証明せよ。

逆向きに考える

正三角形を示す $\left\langle\begin{array}{l}\text{3 辺が等しいことを示す}\quad\text{〔解答〕}\\\text{3 つの内角が等しいことを示す}\quad\text{〔別解〕}\end{array}\right.$

条件____ $\Longrightarrow$ $|\overrightarrow{OA}| = |\overrightarrow{OB}| = |\overrightarrow{OC}| = r$（半径）

文字を減らす

$\overrightarrow{OA} + \overrightarrow{OB} + \overrightarrow{OC} = \vec{0}$ より $\qquad \overrightarrow{OC} = -(\overrightarrow{OA} + \overrightarrow{OB})$ $\uparrow$

≪ⒶⒸⓉⒾⓄⓃ ベクトルの大きさは，2 乗して内積を利用せよ ◀例題 13

解 円 O の半径を r とおくと，3 点 A, B, C は円 O 上にある
から $\quad |\overrightarrow{OA}| = |\overrightarrow{OB}| = |\overrightarrow{OC}| = r$

$\overrightarrow{OA} + \overrightarrow{OB} + \overrightarrow{OC} = \vec{0}$ より

$\qquad \overrightarrow{OC} = -(\overrightarrow{OA} + \overrightarrow{OB})$

よって $\quad r = |-(\overrightarrow{OA} + \overrightarrow{OB})|$
両辺を 2 乗すると

$\qquad r^2 = |\overrightarrow{OA} + \overrightarrow{OB}|^2$
$\qquad\quad = |\overrightarrow{OA}|^2 + 2\overrightarrow{OA} \cdot \overrightarrow{OB} + |\overrightarrow{OB}|^2$

$r^2 = r^2 + 2\overrightarrow{OA} \cdot \overrightarrow{OB} + r^2$ であるから $\quad \overrightarrow{OA} \cdot \overrightarrow{OB} = -\dfrac{r^2}{2}$

よって

$\qquad |\overrightarrow{AB}|^2 = |\overrightarrow{OB} - \overrightarrow{OA}|^2 = |\overrightarrow{OB}|^2 - 2\overrightarrow{OA} \cdot \overrightarrow{OB} + |\overrightarrow{OA}|^2$
$\qquad\qquad = r^2 + r^2 + r^2 = 3r^2 \quad \cdots ①$

同様に $\quad |\overrightarrow{BC}|^2 = |\overrightarrow{OC} - \overrightarrow{OB}|^2 = |-\overrightarrow{OA} - 2\overrightarrow{OB}|^2$
$\qquad\qquad = |\overrightarrow{OA}|^2 + 4\overrightarrow{OA} \cdot \overrightarrow{OB} + 4|\overrightarrow{OB}|^2$
$\qquad\qquad = r^2 - 2r^2 + 4r^2 = 3r^2 \quad \cdots ②$

$\qquad |\overrightarrow{AC}|^2 = |\overrightarrow{OC} - \overrightarrow{OA}|^2 = |-2\overrightarrow{OA} - \overrightarrow{OB}|^2$
$\qquad\qquad = 4|\overrightarrow{OA}|^2 + 4\overrightarrow{OA} \cdot \overrightarrow{OB} + |\overrightarrow{OB}|^2$
$\qquad\qquad = 4r^2 - 2r^2 + r^2 = 3r^2 \quad \cdots ③$

①～③ より $\quad |\overrightarrow{AB}|^2 = |\overrightarrow{BC}|^2 = |\overrightarrow{AC}|^2$
すなわち $\quad |\overrightarrow{AB}| = |\overrightarrow{BC}| = |\overrightarrow{AC}|$
したがって，△ABC は正三角形である。

◀ **条件の言い換え**

$|\overrightarrow{OC}| = |-(\overrightarrow{OA} + \overrightarrow{OB})|$
$\qquad = |\overrightarrow{OA} + \overrightarrow{OB}|$

◀ **〔別解〕**
$r^2 = r^2 + 2 \cdot r \cdot r \cos\angle AOB + r^2$
$r \neq 0$ より

$\qquad \cos\angle AOB = -\dfrac{1}{2}$

ゆえに $\quad \angle AOB = 120°$
円周角の定理により
$\qquad \angle ACB = 60° \quad \cdots ①$
同様に
$\overrightarrow{OA} = -(\overrightarrow{OB} + \overrightarrow{OC})$ より
$\cos\angle BOC$ を求めると

$\qquad \cos\angle BOC = -\dfrac{1}{2}$

よって $\quad \angle BOC = 120°$
ゆえに $\quad \angle BAC = 60°$
$\qquad\qquad\qquad \cdots ②$
①，② より
$\qquad \angle ABC$
$= 180° - (\angle ACB + \angle BAC)$
$= 60°$
したがって，△ABC は
正三角形である。

練習 31 $\overrightarrow{OA} + \overrightarrow{OB} + \overrightarrow{OC} = \vec{0}$, $|\overrightarrow{OA}| = 1$, $|\overrightarrow{OB}| = \sqrt{3}$, $|\overrightarrow{OC}| = 2$ のとき
　　　(1) 内積 $\overrightarrow{OA} \cdot \overrightarrow{OB}$ を求めよ。　　　(2) 内積 $\overrightarrow{AB} \cdot \overrightarrow{AC}$ を求めよ。

➡ p.84　問題31

次の等式が成り立つとき，△ABC はどのような形の三角形か。

(1)　$\overrightarrow{AB} \cdot \overrightarrow{AC} = |\overrightarrow{AB}|^2$　　　　　　　　(2)　$\overrightarrow{AB} \cdot \overrightarrow{BC} = \overrightarrow{BC} \cdot \overrightarrow{CA}$

思考のプロセス

«ReAction　三角形の形状は，辺の長さの関係を調べよ　◀ⅡB 例題 77

目標の言い換え

△ABC の形状は？

$\Longrightarrow$ 長さの等しい辺，直角となる頂点を考える。

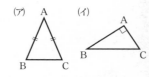

例　(ア)　これまで　AB = AC（二等辺三角形）　$\longrightarrow$　ベクトルの場合　$|\overrightarrow{AB}| = |\overrightarrow{AC}|$

　　(イ)　$BC^2 = AB^2 + AC^2$　$\longrightarrow$　$\overrightarrow{AB} \cdot \overrightarrow{AC} = 0$
　　　　　（∠A = 90° 直角三角形）

(2)　$\begin{cases} \text{左辺 … ∠B をはさむ 2 ベクトル} \\ \text{右辺 … ∠C をはさむ 2 ベクトル} \end{cases}$ ∠B と ∠C について対等

　　　$\Longrightarrow \overrightarrow{AB}$ と $\overrightarrow{AC}$ の対等性を予想し，始点を A にそろえる。

解　(1)　$\overrightarrow{AB} \cdot \overrightarrow{AC} = |\overrightarrow{AB}|^2$ より　　$\overrightarrow{AB} \cdot \overrightarrow{AC} - \overrightarrow{AB} \cdot \overrightarrow{AB} = 0$　　◀ $|\overrightarrow{AB}|^2 = \overrightarrow{AB} \cdot \overrightarrow{AB}$

　　　　　$\overrightarrow{AB} \cdot (\overrightarrow{AC} - \overrightarrow{AB}) = 0$

　　　よって　　$\overrightarrow{AB} \cdot \overrightarrow{BC} = 0$

　　　$\overrightarrow{AB} \neq \vec{0}$, $\overrightarrow{BC} \neq \vec{0}$ であるから

　　　　　$\overrightarrow{AB} \perp \overrightarrow{BC}$

　　　したがって，△ABC は **∠B = 90° の直角三角形**

　　　◀ 単に「直角三角形」だけ
　　　では不十分である。

　　（別解）

　　　　与式は

　　　　　$|\overrightarrow{AB}||\overrightarrow{AC}| \cos A = |\overrightarrow{AB}|^2$

　　　　$\overrightarrow{AB} \neq \vec{0}$ であるから

　　　　　　$|\overrightarrow{AC}| \cos A = |\overrightarrow{AB}|$

　　　これが成り立つのは，∠B = 90° のときであるから，

　　　△ABC は ∠B = 90° の直角三角形

（別解）与式より
$\overrightarrow{BA} \cdot \overrightarrow{BC} = \overrightarrow{CB} \cdot \overrightarrow{CA}$
$|\overrightarrow{BA}||\overrightarrow{BC}| \cos\theta_1$
　　$= |\overrightarrow{CB}||\overrightarrow{CA}| \cos\theta_2$
$|\overrightarrow{BC}| = |\overrightarrow{CB}| \neq 0$ より
$|\overrightarrow{BA}| \cos\theta_1 = |\overrightarrow{CA}| \cos\theta_2$
A から線分 BC に垂線
AD を下ろすと BD = CD
よって △ABD ≡ △ACD
ゆえに　　AB = AC

(2)　$\overrightarrow{AB} \cdot \overrightarrow{BC} = \overrightarrow{BC} \cdot \overrightarrow{CA}$ より

　　　$\overrightarrow{AB} \cdot (\overrightarrow{AC} - \overrightarrow{AB}) = (\overrightarrow{AC} - \overrightarrow{AB}) \cdot (-\overrightarrow{AC})$

　　　$\overrightarrow{AB} \cdot \overrightarrow{AC} - |\overrightarrow{AB}|^2 = -|\overrightarrow{AC}|^2 + \overrightarrow{AB} \cdot \overrightarrow{AC}$

　　　　　　$|\overrightarrow{AB}|^2 = |\overrightarrow{AC}|^2$

　　　よって　　$|\overrightarrow{AB}| = |\overrightarrow{AC}|$

　　　したがって，△ABC は **AB = AC の二等辺三角形**

練習 32　△ABC において，$\overrightarrow{AB} \cdot \overrightarrow{AC} = \overrightarrow{BA} \cdot \overrightarrow{BC} = \overrightarrow{CA} \cdot \overrightarrow{CB}$ が成り立つとき，この三角形はどのような三角形か。

⇒ p.84 問題32

例題 33 直線のベクトル方程式 ★★☆☆

平面上の異なる3点 O, A($\vec{a}$), B($\vec{b}$) において，次の直線を表すベクトル方程式を求めよ。ただし，O, A, B は一直線上にないものとする。

(1) 線分 OB の中点を通り，直線 AB に平行な直線

(2) 線分 AB を 2:1 に内分する点を通り，直線 AB に垂直な直線

1章 3 平面上の位置ベクトル

思考のプロセス

数学Ⅱ「図形と方程式」では，直線の方程式は**傾き**と**通る点**から求めた。

Action» 直線のベクトル方程式は，通る点と方向（法線）ベクトルを考えよ

図で考える

(ア) 点 C を通り，直線 AB に平行な直線上の
点 P は $\quad\overrightarrow{OP} = \overrightarrow{OC} + t\overrightarrow{AB}$

(イ) 点 C を通り，直線 AB に垂直な直線上の
点 P は $\quad\overrightarrow{CP} \cdot \overrightarrow{AB} = 0$

$\Longrightarrow$ ベクトル方程式は，$\vec{p}$, $\vec{a}$, $\vec{b}$, $\vec{c}$ で表す。

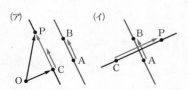

解 (1) 線分 OB の中点を M とする。

求める直線の方向ベクトルは $\overrightarrow{AB}$
であるから，求める直線上の点を
P($\vec{p}$) とすると，t を媒介変数とし
て $\quad\overrightarrow{OP} = \overrightarrow{OM} + t\overrightarrow{AB}$ … ①

◀ 求める直線は，直線 AB に平行である。

ここで $\quad\overrightarrow{OP} = \vec{p}, \ \overrightarrow{OM} = \dfrac{1}{2}\vec{b}, \ \overrightarrow{AB} = \vec{b} - \vec{a}$

◀ $\overrightarrow{OM} = \dfrac{1}{2}\overrightarrow{OB} = \dfrac{1}{2}\vec{b}$
$\overrightarrow{AB} = \overrightarrow{OB} - \overrightarrow{OA} = \vec{b} - \vec{a}$

① に代入すると $\quad\vec{p} = \dfrac{1}{2}\vec{b} + t(\vec{b} - \vec{a})$

すなわち $\quad\vec{p} = -t\vec{a} + \dfrac{2t+1}{2}\vec{b}$

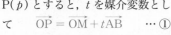
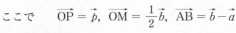

(2) 線分 AB を 2:1 に内分する点を C
とする。求める直線の法線ベクトル
は $\overrightarrow{AB}$ であるから，求める直線上の
点を P($\vec{p}$) とすると
$\overrightarrow{CP} \cdot \overrightarrow{AB} = 0$ … ②

◀ $\overrightarrow{OC} = \dfrac{\vec{a} + 2\vec{b}}{3}$

◀ 求める直線は，直線 AB に垂直である。

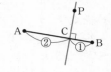

ここで $\quad\overrightarrow{CP} = \overrightarrow{OP} - \overrightarrow{OC} = \vec{p} - \dfrac{\vec{a} + 2\vec{b}}{3}$

$\overrightarrow{AB} = \overrightarrow{OB} - \overrightarrow{OA} = \vec{b} - \vec{a}$

◀ $\overrightarrow{CP} \perp \overrightarrow{AB}$ または $\overrightarrow{CP} = \vec{0}$

② に代入すると $\quad\left(\vec{p} - \dfrac{\vec{a} + 2\vec{b}}{3}\right) \cdot (\vec{b} - \vec{a}) = 0$

◀ $(3\vec{p} - \vec{a} - 2\vec{b}) \cdot (\vec{b} - \vec{a}) = 0$
としてもよい。

練習 33 平面上の異なる3点 A($\vec{a}$), B($\vec{b}$), C($\vec{c}$) がある。線分 AB の中点を通り，直線 BC に平行な直線と垂直な直線のベクトル方程式を求めよ。ただし，A, B, C は一直線上にないものとする。

→ p.84 問題33

例題 34 直線の媒介変数表示 D

★☆☆☆

次の直線の方程式を媒介変数 t を用いて表せ。
(1) 点 A(2, -3) を通り，方向ベクトルが $\vec{d} = (-1, 4)$ である直線
(2) 2 点 B(-3, 1)，C(1, -2) を通る直線

思考のプロセス

媒介変数表示 … $\begin{cases} x = (t \text{ の式}) \\ y = (t \text{ の式}) \end{cases}$ … ($*$) の形で表す。

段階的に考える
① ベクトル方程式を求める。
② $\vec{p} = (x, y)$ とおき，その他の位置ベクトルを成分表示する。
③ $(x, y) = ((t \text{ の式}), (t \text{ の式}))$ にする。
④ ($*$) の形で表す。

Action» 直線の媒介変数表示は，ベクトル方程式を成分ごとに表せ

解 (1) A($\vec{a}$) とし，直線上の点を P($\vec{p}$) とすると，求める直線
のベクトル方程式は $\qquad \vec{p} = \vec{a} + t\vec{d}$
ここで，$\vec{p} = (x, y)$ とおき，$\vec{a} = (2, -3)$,
$\vec{d} = (-1, 4)$ を代入すると
$\qquad (x, y) = (2, -3) + t(-1, 4)$
$\qquad\qquad\quad = (-t + 2, 4t - 3)$
よって，求める直線を媒介変数表示すると
$$\begin{cases} x = -t + 2 \\ y = 4t - 3 \end{cases}$$

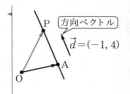

◀ この 2 式から t を消去する
と $y = -4x + 5$ となる。

(2) B($\vec{b}$) とする。求める直線の方向ベクトルは $\overrightarrow{BC}$ であ
るから，直線上の点を P($\vec{p}$) とすると，求める直線のベ
クトル方程式は $\qquad \vec{p} = \vec{b} + t\overrightarrow{BC}$
ここで，$\vec{p} = (x, y)$ とおき，$\vec{b} = (-3, 1)$,
$\overrightarrow{BC} = (1 - (-3), -2 - 1) = (4, -3)$ を代入すると
$\qquad (x, y) = (-3, 1) + t(4, -3)$
$\qquad\qquad\quad = (4t - 3, -3t + 1)$
よって，求める直線を媒介変数表示すると
$$\begin{cases} x = 4t - 3 \\ y = -3t + 1 \end{cases}$$

◀ $\vec{p} = \vec{c} + t\overrightarrow{BC}$ とおいても
よい。

◀ この 2 式から t を消去す
ると $3x + 4y = -5$ となる。

練習 34 次の直線の方程式を媒介変数 t を用いて表せ。
(1) 点 A(5, -4) を通り，方向ベクトルが $\vec{d} = (1, -2)$ である直線
(2) 2 点 B(2, 4)，C(-3, 9) を通る直線

➡ p.84 問題34

Play Back 6   直線の方程式と直線のベクトル方程式

> 数学Ⅱ「図形と方程式」で学習した直線の方程式と，今回学習している直線のベクトル方程式はどう違うのですか。

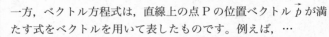

> $y = 2x - 1$ や $2x + y - 7 = 0$ など，私たちがこれまで利用してきた直線の方程式は，その直線上の点 P の x 座標と y 座標の間に成り立つ関係を x と y の式で表したものです。
> 一方，ベクトル方程式は，直線上の点 P の位置ベクトル $\vec{p}$ が満たす式をベクトルを用いて表したものです。例えば，…

A(2, 3), B(4, 7) を通る直線の方程式は

$$y - 3 = \frac{7 - 3}{4 - 2}(x - 2) \text{ より} \qquad \boxed{y = 2x - 1} \quad \cdots ①$$

　　　　　　　　　　　　　　　　　　　　< これが直線の方程式

この直線上の点 P($\vec{p}$) が満たす式を考えると，点 A($\vec{a}$) を通り，
$\overrightarrow{AB} = \vec{b} - \vec{a}$ に平行な直線であるから，

$\overrightarrow{OP} = \overrightarrow{OA} + t\overrightarrow{AB}$ より

$$\boxed{\vec{p} = \vec{a} + t(\vec{b} - \vec{a}) = (1 - t)\vec{a} + t\vec{b}} \quad \cdots ②$$

　　　　　　　　　　　　　　　　　　　　　< これが直線のベクトル方程式

これを P(x, y) として成分表示すると，
$(x, y) = (2, 3) + t(2, 4)$ となり

$$\begin{cases} x = 2t + 2 \\ y = 4t + 3 \end{cases}$$

　　　　　　　　　　　　　< これが直線の媒介変数表示

t を消去すると，$y = 2x - 1$ となり，上の直線の方程式 ① と一致します。

また，A(2, 3) を通り，$\vec{n} = (2, 1)$ に垂直な直線の方程式は，傾きが -2 であるから

$$y - 3 = -2(x - 2) \text{ より} \qquad \boxed{2x + y - 7 = 0} \quad \cdots ③$$

　　　　　　　　　　　　　　　　　　　　< これが直線の方程式

この直線上の点 P($\vec{p}$) が満たす式を考えると，
$\overrightarrow{AP} \perp \vec{n}$ または $\overrightarrow{AP} = \vec{0}$ であるから，

$$\overrightarrow{AP} \cdot \vec{n} = 0 \text{ より} \qquad \boxed{(\vec{p} - \vec{a}) \cdot \vec{n} = 0} \quad \cdots ④$$

　　　　　　　　　　　　　　　　　　　　< これが直線のベクトル方程式

これを P(x, y) として，成分表示すると
$$2 \times (x - 2) + 1 \times (y - 3) = 0$$
整理すると，$2x + y - 7 = 0$ となり，上の直線の方程式 ③ と一致します。

> このように，① と ②，③ と ④ はその直線上の点の x 座標，y 座標の関係式と，直線上の点の位置ベクトルの関係式という違いがありますが，どちらも同じ直線を表す式といえます。うまく使い分けましょう。

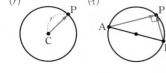

例題 35　円のベクトル方程式

2つの定点 A($\vec{a}$)，B($\vec{b}$) と動点 P($\vec{p}$) がある。次のベクトル方程式で表される点 P はどのような図形をえがくか。

(1)　$|3\vec{p}-\vec{a}-2\vec{b}|=6$　　　　(2)　$(2\vec{p}-\vec{a})\cdot(\vec{p}-\vec{b})=0$

思考のプロセス

図で考える

円のベクトル方程式は 2 つの形がある。

(ア) 中心 C からの距離が一定（r）
$\Longrightarrow |\overrightarrow{CP}|=r \Longleftrightarrow |\overrightarrow{OP}-\overrightarrow{OC}|=r$

(イ) 直径 AB に対する円周角は 90°
$\Longrightarrow \overrightarrow{AP}\cdot\overrightarrow{BP}=0 \Longleftrightarrow (\overrightarrow{OP}-\overrightarrow{OA})\cdot(\overrightarrow{OP}-\overrightarrow{OB})=0$

これらの形になるように，式変形する。

Action» 円のベクトル方程式は，中心からの距離や円周角を考えよ

解 (1)　$|3\vec{p}-\vec{a}-2\vec{b}|=6$ より　$\left|\vec{p}-\dfrac{\vec{a}+2\vec{b}}{3}\right|=2$

ここで，$\dfrac{\vec{a}+2\vec{b}}{3}=\overrightarrow{OC}$ とすると，点 C は線分 AB を 2:1 に内分する点であり　$|\overrightarrow{OP}-\overrightarrow{OC}|=2$

すなわち，$|\overrightarrow{CP}|=2$ であるから，点 P は点 C からの距離が 2 の点である。

よって，点 P は，**線分 AB を 2:1 に内分する点を中心とする半径 2 の円** をえがく。

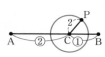

(2)　$(2\vec{p}-\vec{a})\cdot(\vec{p}-\vec{b})=0$ より　$\left(\vec{p}-\dfrac{1}{2}\vec{a}\right)\cdot(\vec{p}-\vec{b})=0$

ここで，$\dfrac{1}{2}\vec{a}=\overrightarrow{OD}$ とすると，点 D は線分 OA の中点であり　$(\overrightarrow{OP}-\overrightarrow{OD})\cdot(\overrightarrow{OP}-\overrightarrow{OB})=0$

すなわち，$\overrightarrow{DP}\cdot\overrightarrow{BP}=0$ であるから

$\overrightarrow{DP}=\vec{0}$ または $\overrightarrow{BP}=\vec{0}$ または $\overrightarrow{DP}\perp\overrightarrow{BP}$

ゆえに，点 P は点 B または点 D に一致するか，∠BPD = 90° となる点である。したがって，点 P は，**線分 OA の中点 D に対し，線分 BD を直径とする円** をえがく。

練習35　2つの定点 A($\vec{a}$)，B($\vec{b}$) と動点 P($\vec{p}$) がある。次のベクトル方程式で表される点 P はどのような図形をえがくか。

(1)　$|\vec{p}-\vec{a}|=|\vec{b}-\vec{a}|$　　　　(2)　$(2\vec{p}-\vec{a})\cdot(\vec{p}+\vec{b})=0$

中心 $C(\vec{c})$，半径 r の円 C 上の点 $A(\vec{a})$ における円の接線 l のベクトル方程式は $(\vec{a}-\vec{c})\cdot(\vec{p}-\vec{c})=r^2$ であることを示せ。

思考のプロセス

《ReAction 直線のベクトル方程式は，通る点と方向（法線）ベクトルを考えよ ◀例題33

図で考える

円 C と接線 l の関係　　$CA \perp l$

l 上の点を P とすると，ベクトル方程式はどのようになるか？

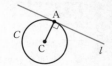

解 接線 l 上の点を $P(\vec{p})$ とすると

$$\overrightarrow{CA} \perp \overrightarrow{AP} \quad または \quad \overrightarrow{AP} = \vec{0}$$

よって　　$\overrightarrow{CA}\cdot\overrightarrow{AP} = 0$

ゆえに　　$(\vec{a}-\vec{c})\cdot(\vec{p}-\vec{a}) = 0$

$$(\vec{a}-\vec{c})\cdot\{(\vec{p}-\vec{c})+(\vec{c}-\vec{a})\} = 0$$
$$(\vec{a}-\vec{c})\cdot(\vec{p}-\vec{c})+(\vec{a}-\vec{c})\cdot(\vec{c}-\vec{a}) = 0$$
$$(\vec{a}-\vec{c})\cdot(\vec{p}-\vec{c})-|\vec{a}-\vec{c}|^2 = 0$$

$|\vec{a}-\vec{c}| = |\overrightarrow{OA}-\overrightarrow{OC}| = |\overrightarrow{CA}| = r$ であるから，接線 l のベクトル方程式は

$$(\vec{a}-\vec{c})\cdot(\vec{p}-\vec{c}) = r^2$$

◀ $\overrightarrow{CA} \perp \overrightarrow{AP}$ では点 P が点 A に一致するときを含めることができない。

◀ 証明する式に近づけるために $\vec{p}-\vec{c}$ をつくる。

〔別解〕

接線 l 上の点を $P(\vec{p})$ とすると

(ア) $\overrightarrow{AP} = \vec{0}$ のとき　　$\overrightarrow{CP} = \overrightarrow{CA}$

よって

$$(\vec{a}-\vec{c})\cdot(\vec{p}-\vec{c}) = \overrightarrow{CA}\cdot\overrightarrow{CP}$$
$$= \overrightarrow{CA}\cdot\overrightarrow{CA} = |\overrightarrow{CA}|^2 = r^2$$

◀ $|\overrightarrow{CA}| = CA = r$

(イ) $\overrightarrow{AP} \neq \vec{0}$ のとき，$\angle CAP = 90°$ より

$$(\vec{a}-\vec{c})\cdot(\vec{p}-\vec{c})$$
$$= \overrightarrow{CA}\cdot\overrightarrow{CP}$$
$$= |\overrightarrow{CA}|\,|\overrightarrow{CP}|\cos\angle ACP$$
$$= |\overrightarrow{CA}|\,|\overrightarrow{CA}| = r^2$$

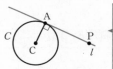

したがって，接線 l のベクトル方程式は

$$(\vec{a}-\vec{c})\cdot(\vec{p}-\vec{c}) = r^2$$

◀ $\triangle ACP$ は直角三角形であるから
　　$CP\cos\angle ACP = CA$

練習 **36** 中心 $C(\vec{c})$，半径 r の円 C 上の点 $A(\vec{a})$ における円の接線 l のベクトル方程式は $(\vec{a}-\vec{c})\cdot(\vec{p}-\vec{c})=r^2$ である。このことを用いて，円 $(x-a)^2+(y-b)^2=r^2$ 上の点 $(x_1,\ y_1)$ における接線の方程式が $(x_1-a)(x-a)+(y_1-b)(y-b)=r^2$ であることを示せ。

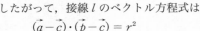

例題 **37** ベクトルと軌跡 ★★★☆

平面上に ∠A = 90° である △ABC がある。この平面上の点 P が
$$\overrightarrow{AP} \cdot \overrightarrow{BP} + \overrightarrow{BP} \cdot \overrightarrow{CP} + \overrightarrow{CP} \cdot \overrightarrow{AP} = 0 \cdots ①$$
を満たすとき, 点 P はどのような図形をえがくか。

思考のプロセス

基準を定める

① は始点がそろっていない。

⟹ 基準を A とし, ① の各ベクトルの始点を A にそろえ,
　　図形が分かる $P(\vec{p})$ のベクトル方程式を導く。

例　直線: $\vec{p} = \vec{a} + t\vec{d}$ や $(\vec{p} - \vec{a}) \cdot \vec{n} = 0$ の形
　　円: $|\vec{p} - \vec{a}| = r$ や $(\vec{p} - \vec{a}) \cdot (\vec{p} - \vec{b}) = 0$ の形

Action» 点 P の軌跡は, $P(\vec{p})$ に関するベクトル方程式をつくれ

解 $\overrightarrow{AB} = \vec{b}$, $\overrightarrow{AC} = \vec{c}$, $\overrightarrow{AP} = \vec{p}$ とおくと,

　　∠A = 90° より　　$\vec{b} \cdot \vec{c} = 0$ ◀ 始点を A にそろえる。

　　このとき, ① は

$$\vec{p} \cdot (\vec{p} - \vec{b}) + (\vec{p} - \vec{b}) \cdot (\vec{p} - \vec{c}) + (\vec{p} - \vec{c}) \cdot \vec{p} = 0$$

$$3|\vec{p}|^2 - 2\vec{b} \cdot \vec{p} - 2\vec{c} \cdot \vec{p} = 0$$ ◀ $\vec{b} \cdot \vec{c} = 0$

$$|\vec{p}|^2 - \frac{2}{3}(\vec{b} + \vec{c}) \cdot \vec{p} = 0$$ ◀ 2次式の平方完成のように考える。

$$\left| \vec{p} - \frac{1}{3}(\vec{b} + \vec{c}) \right|^2 - \frac{1}{9}|\vec{b} + \vec{c}|^2 = 0$$

よって　　$$\left| \vec{p} - \frac{\vec{b} + \vec{c}}{3} \right|^2 = \left| \frac{\vec{b} + \vec{c}}{3} \right|^2 \quad \cdots ②$$

例題 20　ここで, $\dfrac{\vec{b} + \vec{c}}{3}$ で表される点は △ABC の重心 G であるか

ら, ② は　　$|\overrightarrow{GP}| = |\overrightarrow{AG}|$

したがって, 点 P は **△ABC の重心 G を中心とし, AG の長さを半径とする円**をえがく。

〔別解〕 (6 行目までは同様)

$$\vec{p} \cdot \left\{ \vec{p} - \frac{2}{3}(\vec{b} + \vec{c}) \right\} = 0$$ より, $\overrightarrow{AE} = \dfrac{2}{3}(\vec{b} + \vec{c})$ とおくと,

点 P は AE を直径とする円である。 ◀ $\overrightarrow{AP} \cdot \overrightarrow{EP} = 0$

このとき, 中心の位置ベクトルは $\dfrac{\vec{b} + \vec{c}}{3}$ であり, これは

△ABC の重心 G である。 (以降同様)

◀ 重心 G は, 線分 BC の中点を M とし, 線分 AM を 2:1 に内分する点である。

練習 **37** 平面上に △ABC がある。この平面上の点 P が $\overrightarrow{AP} \cdot \overrightarrow{CP} = \overrightarrow{AB} \cdot \overrightarrow{AP}$ を満たすとき, 点 P はどのような図形をえがくか。

➡ p.85 問題37

Go Ahead 2　　終点の存在範囲

一直線上にない 3 点 O, A, B と点 P に対して $\overrightarrow{OA} = \vec{a}$, $\overrightarrow{OB} = \vec{b}$, $\overrightarrow{OP} = \vec{p}$ とおくとき $\vec{p} = s\vec{a} + t\vec{b}$ で定められる点 P の存在範囲について, 次の (1)〜(3) が成り立ちます。

(1)　$\vec{p} = s\vec{a} + t\vec{b}$, $s + t = 1$, $s \geqq 0$, $t \geqq 0 \Longleftrightarrow$ 点 P は線分 AB 上を動く

(2)　$\vec{p} = s\vec{a} + t\vec{b}$, $s + t \leqq 1$, $s \geqq 0$, $t \geqq 0$
$\Longleftrightarrow$ 点 P は △OAB の内部および周上を動く

(3)　$\vec{p} = s\vec{a} + t\vec{b}$, $0 \leqq s \leqq 1$, $0 \leqq t \leqq 1$
$\Longleftrightarrow$ 点 P は平行四辺形 OACB の内部および周上を動く
ただし　　$\overrightarrow{OC} = \overrightarrow{OA} + \overrightarrow{OB}$

(1)〜(3) について, s と t の条件に着目して, 考えてみましょう。

(1)　$s + t = 1$ を満たすとき

$s = 1 - t$ であるから　　$\vec{p} = (1 - t)\vec{a} + t\vec{b}$

これより　　$\vec{p} - \vec{a} = t(\vec{b} - \vec{a})$ より　　$\overrightarrow{AP} = t\overrightarrow{AB}$

すなわち, t の値を変化させると, 点 P は直線 AB 上を動く。これは逆も成り立つ。

特に, $s \geqq 0$, $t \geqq 0$ とすると, $0 \leqq t \leqq 1$ であるから, 点 P は線分 AB 上を動く。

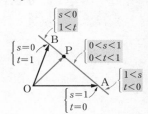

(2)　$s + t \leqq 1$, $s \geqq 0$, $t \geqq 0$ を満たすとき

$0 \leqq s + t \leqq 1$ であるから, $s + t = k$ とおくと, $0 \leqq k \leqq 1$ である。

$k \neq 0$ のとき $\vec{p} = \dfrac{s}{k}(k\vec{a}) + \dfrac{t}{k}(k\vec{b})$, $\dfrac{s}{k} + \dfrac{t}{k} = 1$, $\dfrac{s}{k} \geqq 0$,

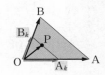

$\dfrac{t}{k} \geqq 0$ であるから, $k\vec{a} = \overrightarrow{OA_k}$, $k\vec{b} = \overrightarrow{OB_k}$ とおくと, (1) より点 P は AB と平行な線分 $A_k B_k$ 上にある。

さらに, k の値を $0 < k \leqq 1$ の範囲で変化させると, 点 A_k は線分 OA 上 (O を除く) を, 点 B_k は線分 OB 上 (O を除く) を $A_k B_k \mathbin{/\mkern-5mu/} AB$ を保ちながら移動する。

また, $k = 0$ のときは, 点 P は点 O と一致する。

以上から, 点 P は △OAB の内部および周上を動く。これは逆も成り立つ。

(3)　$0 \leqq s \leqq 1$, $0 \leqq t \leqq 1$ を満たすとき

$s\vec{a} = \overrightarrow{OA_s}$, $t\vec{b} = \overrightarrow{OB_t}$ とおくと, $\vec{p} = \overrightarrow{OA_s} + \overrightarrow{OB_t}$ であるから, 四角形 $OA_s PB_t$ は平行四辺形である。

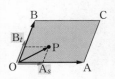

まず, s の値を固定して, t の値を変化させると, 点 P は点 A_s を通り $\vec{b}$ に平行な直線のうち $0 \leqq t \leqq 1$ の範囲の線分上にある。

次に, s の値を $0 \leqq s \leqq 1$ の範囲で変化させると, 点 A_s は線分 OA 上を移動する。

以上から, $\overrightarrow{OC} = \vec{a} + \vec{b}$ で定められる点 C を用いて, 点 P は平行四辺形 OACB の内部および周上を動く。これは逆も成り立つ。

例題 38 終点の存在範囲

一直線上にない 3 点 O, A, B があり, 実数 s, t が次の条件を満たすとき, $\overrightarrow{\mathrm{OP}} = s\overrightarrow{\mathrm{OA}} + t\overrightarrow{\mathrm{OB}}$ で定められる点 P の存在する範囲を図示せよ。

(1) $3s + 2t = 6$

(2) $s + 2t = 3$, $s \geqq 0$, $t \geqq 0$

(3) $s + \dfrac{1}{2}t \leqq 1$, $s \geqq 0$, $t \geqq 0$

(4) $\dfrac{1}{2} \leqq s \leqq 1$, $0 \leqq t \leqq 2$

思考のプロセス

△OAB と点 P に対して, $\overrightarrow{\mathrm{OP}} = \bigcirc\overrightarrow{\mathrm{OA}} + \triangle\overrightarrow{\mathrm{OB}}$ を満たすとき, 点 P の存在範囲は

(ア) $\bigcirc + \triangle = 1$ ⟶ 直線 AB

(イ) $\bigcirc + \triangle = 1$, $\bigcirc \geqq 0$, $\triangle \geqq 0$ ⟶ 線分 AB

(ウ) $\bigcirc + \triangle \leqq 1$, $\bigcirc \geqq 0$, $\triangle \geqq 0$ ⟶ △OAB の周および内部

(エ) $0 \leqq \bigcirc \leqq 1$, $0 \leqq \triangle \leqq 1$ ⟶ 平行四辺形 OACB の周および内部

既知の問題に帰着
$(\overrightarrow{\mathrm{OC}} = \overrightarrow{\mathrm{OA}} + \overrightarrow{\mathrm{OB}})$

(1) $3s + 2t = 6$ より $\overbrace{\dfrac{1}{2}s + \dfrac{1}{3}t = 1}^{右辺を 1 にする}$ ⟵ (ア) の形

$\overrightarrow{\mathrm{OP}} = s\overrightarrow{\mathrm{OA}} + t\overrightarrow{\mathrm{OB}} = \dfrac{1}{2}s(\boxed{}\overrightarrow{\mathrm{OA}}) + \dfrac{1}{3}t(\boxed{}\overrightarrow{\mathrm{OB}})$

係数の和が 1

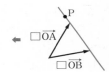

(2) も同様に, $s + 2t = 3$, $s \geqq 0$, $t \geqq 0$ ⟵ (イ) の形

1 にしたい

(3) $s + \dfrac{1}{2}t \leqq 1$, $s \geqq 0$, $t \geqq 0$ ⟵ (ウ) の形

1 であるから変形不要

Action》 $\overrightarrow{\mathrm{OP}} = s\overrightarrow{\mathrm{OA}} + t\overrightarrow{\mathrm{OB}}$, $s + t = 1$ ならば, 点 P は直線 AB 上にあることを使え

解 (1) $3s + 2t = 6$ より $\dfrac{1}{2}s + \dfrac{1}{3}t = 1$

ここで
$$\overrightarrow{\mathrm{OP}} = \dfrac{1}{2}s(2\overrightarrow{\mathrm{OA}}) + \dfrac{1}{3}t(3\overrightarrow{\mathrm{OB}})$$

よって, $\overrightarrow{\mathrm{OA_1}} = 2\overrightarrow{\mathrm{OA}}$, $\overrightarrow{\mathrm{OB_1}} = 3\overrightarrow{\mathrm{OB}}$ とおくと, 点 P の存在範囲は **右の図の直線 $\mathrm{A_1B_1}$** である。

両辺を 6 で割り, 右辺を 1 にする。

点 $\mathrm{A_1}$ は線分 OA を 2:1 に外分する点であり, 点 $\mathrm{B_1}$ は線分 OB を 3:2 に外分する点である。

(2) $s + 2t = 3$ より $\dfrac{1}{3}s + \dfrac{2}{3}t = 1$

ここで $\overrightarrow{\mathrm{OP}} = \dfrac{1}{3}s(3\overrightarrow{\mathrm{OA}}) + \dfrac{2}{3}t\left(\dfrac{3}{2}\overrightarrow{\mathrm{OB}}\right)$

よって, $\overrightarrow{\mathrm{OA_2}} = 3\overrightarrow{\mathrm{OA}}$,

$\overrightarrow{\mathrm{OB_2}} = \dfrac{3}{2}\overrightarrow{\mathrm{OB}}$ とおくと, $\dfrac{1}{3}s \geqq 0$,

$\dfrac{2}{3}t \geqq 0$ より, 点 P の存在範囲は **右の図の線分 $\mathrm{A_2B_2}$** である。

両辺を 3 で割り, 右辺を 1 にする。

$s \geqq 0$, $t \geqq 0$ より $\dfrac{1}{3}s \geqq 0$, $\dfrac{2}{3}t \geqq 0$

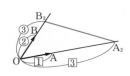

点 $\mathrm{A_2}$ は線分 OA を 3:2 に外分する点であり, 点 $\mathrm{B_2}$ は線分 OB を 3:1 に外分する点である。

$\dfrac{1}{3}s \geqq 0$, $\dfrac{2}{3}t \geqq 0$ であるから, 線分となる。

(3) $\overrightarrow{\mathrm{OP}} = s\overrightarrow{\mathrm{OA}} + \dfrac{1}{2}t(2\overrightarrow{\mathrm{OB}})$

よって，$\overrightarrow{\mathrm{OB_3}} = 2\overrightarrow{\mathrm{OB}}$ とおくと，$s \geqq 0$,

$\dfrac{1}{2}t \geqq 0$ より，点 P の存在範囲は **右の図**

の △OAB₃ の周および内部 である。

点 B₃ は 線分 OB を 2：1 に外分する点である。

(4) $\dfrac{1}{2} \leqq s \leqq 1$ である s に対して，$\overrightarrow{\mathrm{OA_s}} = s\overrightarrow{\mathrm{OA}}$ とすると

$\overrightarrow{\mathrm{OP}} = s\overrightarrow{\mathrm{OA}} + t\overrightarrow{\mathrm{OB}} = \overrightarrow{\mathrm{OA_s}} + t\overrightarrow{\mathrm{OB}} \ (0 \leqq t \leqq 2)$

よって，点 P の存在範囲は，点 A_s を通り $\overrightarrow{\mathrm{OB}}$ を方向ベクトルとする直線のうち，$0 \leqq t \leqq 2$ の範囲の線分である。

さらに，$\dfrac{1}{2} \leqq s \leqq 1$ の範囲で s の値を変化させると，

求める点 P の存在範囲は

$\overrightarrow{\mathrm{OA_4}} = \dfrac{1}{2}\overrightarrow{\mathrm{OA}}, \ \overrightarrow{\mathrm{OB_4}} = 2\overrightarrow{\mathrm{OB}}, \ \overrightarrow{\mathrm{OC}} = \overrightarrow{\mathrm{OA}} + \overrightarrow{\mathrm{OB_4}},$

$\overrightarrow{\mathrm{OD}} = \overrightarrow{\mathrm{OA_4}} + \overrightarrow{\mathrm{OB_4}}$

とおくと，**右の図の平行四辺形**

ACDA₄ の周および内部 である。

〔別解〕

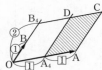

$\dfrac{1}{2} \leqq s \leqq 1$ より $\quad 0 \leqq 2s-1 \leqq 1$

また，$0 \leqq t \leqq 2$ より $\quad 0 \leqq \dfrac{1}{2}t \leqq 1$

ここで

$\overrightarrow{\mathrm{OP}} = (2s-1)\left(\dfrac{1}{2}\overrightarrow{\mathrm{OA}}\right) + \dfrac{1}{2}\overrightarrow{\mathrm{OA}} + \dfrac{1}{2}t(2\overrightarrow{\mathrm{OB}})$

$\qquad = \left\{ (2s-1)\left(\dfrac{1}{2}\overrightarrow{\mathrm{OA}}\right) + \dfrac{1}{2}t(2\overrightarrow{\mathrm{OB}}) \right\} + \dfrac{1}{2}\overrightarrow{\mathrm{OA}}$

よって，点 P の存在範囲は，

$\overrightarrow{\mathrm{OA_4}} = \dfrac{1}{2}\overrightarrow{\mathrm{OA}}, \ \overrightarrow{\mathrm{OB_4}} = 2\overrightarrow{\mathrm{OB}}, \ \overrightarrow{\mathrm{OD}} = \overrightarrow{\mathrm{OA_4}} + \overrightarrow{\mathrm{OB_4}}$ とおく

と，平行四辺形 OA₄DB₄ の周および内部を $\dfrac{1}{2}\overrightarrow{\mathrm{OA}}$ だ

け平行移動したものである。(図は省略)

まず，s を固定して考える。

$\overrightarrow{\mathrm{OP}} = \overrightarrow{\mathrm{OA_s}} + t\overrightarrow{\mathrm{OB}}$ のとき，点 P は点 A_s を通り $\overrightarrow{\mathrm{OB}}$ に平行な直線上にある。

◪ある s に対する点 P の存在範囲を調べたから，次に s を変化させて考える。

点 A₄ は線分 OA を 1：1 に内分する点（中点）であり，点 B₄ は線分 OB を 2：1 に外分する点である。

s, t に関する不等式をそれぞれ $0 \leqq \Box \leqq 1$ の形に変形する。

▁ が平行四辺形 OA₄DB₄ の周および内部を表し，それを $\dfrac{1}{2}\overrightarrow{\mathrm{OA}}$ だけ平行移動したものである。

練習 38 一直線上にない 3 点 O，A，B があり，実数 s，t が次の条件を満たすとき，

$\overrightarrow{\mathrm{OP}} = s\overrightarrow{\mathrm{OA}} + t\overrightarrow{\mathrm{OB}}$ で定められる点 P の存在する範囲を図示せよ。

(1) $2s + 5t = 10$ $\qquad$ (2) $3s + 2t = 2$, $s \geqq 0$, $t \geqq 0$

(3) $2s + 3t \leqq 1$, $s \geqq 0$, $t \geqq 0$ $\qquad$ (4) $2 \leqq s \leqq 3$, $3 \leqq t \leqq 4$

例題 38 では，$\overrightarrow{OP} = s\overrightarrow{OA} + t\overrightarrow{OB}$ および s, t に関する条件を満たす点 P の存在範囲について考えました。ここで，数学 II「図形と方程式」で学習した直交座標平面による図形の方程式や不等式の表す領域と比較してみましょう。

図 1　例題 38 (1)

$3s + 2t = 6$

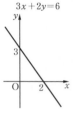

図 1′

$3x + 2y = 6$

図 2　例題 38 (3)

$s + \dfrac{1}{2}t \leqq 1,\ s \geqq 0,\ t \geqq 0$

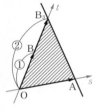

図 2′

$x + \dfrac{1}{2}y \leqq 1,\ x \geqq 0,\ y \geqq 0$

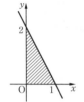

図 3　例題 38 (4)

$\dfrac{1}{2} \leqq s \leqq 1,\ 0 \leqq t \leqq 2$

図 3′

$\dfrac{1}{2} \leqq x \leqq 1,\ 0 \leqq y \leqq 2$

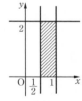

例えば，例題 38 において，実数 s, t が $1 \leqq |s| + |t| \leqq 3$ を満たすとき，斜交座標を用いて考えてみましょう。
s を x，t を y に置き換えた条件は $1 \leqq |x| + |y| \leqq 3$ であるから，この不等式の表す領域は図 4′（数学 II「図形と方程式」参照）。よって，点 P の存在範囲は図 4 のようになります。

例題 38（図 1，図 2，図 3）において，s を x，t を y に置き換えた条件を，直交座標で表すと，図 1′，図 2′，図 3′ のようになります。

よく似ていますね。

逆に図 1，図 2，図 3 において，$\overrightarrow{OA}$，$\overrightarrow{OB}$ と同じ向きに s 軸，t 軸をとってみましょう。このとき，座標 $(1, 0)$，$(0, 1)$ をそれぞれ $\overrightarrow{OA}$ の終点，$\overrightarrow{OB}$ の終点の位置とします。すると，図 1，図 2，図 3 は，この座標平面上の s, t に関する方程式，不等式の表す直線や領域になっています。

両軸が斜めになったような感じですね。

このような座標平面を **斜交座標** といいます。この考え方を用いると，終点 P の存在範囲を図示する問題も，まるで「図形と方程式」で扱った，直線や領域のようにかくことができるのです。

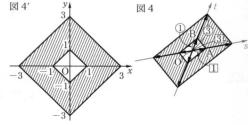

図 4′

図 4

> (1)　点 A$(1,\ 2)$ を通り，法線ベクトルの１つが $\vec{n}=(3,\ -1)$ である直線の方程式を求めよ。
>
> (2)　２直線 $x+y-1=0$ …①，$x-(2+\sqrt{3})y+3=0$ …② のなす角 θ を求めよ。ただし，$0°<\theta\leqq 90°$ とする。

思考のプロセス

(1)　未知のものを文字でおく

　　直線上の点 P を $(x,\ y)$ とおく。$\Longrightarrow$ $\overrightarrow{AP}\cdot\vec{n}=0$ を利用できる。

(2)　見方を変える

　　タンジェントを用いて考える（LEGEND 数学Ⅱ＋B 例題 153 参照）こともできるが，法線ベクトルを利用することもできる。

　　２直線のなす角 θ $\Longrightarrow$ ２つの法線ベクトルのなす角 α
　　　　　　　　　　　　　　　　　↳ 内積の利用

❗　$\theta=\alpha$ のときと $\theta=180°-\alpha$ の場合があり，$0°<\theta\leqq 90°$ となるようにする。

Action» ２直線のなす角は，２つの法線ベクトルのなす角を調べよ

解 (1)　求める直線上の点を P$(x,\ y)$

　　とすると　　$\overrightarrow{AP}=(x-1,\ y-2)$

　　$\overrightarrow{AP}\perp\vec{n}$ または $\overrightarrow{AP}=\vec{0}$ より

　　$\overrightarrow{AP}\cdot\vec{n}=0$ であるから

　　　　$3(x-1)-(y-2)=0$

　　よって，求める直線の方程式は

　　　　$\boldsymbol{3x-y-1=0}$

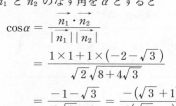

▶ 点 $(x_1,\ y_1)$ を通り，$\vec{n}=(a,\ b)$ に垂直な直線の方程式は
$a(x-x_1)+b(y-y_1)=0$
直接この式に値を代入して求めてもよい。

(2)　直線①の法線ベクトルの１つは　$\vec{n_1}=(1,\ 1)$

　　直線②の法線ベクトルの１つは　$\vec{n_2}=(1,\ -2-\sqrt{3})$

　　$\vec{n_1}$ と $\vec{n_2}$ のなす角を α とすると

　　$\begin{aligned}
\cos\alpha &= \frac{\vec{n_1}\cdot\vec{n_2}}{|\vec{n_1}||\vec{n_2}|}\\
&= \frac{1\times 1+1\times(-2-\sqrt{3})}{\sqrt{2}\,\sqrt{8+4\sqrt{3}}}\\
&= \frac{-1-\sqrt{3}}{2\sqrt{3}+2}=\frac{-(\sqrt{3}+1)}{2(\sqrt{3}+1)}=-\frac{1}{2}
\end{aligned}$

　　$0°\leqq\alpha\leqq 180°$ より　　$\alpha=120°$

　　よって，２直線のなす角 θ は　　$\theta=\underline{180°-\alpha}=\boldsymbol{60°}$

▶ 直線 $ax+by+c=0$ の法線ベクトルの１つは $\vec{n}=(a,\ b)$

▶ $\vec{n_1}\cdot\vec{n_2}=|\vec{n_1}||\vec{n_2}|\cos\alpha$

▶ $\sqrt{8+4\sqrt{3}}=\sqrt{8+2\sqrt{12}}$
　$=\sqrt{6}+\sqrt{2}$

◀ ❗ $0°<\theta\leqq 90°$

練習 **39**　(1)　点 A$(2,\ 1)$ を通り，法線ベクトルの１つが $\vec{n}=(1,\ -3)$ である直線の方程式を求めよ。

　　　　(2)　２直線 $x-y+1=0$ …①，$x+(2-\sqrt{3})y-3=0$ …② のなす角 θ を求めよ。ただし，$0°<\theta\leqq 90°$ とする。

探究 例題 4　ベクトルを用いた点と直線の距離の求め方

問題：点 $A(x_1, y_1)$ と直線 $l : ax + by + c = 0$ の距離をベクトルを用いて求めよ。

太郎：点 A から下ろした垂線を AH として，AH の距離を求めたいから，点 H の座標が分かればいいね。

花子：点 H の座標を求める必要はあるかな？ l の法線ベクトルの 1 つは $\vec{n} = \boxed{\text{ア}}$ で，$\overrightarrow{AH} \,/\!/\, \vec{n}$ より，$\overrightarrow{AH} = k\vec{n}$ とおけるよ。k の値が分かればいいよね。

$\boxed{\text{ア}}$ に当てはまる式を答えよ。また，花子さんの考えをもとに，$\boxed{問題}$ を解け。

思考のプロセス

図で考える　点 H はどのような点か？

$\overrightarrow{AH} = k\vec{n}$ であるから $\overrightarrow{OH} = \overrightarrow{OA} + \overrightarrow{AH} = (\boxed{}, \boxed{})$

⟹ 点 H は l 上にあるから $a\boxed{} + b\boxed{} + c = 0$

Action» 直線 $ax + by + c = 0$ の法線ベクトルは，$\vec{n} = (a, b)$ を利用せよ

解　l の法線ベクトルの 1 つは，$\vec{n} = (a, b)$　$(\boxed{\text{ア}})$

よって，k を実数として　$\overrightarrow{AH} = k\vec{n} = (ka, kb)$

原点を O とすると　$\overrightarrow{OH} = \overrightarrow{OA} + \overrightarrow{AH} = (x_1 + ka, y_1 + kb)$

点 H は直線 l 上にあるから

$a(x_1 + ka) + b(y_1 + kb) + c = 0$

ゆえに　$k = \dfrac{-(ax_1 + by_1 + c)}{a^2 + b^2}$

$|\vec{n}| = \sqrt{a^2 + b^2}$ であるから

$$|\overrightarrow{AH}| = |k\vec{n}| = |k||\vec{n}| = \frac{|ax_1 + by_1 + c|}{\sqrt{a^2 + b^2}}$$

（右側注釈）
$\vec{n} = (a, b)$ は直線 $ax + by + c = 0$ の法線ベクトルである。

$H(x_1 + ka, y_1 + kb)$

l の方程式に代入する。

距離は 0 以上の値であり，k に絶対値を付ける。

なるほど。点 H の座標を求めなくてもいいのですね。

そうです。大切なのは H の座標ではなく，k の値です。k を a, b, c と x_1, y_1 で表すことができればいいですね。

また，次のように内積を用いる求め方もあります。

$H(x, y)$ とすると，直線 l 上の点より　$ax + by + c = 0$

$\overrightarrow{AH} = (x - x_1, y - y_1), \vec{n} = (a, b)$

$\overrightarrow{AH} \cdot \vec{n} = a(x - x_1) + b(y - y_1) = -(ax_1 + by_1 + c)$　◀ $ax + by = -c$

$\overrightarrow{AH} \,/\!/\, \vec{n}$ より　$|\overrightarrow{AH} \cdot \vec{n}| = |\overrightarrow{AH}||\vec{n}|$

よって　$|\overrightarrow{AH}| = \dfrac{|\overrightarrow{AH} \cdot \vec{n}|}{|\vec{n}|} = \dfrac{|ax_1 + by_1 + c|}{\sqrt{a^2 + b^2}}$

チャレンジ〈3〉　点 $A(-2, 3)$ と直線 $l : 2x - 3y - 5 = 0$ との距離を，ベクトルを利用して求めよ。

（⇒ 解答編 p.49）

20
★☆☆☆ 四角形 ABCD において，辺 AD の中点を P，辺 BC の中点を Q とするとき，$\overrightarrow{PQ}$ を $\overrightarrow{AB}$ と $\overrightarrow{DC}$ を用いて表せ。

21
★★☆☆ 四角形 ABCD において，△ABC，△ACD，△ABD，△BCD の重心をそれぞれ G_1，G_2，G_3，G_4 とする。G_1G_2 の中点と G_3G_4 の中点が一致するとき，四角形 ABCD はどのような四角形か。

22
★★☆☆ 3 点 A，B，C の位置ベクトルを $\vec{a}$，$\vec{b}$，$\vec{c}$ とし，2 つのベクトル $\vec{x}$，$\vec{y}$ を用いて，$\vec{a} = 3\vec{x} + 2\vec{y}$，$\vec{b} = \vec{x} - 3\vec{y}$，$\vec{c} = m\vec{x} + (m+2)\vec{y}$（$m$ は実数）と表すことができるとする。このとき，3 点 A，B，C が一直線上にあるような実数 m の値を求めよ。ただし，$\vec{x} \neq \vec{0}$，$\vec{y} \neq \vec{0}$ で，$\vec{x}$ と $\vec{y}$ は平行でない。

23
★★☆☆ △ABC において，辺 AB を $2:1$ に内分する点を P とし，辺 AC の中点を Q とする。また，線分 BQ と線分 CP の交点を R とする。
(1) $\overrightarrow{AR}$ を $\overrightarrow{AB}$，$\overrightarrow{AC}$ を用いて表せ。
(2) △RAB：△RBC：△RCA を求めよ。

24
★★☆☆ 平行四辺形 ABCD において，辺 BC を $1:2$ に内分する点を E，辺 AD を $1:3$ に内分する点を F とする。また，線分 BD と EF の交点を P，直線 AP と直線 CD の交点を Q とする。さらに，$\overrightarrow{AB} = \vec{b}$，$\overrightarrow{AD} = \vec{d}$ とおく。
(1) $\overrightarrow{AP}$ を $\vec{b}$，$\vec{d}$ を用いて表せ。　　(2) $\overrightarrow{AQ}$ を $\vec{b}$，$\vec{d}$ を用いて表せ。

25
★★☆☆ △ABC において，等式 $3\overrightarrow{PA} + m\overrightarrow{PB} + 2\overrightarrow{PC} = \vec{0}$ を満たす点 P に対して，△PBC：△PAC：△PAB $= 3:5:2$ であるとき，正の数 m を求めよ。

26
★★☆☆ 3 点 A$(1，-2)$，B$(5，-2)$，C$(4，2)$ を頂点とする △ABC の ∠CAB の二等分線と BC の交点を D とするとき，$\overrightarrow{AD}$ を求めよ。

27
★★★☆ OA $= 5$，OB $= 3$ の △OAB がある。∠AOB の二等分線と辺 AB の交点を C，辺 AB の中点を M，ベクトル $\overrightarrow{OA} = \vec{a}$，$\overrightarrow{OB} = \vec{b}$ とするとき
(1) $\overrightarrow{OM}$，$\overrightarrow{OC}$ を $\vec{a}$，$\vec{b}$ を用いて表せ。
(2) 直線 OM 上に点 P を，直線 AP と直線 OC が直交するようにとるとき，$\overrightarrow{OP}$ を $\vec{a}$，$\vec{b}$ を用いて表せ。

28
★★★★ AB $= 3$，AC $= 4$，∠A $= 60°$ である △ABC の外心を O とする。$\overrightarrow{AB} = \vec{b}$，$\overrightarrow{AC} = \vec{c}$ とおく。
(1) △ABC の外接円の半径を求めよ。
(2) $\overrightarrow{AO}$ を $\vec{b}$，$\vec{c}$ を用いて表せ。
(3) 直線 BO と辺 AC の交点を P とするとき，AP：PC を求めよ。　　　　（北里大）

29
★★★☆
直角三角形でない △ABC とその内部の点 H について，
$\overrightarrow{\text{HA}} \cdot \overrightarrow{\text{HB}} = \overrightarrow{\text{HB}} \cdot \overrightarrow{\text{HC}} = \overrightarrow{\text{HC}} \cdot \overrightarrow{\text{HA}}$ が成り立つとき，H は △ABC の垂心であることを示せ。

30
★★☆☆
直角三角形でない △ABC の外心を O，重心を G，$\overrightarrow{\text{OH}} = \overrightarrow{\text{OA}} + \overrightarrow{\text{OB}} + \overrightarrow{\text{OC}}$ とする。ただし，O，G，H はすべて異なる点であるとする。
(1) 点 H は △ABC の垂心であることを示せ。
(2) 3 点 O，G，H は一直線上にあり，OG：GH ＝ 1：2 であることを示せ。

31
★★★☆
鋭角三角形 ABC の重心を G とする。また，$\overrightarrow{\text{GA}} = \vec{a}$，$\overrightarrow{\text{GB}} = \vec{b}$，$\overrightarrow{\text{GC}} = \vec{c}$ とおくとき，$2\vec{a} \cdot \vec{b} + \vec{b} \cdot \vec{c} + \vec{c} \cdot \vec{a} = -9$，$\vec{a} \cdot \vec{b} - \vec{b} \cdot \vec{c} + 2\vec{c} \cdot \vec{a} = -3$ を満たしているものとする。
(1) ベクトル $\vec{a}$，$\vec{b}$ の大きさ $|\vec{a}|$，$|\vec{b}|$ を求めよ。
(2) $\vec{a} \cdot \vec{b} = -2$ のとき，△ABC の 3 辺 AB，BC，CA の長さを求めよ。

(岩手大　改)

32
★★★☆
四角形 ABCD に対して，次の ①，② が成り立つとする。
$$\overrightarrow{\text{AB}} \cdot \overrightarrow{\text{BC}} = \overrightarrow{\text{CD}} \cdot \overrightarrow{\text{DA}} \cdots ① \qquad \overrightarrow{\text{DA}} \cdot \overrightarrow{\text{AB}} = \overrightarrow{\text{BC}} \cdot \overrightarrow{\text{CD}} \cdots ②$$
このとき，四角形 ABCD は向かい合う辺の長さが等しくなる（すなわち平行四辺形になる）ことを示せ。

(鹿児島大)

33
★★☆☆
平面上の異なる 3 点 O，A($\vec{a}$)，B($\vec{b}$) において，次の直線を表すベクトル方程式を求めよ。ただし，3 点 O，A，B は一直線上にないものとする。
(1) 線分 OA の中点と線分 AB を 3：2 に内分する点を通る直線
(2) 点 A を中心とし，半径が AB である円について円上の点 B における接線

34
★☆☆☆
点 A(x_1，y_1) を通り，$\vec{d} = (1,\ m)$ に平行な直線 l について
(1) 直線 l の方程式を媒介変数 t を用いて表せ。
(2) 直線 l の方程式が $y - y_1 = m(x - x_1)$ で表されることを確かめよ。

35
★★☆☆
平面上に異なる 2 つの定点 A，B と，中心 O，半径 r の定円上を動く点 P がある。$\overrightarrow{\text{OQ}} = 3\overrightarrow{\text{PA}} + 2\overrightarrow{\text{PB}}$ によって点 Q を定めるとき
(1) 線分 AB を 2：3 に内分する点を C とするとき，$\overrightarrow{\text{OC}}$ を $\overrightarrow{\text{OA}}$ と $\overrightarrow{\text{OB}}$ を用いて表せ。
(2) 点 Q はどのような図形をえがくか。

(鳴門教育大)

36 座標平面上に 4 点 A($\vec{a}$), B($\vec{b}$), C($\vec{c}$), D($\vec{d}$) があり, $|\vec{a}| = 2$, $|\vec{b}| = 1$,
★★☆☆ $|\vec{a} - \vec{b}| = \sqrt{3}$, $\vec{d} = 4\vec{b}$ を満たす。点 C を中心とする円 C があり, 円 C は実数
k に対してベクトル方程式 $(\vec{p} - k\vec{a} - \vec{b}) \cdot (\vec{p} + 3\vec{b}) = 0$ で表される。また, 点 D
を通り $\vec{a}$ に平行な直線を l とする。

(1) $\vec{c}$ を $\vec{a}$, $\vec{b}$, k で表せ。

(2) 点 C から直線 l に垂線 CH を下ろす。H の位置ベクトル $\vec{h}$ を $\vec{a}$, $\vec{b}$, k で表せ。

(3) 直線 l が円 C に接するとき, k の値を求めよ。 (京都府立大 改)

37 平面上の異なる 3 点 O, A, B は一直線上にないものとする。
★★★☆ この平面上の点 P が $2|\overrightarrow{OP}|^2 - \overrightarrow{OA} \cdot \overrightarrow{OP} + 2\overrightarrow{OB} \cdot \overrightarrow{OP} - \overrightarrow{OA} \cdot \overrightarrow{OB} = 0$ を満たすと
き, P の軌跡が円となることを示し, この円の中心を C とするとき, $\overrightarrow{OC}$ を $\overrightarrow{OA}$
と $\overrightarrow{OB}$ で表せ。

38 平面上の 2 つのベクトル $\vec{a}$, $\vec{b}$ が $|\vec{a}| = 3$, $|\vec{b}| = 4$, $\vec{a} \cdot \vec{b} = 8$ を満たし,
★★☆☆ $\vec{p} = s\vec{a} + t\vec{b}$ (s, t は実数), A($\vec{a}$), B($\vec{b}$), P($\vec{p}$) とする。s, t が次の条件を満
たすとき, 点 P がえがく図形の面積を求めよ。

(1) $s + t \leqq 1$, $s \geqq 0$, $t \geqq 0$ (2) $0 \leqq s \leqq 2$, $1 \leqq t \leqq 2$

39 点 A(1, 2) を通り, 直線 $x - y + 1 = 0$ となす角が $60°$ である直線の方程式を
★★☆☆ 求めよ。

本質を問う3

▶▶解答編 p.63

1 3 点 A($\vec{a}$), B($\vec{b}$), P($\vec{p}$) がある。ただし, 2 点 A, B は異なる。

(1) 3 点 A, B, P が一直線上にあるならば, $\overrightarrow{AP} = k\overrightarrow{AB}$ となる実数 k が存在す
ることを証明せよ。

(2) 点 P が線分 AB 上にあるとき, k の値の範囲を求めよ。 ◀p.50 ②

2 (1) 位置ベクトルとはどのようなベクトルのことか述べよ。

(2) 2 つの点が一致することをベクトルを用いて証明する方法を説明せよ。

◀p.49 ①, p.54 **Play Back 3**

3 一直線上にない 3 点 O, A, B と点 P に対して
「$\overrightarrow{OP} = s\overrightarrow{OA} + t\overrightarrow{OB}$, $s + t \leqq 1$, $s \geqq 0$, $t \geqq 0$

ならば 点 P は △OAB の内部および周上を動く」
が成り立つことを説明せよ。

◀p.77 **Go Ahead 2**

① △ABC があり，AB = 3，BC = 4，∠ABC = 60° である。線分 AC を 2 : 1 に内分した点を E とし，A から線分 BC に垂線 AH を下ろすとする。また，線分 BE と線分 AH の交点を P とする。$\overrightarrow{BC} = \vec{a}$，$\overrightarrow{BA} = \vec{b}$ とおく。

  (1) △ABC の面積を求めよ。

  (2) $\overrightarrow{BE}$ を $\vec{a}$ と $\vec{b}$ を用いて表せ。

  (3) $\overrightarrow{HA}$ を $\vec{a}$ と $\vec{b}$ を用いて表せ。

  (4) $\overrightarrow{BP}$ を $\vec{a}$ と $\vec{b}$ を用いて表せ。

  (5) △BPC の面積を求めよ。   (北里大 改) ◀例題23

② 一直線上にない 3 点 O，A，B があり，$\overrightarrow{OA} = \vec{a}$，$\overrightarrow{OB} = \vec{b}$ とする。

  (1) OA を 2 : 1 に内分する点を Q，OB を 1 : 3 に内分する点を R，AR と BQ の交点を S とするとき，$\overrightarrow{OS}$ を $\vec{a}$，$\vec{b}$ で表せ。

  (2) 点 C を $\overrightarrow{OC} = 10\overrightarrow{OS}$ となるようにとる。このとき，四角形 OACB は台形になることを示せ。   (県立広島大)

◀例題23

③ △ABC の内部に点 P を，$2\overrightarrow{PA} + \overrightarrow{PB} + 2\overrightarrow{PC} = \vec{0}$ を満たすようにとる。直線 AP と辺 BC の交点を D とし，△PAB，△PBC，△PCA の重心をそれぞれ E，F，G とする。

  (1) $\overrightarrow{PD}$ を $\overrightarrow{PB}$ および $\overrightarrow{PC}$ を用いて表せ。

  (2) ある実数 k に対して $\overrightarrow{EF} = k\overrightarrow{AC}$ と書けることを示せ。

  (3) △EFG と △PDC の面積の比を求めよ。   (秋田大)

◀例題25

④ 座標平面上に点 P と Q があり，原点 O に対して $\overrightarrow{OQ} = 2\overrightarrow{OP}$ という関係が成り立っている。点 P が，点 (1, 1) を中心とする半径 1 の円 C 上を動くとき

  (1) 点 Q のえがく図形 D を図示せよ。

  (2) C と D の交点の x 座標をすべて求めよ。   (東京女子大) ◀例題35

⑤ 平面上に △OAB があり，OA = 5，OB = 6，AB = 7 を満たしている。s, t を実数とし，点 P を $\overrightarrow{OP} = s\overrightarrow{OA} + t\overrightarrow{OB}$ によって定めるとき

  (1) △OAB の面積を求めよ。

  (2) s, t が，$s \geqq 0$，$t \geqq 0$，$1 \leqq s + t \leqq 2$ を満たすとき，点 P が存在しうる部分の面積を求めよ。   (横浜国立大 改)

◀例題38

まとめ 4 | 空間におけるベクトル

1 空間における座標

(1) 座標空間

座標空間は，原点 O で互いに直交する 3 本の **座標軸**（x **軸**，y **軸**，z **軸**）によって定められる。x 軸と y 軸で定められる平面，y 軸と z 軸で定められる平面，z 軸と x 軸で定められる平面をそれぞれ **xy 平面**，**yz 平面**，**zx 平面** といい，それらをまとめて **座標平面** という。

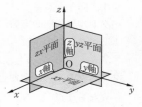

(2) 2 点間の距離

2 点 A$(x_1,\ y_1,\ z_1)$，B$(x_2,\ y_2,\ z_2)$ 間の距離は
$$\mathrm{AB} = \sqrt{(x_2 - x_1)^2 + (y_2 - y_1)^2 + (z_2 - z_1)^2}$$
特に，原点 O と点 P$(x,\ y,\ z)$ の距離は
$$\mathrm{OP} = \sqrt{x^2 + y^2 + z^2}$$

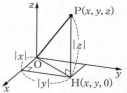

(3) 座標平面に平行な平面

x 軸との交点が $(a,\ 0,\ 0)$ で，yz 平面に平行な平面の方程式は　　$x = a$

y 軸との交点が $(0,\ b,\ 0)$ で，zx 平面に平行な平面の方程式は　　$y = b$

z 軸との交点が $(0,\ 0,\ c)$ で，xy 平面に平行な平面の方程式は　　$z = c$

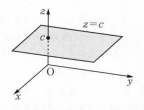

概要

1 空間における座標

・座標

空間における任意の点 P に対して，P を通り，各座標平面に平行な平面が，x 軸，y 軸，z 軸と交わる点を考える。それぞれの座標が a，b，c であるとき，点 P の **座標** を P$(a,\ b,\ c)$ と表し，a，b，c をそれぞれ点 P の **x 座標**，**y 座標**，**z 座標** という。座標が $(0,\ 0,\ 0)$ である点 O を **原点** という。

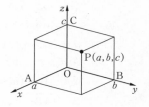

・空間における 2 点間の距離

2 点 A$(a_1,\ a_2,\ a_3)$，B$(b_1,\ b_2,\ b_3)$ 間の距離は，右の図のように，座標平面に平行で，点 A，B を通る平面でつくられた直方体における対角線 AB の長さである。

$\mathrm{AC} = |b_1 - a_1|$，$\mathrm{CD} = |b_2 - a_2|$，$\mathrm{BD} = |b_3 - a_3|$ より

$$\begin{aligned}
\mathrm{AB}^2 &= \mathrm{AD}^2 + \mathrm{BD}^2 = (\mathrm{AC}^2 + \mathrm{CD}^2) + \mathrm{BD}^2 \\
&= \mathrm{AC}^2 + \mathrm{CD}^2 + \mathrm{BD}^2 \\
&= (b_1 - a_1)^2 + (b_2 - a_2)^2 + (b_3 - a_3)^2
\end{aligned}$$

$\mathrm{AB} > 0$ より

$$\mathrm{AB} = \sqrt{(b_1 - a_1)^2 + (b_2 - a_2)^2 + (b_3 - a_3)^2}$$

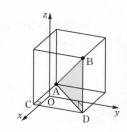

② 空間におけるベクトル

平面上で考えたのと同様に，空間における有向線分について，その位置を問題にせず，向きと長さだけに着目したものを **空間のベクトル** という。

ベクトルの加法や実数倍の定義や法則などは，平面の場合と同様である。

(1) ベクトルの平行

$\vec{a} \neq \vec{0}$, $\vec{b} \neq \vec{0}$ のとき　　$\vec{a} \,/\!/\, \vec{b}$ $\iff$ $\vec{b} = k\vec{a}$ **となる実数 k が存在する**

(2) ベクトルの1次独立

異なる4点 O, A, B, C が同一平面上にないとき，ベクトル $\vec{a} = \overrightarrow{OA}$，$\vec{b} = \overrightarrow{OB}$, $\vec{c} = \overrightarrow{OC}$ は **1次独立** であるという。

このとき，空間の任意のベクトル $\vec{p}$ は $\vec{p} = l\vec{a} + m\vec{b} + n\vec{c}$ の形にただ1通りに表される。ただし，l, m, n は実数である。

(3) 座標とベクトルの成分

O を原点とする座標空間に，$\vec{a} = \overrightarrow{OA}$ となる点 A をとると，その座標が (a_1, a_2, a_3) であるとき，$\vec{a} = (a_1, a_2, a_3)$ と表す。これを，$\vec{a}$ の **成分表示** といい，a_1 を **x 成分**，a_2 を **y 成分**，a_3 を **z 成分** という。

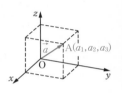

(4) 成分とベクトルの相等

2つのベクトル $\vec{a} = (a_1, a_2, a_3)$, $\vec{b} = (b_1, b_2, b_3)$ に対して

$$\vec{a} = \vec{b} \iff a_1 = b_1,\ a_2 = b_2,\ a_3 = b_3$$

(5) ベクトルの成分による演算

(ア) $(a_1, a_2, a_3) + (b_1, b_2, b_3) = (a_1 + b_1,\ a_2 + b_2,\ a_3 + b_3)$

(イ) $(a_1, a_2, a_3) - (b_1, b_2, b_3) = (a_1 - b_1,\ a_2 - b_2,\ a_3 - b_3)$

(ウ) $k(a_1, a_2, a_3) = (ka_1,\ ka_2,\ ka_3)$ （k は実数）

(6) ベクトルの成分と大きさ

(ア) $\vec{a} = (a_1, a_2, a_3)$ のとき　　$|\vec{a}| = \sqrt{a_1{}^2 + a_2{}^2 + a_3{}^2}$

(イ) A(a_1, a_2, a_3), B(b_1, b_2, b_3) のとき

$$\overrightarrow{AB} = (b_1 - a_1,\ b_2 - a_2,\ b_3 - a_3)$$
$$|\overrightarrow{AB}| = \sqrt{(b_1 - a_1)^2 + (b_2 - a_2)^2 + (b_3 - a_3)^2}$$

③ 空間のベクトルの内積

(1) ベクトルの内積

空間の $\vec{0}$ でない2つのベクトル $\vec{a}$ と $\vec{b}$ のなす角を θ $(0° \leqq \theta \leqq 180°)$ とするとき

$$\vec{a} \cdot \vec{b} = |\vec{a}||\vec{b}|\cos\theta \quad (\vec{a} = \vec{0} \text{ または } \vec{b} = \vec{0} \text{ のときは } \vec{a} \cdot \vec{b} = 0 \text{ と定める})$$

(2) 空間のベクトルの成分と内積

$\vec{a} = (a_1, a_2, a_3)$, $\vec{b} = (b_1, b_2, b_3)$ のとき

(ア) $\vec{a} \cdot \vec{b} = a_1 b_1 + a_2 b_2 + a_3 b_3$

(イ) $\vec{a} \neq \vec{0}$, $\vec{b} \neq \vec{0}$ のとき，$\vec{a}$ と $\vec{b}$ のなす角を θ $(0° \leqq \theta \leqq 180°)$ とすると

$$\cos\theta = \frac{\vec{a}\cdot\vec{b}}{|\vec{a}||\vec{b}|} = \frac{a_1b_1+a_2b_2+a_3b_3}{\sqrt{a_1{}^2+a_2{}^2+a_3{}^2}\sqrt{b_1{}^2+b_2{}^2+b_3{}^2}}$$

また $\vec{a} \perp \vec{b} \iff \vec{a}\cdot\vec{b} = a_1b_1+a_2b_2+a_3b_3 = 0$

概要

② 空間におけるベクトル

・空間におけるベクトルの1次独立

$\vec{a} = \overrightarrow{OA}$, $\vec{b} = \overrightarrow{OB}$, $\vec{c} = \overrightarrow{OC}$, $\vec{p} = \overrightarrow{OP}$ とし，3点 O, A, B を含む平面を α とする。次に，点 P を通り，$\vec{c}$ と平行な直線と平面 α の交点を P′ とすると，$\overrightarrow{P'P} = \vec{0}$ または $\overrightarrow{P'P} \parallel \vec{c}$ であるから $\overrightarrow{P'P} = n\vec{c}$ （n は実数） $\cdots$ ①

また，点 P′ は平面 α 上にあり，$\vec{a} \neq \vec{0}$, $\vec{b} \neq \vec{0}$, $\vec{a}$ と $\vec{b}$ は平行でないから $\overrightarrow{OP'} = l\vec{a}+m\vec{b}$ （l, m は実数） $\cdots$ ②

①，② から $\vec{p} = \overrightarrow{OP'}+\overrightarrow{P'P} = l\vec{a}+m\vec{b}+n\vec{c}$

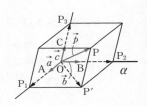

・空間ベクトルの成分に関する性質

空間ベクトルにおいて成り立つ成分に関する性質は，平面上のベクトルにおいて成り立つ成分に関する性質に z 成分を追加したものになっている。

・基本ベクトル

x 軸，y 軸，z 軸の正の向きと同じ向きの単位ベクトルを **基本ベクトル** といい，それぞれ $\vec{e_1}$, $\vec{e_2}$, $\vec{e_3}$ で表す。O を原点とする座標空間に，$\vec{a} = \overrightarrow{OA}$ となる点 A をとったとき，その座標が $(a_1,\ a_2,\ a_3)$ であるとすると

$\vec{a} = a_1\vec{e_1}+a_2\vec{e_2}+a_3\vec{e_3}$

と表すことができる。これを **基本ベクトル表示** という。なお，基本ベクトルを成分表示すると

$\vec{e_1} = (1,\ 0,\ 0)$, $\vec{e_2} = (0,\ 1,\ 0)$, $\vec{e_3} = (0,\ 0,\ 1)$

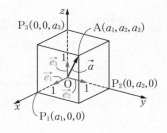

③ 空間ベクトルの内積

・内積の基本性質

空間におけるベクトルの内積は，$\vec{0}$ でない2つのベクトル $\vec{a}$, $\vec{b}$ のなす角を平面の場合と同じように定めると，平面の場合と同じ式で定義される。また，内積の性質も同様に成り立つ。

(ア) $\vec{a}\cdot\vec{b} = \vec{b}\cdot\vec{a}$ (イ) $\vec{a}\cdot(\vec{b}+\vec{c}) = \vec{a}\cdot\vec{b}+\vec{a}\cdot\vec{c}$, $(\vec{a}+\vec{b})\cdot\vec{c} = \vec{a}\cdot\vec{c}+\vec{b}\cdot\vec{c}$

(ウ) $(k\vec{a})\cdot\vec{b} = k(\vec{a}\cdot\vec{b}) = \vec{a}\cdot(k\vec{b})$ （k は実数）

(エ) $\vec{a}\cdot\vec{a} = |\vec{a}|^2$, $|\vec{a}| = \sqrt{\vec{a}\cdot\vec{a}}$, $|\vec{a}\cdot\vec{b}| \leqq |\vec{a}||\vec{b}|$

例えば，(イ) の1つ目の式については

$\vec{a} = (a_1,\ a_2,\ a_3)$, $\vec{b} = (b_1,\ b_2,\ b_3)$, $\vec{c} = (c_1,\ c_2,\ c_3)$ のとき

$\vec{a}\cdot(\vec{b}+\vec{c}) = a_1(b_1+c_1)+a_2(b_2+c_2)+a_3(b_3+c_3)$

$= (a_1b_1+a_2b_2+a_3b_3)+(a_1c_1+a_2c_2+a_3c_3) = \vec{a}\cdot\vec{b}+\vec{a}\cdot\vec{c}$

[_information_] 「空間の $\vec{0}$ でない2つのベクトル $\vec{a} = (a_1,\ a_2,\ a_3)$, $\vec{b} = (b_1,\ b_2,\ b_3)$ のなす角を $\theta(0° \leqq \theta \leqq 180°)$ とするとき，$|\vec{a}||\vec{b}|\cos\theta = a_1b_1+a_2b_2+a_3b_3$ が成り立つことを示せ。」という問題が，富山大学（2017年後期）の入試で出題されている。

位置ベクトル

(1) **位置ベクトル**

平面のときと同様に，空間においても定点 O をとると，点 P の位置は $\overrightarrow{OP} = \vec{p}$ によって定まる。このとき，$\vec{p}$ を点 O を基準とする点 P の **位置ベクトル** といい，$P(\vec{p})$ と表す。2 点 $A(\vec{a})$，$B(\vec{b})$ に対して $\qquad \overrightarrow{AB} = \vec{b} - \vec{a}$

(2) **分点の位置ベクトル**

2 点 $A(\vec{a})$，$B(\vec{b})$ について，線分 AB を $m:n$ に内分する点を $P(\vec{p})$，$m:n$ に外分する点を $Q(\vec{q})$ とすると $\qquad \vec{p} = \dfrac{n\vec{a} + m\vec{b}}{m+n}, \qquad \vec{q} = \dfrac{-n\vec{a} + m\vec{b}}{m-n}$

(3) **一直線上にあるための条件**

2 点 A，B が異なるとき

   3 点 A，B，C が一直線上にある

$\qquad \Longleftrightarrow \quad \overrightarrow{AC} = k\overrightarrow{AB}$ **となる実数 k が存在する**

(4) **同一平面上にあるための条件**

一直線上にない 3 点 A，B，C が定める平面を α とする。このとき

   点 P が平面 α 上にある

$\qquad \Longleftrightarrow \quad \overrightarrow{AP} = k\overrightarrow{AB} + l\overrightarrow{AC}$ **となる実数 k, l が存在する**

5 **空間図形へのベクトルの応用**

(1) **空間の直線の方程式**

点 $A(\vec{a})$ を通り，$\vec{u}$（$\neq \vec{0}$）に平行な直線 l のベクトル方程式は $\qquad \vec{p} = \vec{a} + t\vec{u}$ （t は媒介変数）

$\vec{u}$ を直線 l の **方向ベクトル** という。

(2) **球の方程式**

(ア) 点 $C(\vec{c})$ を中心とし，半径 r の球のベクトル方程式は $\qquad |\vec{p} - \vec{c}| = r$

(イ) 点 $C(a,~b,~c)$ を中心とする半径 r の球の方程式は $\qquad (x-a)^2 + (y-b)^2 + (z-c)^2 = r^2$

特に，原点 O を中心とする半径 r の球の方程式は $\qquad x^2 + y^2 + z^2 = r^2$

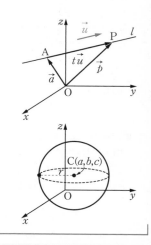

概要

4 **位置ベクトル**

・**分点，重心の位置ベクトル**

空間においても 1 点 O を固定すると，平面のときと同様に位置ベクトルを定めることができる。空間における 3 点は 1 つの平面上にあることから，内分点や外分点，三角形の重心の位置ベクトルも平面上のベクトルと同様に考えることができ，同じ式で表される。

· **共面**

空間において，異なる4つ以上の点が同じ平面上にあるとき，これらの点は **共面** であるという。このことから，4点が同一平面上にある条件を **共面条件** という。

· **4点が同一平面上にある条件の別形**

4点 A，B，C，D が同一平面上にある

$\iff \overrightarrow{AD} = k\overrightarrow{AB} + l\overrightarrow{AC}$ …① となる実数 k, l が存在する

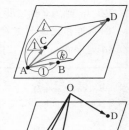

ここで，$A(\vec{a})$，$B(\vec{b})$，$C(\vec{c})$，$D(\vec{d})$ とすると，① は

$$\vec{d} - \vec{a} = k(\vec{b} - \vec{a}) + l(\vec{c} - \vec{a})$$

よって　$\vec{d} = (1 - k - l)\vec{a} + k\vec{b} + l\vec{c}$

ここで，$1 - k - l = s$, $k = t$, $l = u$ とおくと

$$\vec{d} = s\vec{a} + t\vec{b} + u\vec{c} \quad かつ \quad s + t + u = 1$$

したがって

4点 $A(\vec{a})$，$B(\vec{b})$，$C(\vec{c})$，$D(\vec{d})$ が同一平面上にある

$\iff \vec{d} = s\vec{a} + t\vec{b} + u\vec{c}$ $(s + t + u = 1)$ となる実数 s, t, u

　が存在する

> *information*　四面体 OABC の平面 ABC 上の点を P として，$s + t + u = 1$ を満たす実数 s, t, u を用いて $\overrightarrow{OP} = s\vec{a} + t\vec{b} + u\vec{c}$ と表されることについて問う問題が，高知大学（2019年），関西大学（2019年）の入試で出題されている。p.108 **Play Back** 8 参照。

5 **空間図形へのベクトルの応用**

· 平面の場合と同様に，空間においても図形上の点 P の位置ベクトル $\vec{p}$ の満たす関係式を，その曲線のベクトル方程式という。以下の<u>直線，球のベクトル方程式は，それぞれ平面における直線，円のベクトル方程式と同様の考え方</u>であり，成分が関わるときには z 成分を追加したものになっている。

· **直線のベクトル方程式**

定点 $A(\vec{a})$ を通り，$\vec{u}$ に平行な直線 l 上の点を $P(\vec{p})$ とすると

$$\overrightarrow{AP} \,/\!/\, \vec{u} \quad または \quad \overrightarrow{AP} = \vec{0}$$

よって，$\overrightarrow{AP} = t\vec{u}$ となる実数 t が存在する。

ゆえに　$\vec{p} - \vec{a} = t\vec{u}$

したがって，直線 l のベクトル方程式は　$\vec{p} = \vec{a} + t\vec{u}$ …①

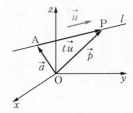

· **空間における直線の媒介変数表示**

$A(x_1,\ y_1,\ z_1)$，$P(x,\ y,\ z)$，$\vec{u} = (a,\ b,\ c)$ とおくと，$\vec{a} = (x_1,\ y_1,\ z_1)$, $\vec{p} = (x,\ y,\ z)$ であるから，① に代入すると

$$(x,\ y,\ z) = (x_1,\ y_1,\ z_1) + t(a,\ b,\ c) = (x_1 + at,\ y_1 + bt,\ z_1 + ct)$$

よって
$$\begin{cases} x = x_1 + at \\ y = y_1 + bt \\ z = z_1 + ct \end{cases}$$
$abc \neq 0$ のとき
$\dfrac{x - x_1}{a} = \dfrac{y - y_1}{b} = \dfrac{z - z_1}{c}$

· **球のベクトル方程式と球の方程式**

中心が $C(\vec{c})$，半径が r の球上の点を $P(\vec{p})$ とすると

$$|\overrightarrow{CP}| = r \quad すなわち \quad |\vec{p} - \vec{c}| = r$$

$C(a,\ b,\ c)$，$P(x,\ y,\ z)$ とおくと，

$\vec{p} - \vec{c} = (x - a,\ y - b,\ z - c)$ であるから

$$(x - a)^2 + (y - b)^2 + (z - c)^2 = r^2$$

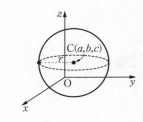

点 A(2, 3, 4) に対して，次の点の座標を求めよ。

(1) yz 平面，zx 平面に関してそれぞれ対称な点 B，C

(2) x 軸，y 軸に関してそれぞれ対称な点 D，E

(3) 原点に関して対称な点 F

(4) 平面 $x = 1$ に関して対称な点 G

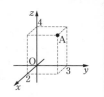

思考のプロセス

対応を考える

(1) xy 平面に関して対称

x，y 座標の符号は変わらない。

(2) y 軸に関して対称

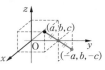

y 座標の符号は変わらない。

(3) 原点に関して対称

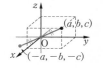

Action» 座標軸，座標平面に関しての対称点は，各座標の符号に注意せよ

解 (1) 点 A から yz 平面，zx 平面にそれぞれ垂線 AP，AQ を下ろすとすると，P(0, 3, 4)，Q(2, 0, 4) であるから

B(−2, 3, 4)，C(2, −3, 4)

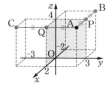

(2) 点 A から x 軸，y 軸にそれぞれ垂線 AR，AS を下ろすとすると，R(2, 0, 0)，S(0, 3, 0) であるから

D(2, −3, −4)，E(−2, 3, −4)

(3) AO = FO であるから **F(−2, −3, −4)**

(4) 点 A から平面 $x = 1$ に垂線 AT を下ろすとすると，T(1, 3, 4) であるから

G(0, 3, 4)

◀ yz 平面 $\Longleftrightarrow$ 平面 $x = 0$
◀ yz 平面に関して対称な点
⇒ x 座標の符号が変わる。
zx 平面に関して対称な点
⇒ y 座標の符号が変わる。
◀ x 軸に関して対称な点
⇒ y, z 座標の符号が変わる。
y 軸に関して対称な点
⇒ x, z 座標の符号が変わる。
◀ 原点に関して対称な点
⇒ x, y, z 座標すべての符号が変わる。

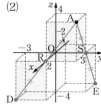

練習 **40** 次の平面，直線，点に関して，点 A(4, −2, 3) と対称な点の座標を求めよ。

(1) xy 平面 　(2) yz 平面 　(3) x 軸

(4) z 軸 　(5) 原点 　(6) 平面 $z = 1$

➡ p.138 問題40

例題 41　空間における２点間の距離

★☆☆☆

> 3 点 O(0, 0, 0)，A(2, −2, 2)，B(6, 4, −2) に対して，次の座標を求めよ。
>
> (1)　xy 平面上にあり，3 点 O，A，B から等距離にある点 D
>
> (2)　点 A に関して，点 B と対称な点 C

思考のプロセス

数学 II「図形と方程式」で学習した考え方を空間にも応用して考える。

未知のものを文字でおく

(1)　点 D は xy 平面上の点 $\Longrightarrow$ D(x, y, z) とおける
　　　　　　　　　　　　　　　　　　　　　いずれかが 0

　　点 D は 3 点 O，A，B から等距離 $\Longrightarrow$ OD = AD = BD

《**Re**Action　距離に関する条件は，距離の２乗を利用せよ　◀ⅡB 例題 76

(2)　点 C は点 A に関して点 B と対称 $\Longrightarrow$ 点 ☐ は，線分 ☐ の中点

解

(1)　点 D は xy 平面上にあるから，D(x, y, 0) とおく。
　　D は 3 点 O，A，B から等距離にあるから

ⅡB
76
　　OD = AD = BD より　　OD^2 = AD^2 = BD^2

　　OD^2 = AD^2 より
　　　　$x^2 + y^2 = (x-2)^2 + (y+2)^2 + (-2)^2$
　　よって　　$x - y = 3$　　　…①

　　OD^2 = BD^2 より
　　　　$x^2 + y^2 = (x-6)^2 + (y-4)^2 + 2^2$
　　よって　　$3x + 2y = 14$　　…②

　　①，② より　　$x = 4$，$y = 1$
　　したがって　　**D(4, 1, 0)**

▶ xy 平面上の点であるから，z 座標は 0 である。

◀ OD^2 = AD^2 = BD^2
　$\Longleftrightarrow \begin{cases} OD^2 = AD^2 \\ OD^2 = BD^2 \end{cases}$

◀ ①×2+② より
　$5x = 20$
　よって　$x = 4$

例題
20
(2)　C(x, y, z) とおく。点 A は線分 BC の中点であるから

　　$\dfrac{6+x}{2} = 2$，$\dfrac{4+y}{2} = -2$，$\dfrac{-2+z}{2} = 2$

　　よって　　$x = -2$，$y = -8$，$z = 6$
　　したがって　　**C(−2, −8, 6)**

Point...空間における２点間の距離と中点の座標

空間において A(a_1, a_2, a_3)，B(b_1, b_2, b_3) のとき

(1)　$\overrightarrow{AB} = (b_1 - a_1, b_2 - a_2, b_3 - a_3)$ であるから

　　$$AB = |\overrightarrow{AB}| = \sqrt{(b_1 - a_1)^2 + (b_2 - a_2)^2 + (b_3 - a_3)^2}$$

(2)　線分 AB の中点の座標は　　$\left(\dfrac{a_1 + b_1}{2}, \dfrac{a_2 + b_2}{2}, \dfrac{a_3 + b_3}{2} \right)$

練習 41　(1)　yz 平面上にあって，3 点 O(0, 0, 0)，A(1, −1, 1)，B(1, 2, 1) から等距離にある点 P の座標を求めよ。

　　　　(2)　4 点 O(0, 0, 0)，C(0, 2, 0)，D(−1, 1, 2)，E(0, 1, 3) から等距離にある点 Q の座標を求めよ。

（関西学院大）

頻出
★☆☆☆

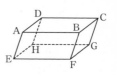

平行六面体 ABCD−EFGH において,
$\overrightarrow{AB} = \vec{a}$, $\overrightarrow{AD} = \vec{b}$, $\overrightarrow{AE} = \vec{c}$ とする。

(1) $\overrightarrow{FH}$, $\overrightarrow{AG}$, $\overrightarrow{FD}$ を, それぞれ $\vec{a}$, $\vec{b}$, $\vec{c}$ で表せ。

(2) $\overrightarrow{AG} + \overrightarrow{CE} = \overrightarrow{DF} + \overrightarrow{BH}$ が成り立つことを証明せよ。

思考のプロセス

既知の問題に帰着

(1) 例題 4 の内容を空間に**拡張**した問題である。

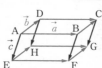

① 図の中にある $\vec{a}$, $\vec{b}$, $\vec{c}$ に等しいベクトルを探す。

② それらやその逆ベクトルをつないで, 求めるベクトルを表す。

《Re:Action ベクトルの分解は, 平行な辺を探して $\overrightarrow{AB} = \overrightarrow{AC} + \overrightarrow{CB}$ を使え ◀例題4

(2) 平面ベクトル … $\vec{0}$ でなく平行でない　　　　2つのベクトルで ⎱ すべてのベクトルを
空間ベクトル … $\vec{0}$ でなく同一平面上にない3つのベクトルで ⎰ 表すことができる。
　　　　　　　　　　　1次独立

(左辺) $= \overrightarrow{AG} + \overrightarrow{CE} = (\vec{a}, \vec{b}, \vec{c}$ の式$)$ ⎤ 一致することを示す。
(右辺) $= \overrightarrow{DF} + \overrightarrow{BH} = (\vec{a}, \vec{b}, \vec{c}$ の式$)$ ⎦

解 (1) $\overrightarrow{FH} = \overrightarrow{FG} + \overrightarrow{GH}$
例題4

$= \overrightarrow{AD} + (-\overrightarrow{AB})$

$= -\vec{a} + \vec{b}$

$\overrightarrow{AG} = \overrightarrow{AB} + \overrightarrow{BC} + \overrightarrow{CG}$

$= \overrightarrow{AB} + \overrightarrow{AD} + \overrightarrow{AE}$

$= \vec{a} + \vec{b} + \vec{c}$

$\overrightarrow{FD} = \overrightarrow{FE} + \overrightarrow{EH} + \overrightarrow{HD}$

$= (-\overrightarrow{AB}) + \overrightarrow{AD} + (-\overrightarrow{AE})$

$= -\vec{a} + \vec{b} - \vec{c}$

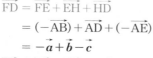

◀ 3組の向かい合う面が平行である六面体を **平行六面体** という。

◀ $\overrightarrow{GH} = \overrightarrow{BA} = -\overrightarrow{AB}$

◀ $\overrightarrow{FE} = \overrightarrow{BA} = -\overrightarrow{AB}$
$\overrightarrow{HD} = \overrightarrow{EA} = -\overrightarrow{AE}$

例題4 (2) $\overrightarrow{CE} = \overrightarrow{CD} + \overrightarrow{DA} + \overrightarrow{AE}$

$= -\vec{a} - \vec{b} + \vec{c}$

よって, (1) より

$\overrightarrow{AG} + \overrightarrow{CE} = (\vec{a} + \vec{b} + \vec{c}) + (-\vec{a} - \vec{b} + \vec{c}) = 2\vec{c}$

また $\overrightarrow{BH} = \overrightarrow{BA} + \overrightarrow{AD} + \overrightarrow{DH} = -\vec{a} + \vec{b} + \vec{c}$

よって, (1) より

$\overrightarrow{DF} + \overrightarrow{BH} = -(-\vec{a} + \vec{b} - \vec{c}) + (-\vec{a} + \vec{b} + \vec{c}) = 2\vec{c}$

したがって $\overrightarrow{AG} + \overrightarrow{CE} = \overrightarrow{DF} + \overrightarrow{BH}$

◀ $\overrightarrow{CE}$ を $\vec{a}$, $\vec{b}$, $\vec{c}$ で表して, $\overrightarrow{AG} + \overrightarrow{CE}$ を考える。

◀ $\overrightarrow{BH}$ を $\vec{a}$, $\vec{b}$, $\vec{c}$ で表して, $\overrightarrow{DF} + \overrightarrow{BH}$ を考える。

◀ $\overrightarrow{DF} = -\overrightarrow{FD}$

練習42 平行六面体 ABCD—EFGH において, $\overrightarrow{AB} = \vec{a}$, $\overrightarrow{AD} = \vec{b}$, $\overrightarrow{AE} = \vec{c}$ とする。
このとき, 次のベクトルを $\vec{a}$, $\vec{b}$, $\vec{c}$ で表せ。

(1) $\overrightarrow{CF}$　　　　　(2) $\overrightarrow{HB}$　　　　　(3) $\overrightarrow{EC} + \overrightarrow{AG}$

➡ p.138 問題42

$\vec{a} = (2,\ 1,\ -3),\ \vec{b} = (3,\ -2,\ 2),\ \vec{c} = (-1,\ -3,\ 2)$ のとき

(1) $|3\vec{a} - 3\vec{b} + 5\vec{c}|$ を求めよ。

(2) $\vec{p} = (2,\ 5,\ 2)$ を $k\vec{a} + l\vec{b} + m\vec{c}$ ($k,\ l,\ m$ は実数) の形に表せ。

思考のプロセス

(2) 例題7(2)の内容を空間に**拡張**した問題である。

対応を考える

$\vec{a} = (a_1,\ a_2,\ a_3),\ \vec{b} = (b_1,\ b_2,\ b_3)$ のとき　　$\vec{a} = \vec{b} \iff \begin{cases} a_1 = b_1 \\ a_2 = b_2 \\ a_3 = b_3 \end{cases}$

Action» 2つのベクトルが等しいときは，$x,\ y,\ z$ 成分がそれぞれ等しいとせよ

解 (1) $3\vec{a} - 3\vec{b} + 5\vec{c}$

$= 3(2,\ 1,\ -3) - 3(3,\ -2,\ 2) + 5(-1,\ -3,\ 2)$

$= (-8,\ -6,\ -5)$

よって　　$|3\vec{a} - 3\vec{b} + 5\vec{c}| = \sqrt{(-8)^2 + (-6)^2 + (-5)^2}$

$= \sqrt{125} = 5\sqrt{5}$

例題7 (2) $k\vec{a} + l\vec{b} + m\vec{c}$　　　　　　　　　　　　　　　◀ $\vec{p}$ の成分を2通りに表す。

$= k(2,\ 1,\ -3) + l(3,\ -2,\ 2) + m(-1,\ -3,\ 2)$

$= (2k + 3l - m,\ k - 2l - 3m,\ -3k + 2l + 2m)$

これが $\vec{p} = (2,\ 5,\ 2)$ に等しいから

$\begin{cases} 2k + 3l - m = 2 & \cdots ① \\ k - 2l - 3m = 5 & \cdots ② \\ -3k + 2l + 2m = 2 & \cdots ③ \end{cases}$　　　　　◀ ベクトルの相等

① $-$ ②$\times 2$，②$\times 3 +$③ より　　　　　　◀ 文字を減らすことを考える。ここでは，①と②，②と③より，それぞれ k を消去した。

$\begin{cases} 7l + 5m = -8 & \cdots ④ \\ -4l - 7m = 17 & \cdots ⑤ \end{cases}$

④，⑤ を解くと　　$l = 1,\ m = -3$

これらを ② に代入すると　　$k = -2$

したがって　　$\vec{p} = -2\vec{a} + \vec{b} - 3\vec{c}$

Point...空間ベクトルの1次結合

空間において，$\vec{a},\ \vec{b},\ \vec{c}$ が1次独立 ($\vec{a},\ \vec{b},\ \vec{c}$ がすべて $\vec{0}$ ではなく，なおかつ同一平面上にない) であるとき，空間の任意のベクトル $\vec{p}$ は

$\vec{p} = k\vec{a} + l\vec{b} + m\vec{c}$ ($k,\ l,\ m$ は実数)

の形に，ただ1通りに表される。

練習43 $\vec{a} = (0,\ 1,\ 2),\ \vec{b} = (-1,\ 1,\ 3),\ \vec{c} = (3,\ -1,\ 2)$ のとき

(1) $|5\vec{a} - 2\vec{b} - 3\vec{c}|$ を求めよ。

(2) $\vec{p} = (-5,\ 5,\ 8)$ を $k\vec{a} + l\vec{b} + m\vec{c}$ ($k,\ l,\ m$ は実数) の形に表せ。

例題 44　空間のベクトルの大きさの最小値，平行条件　★★☆☆

空間に 3 つのベクトル $\vec{a} = (1,\ -5,\ 3)$, $\vec{b} = (1,\ 0,\ -1)$, $\vec{c} = (2,\ 2,\ 0)$ がある。実数 s, t に対して $\vec{p} = \vec{a} + s\vec{b} + t\vec{c}$ とおくとき

(1) $|\vec{p}|$ の最小値と，そのときの s, t の値を求めよ。

(2) $\vec{p}$ が $\vec{d} = (0,\ 1,\ -2)$ と平行となるとき，s, t の値を求めよ。

思考のプロセス

例題 10 の内容を空間に**拡張**した問題である。

既知の問題に帰着

(1) $|\vec{p}|$ は $\sqrt{\ }$ を含む式となる。

$|\vec{p}| = |\vec{a} + s\vec{b} + t\vec{c}|$ の最小値 $\Longrightarrow$ $|\vec{p}|^2 = |\vec{a} + s\vec{b} + t\vec{c}|^2$ の最小値から考える。

(2) 空間ベクトル … (成分は 1 つ増えるが) **平面ベクトルと同様の性質をもつ**

《ReAction $\vec{a} /\!/ \vec{b}$ のときは，$\vec{b} = k\vec{a}$（k は実数）とおけ　◀例題 10

解 (1) $\vec{p} = \vec{a} + s\vec{b} + t\vec{c}$

$\qquad = (1,\ -5,\ 3) + s(1,\ 0,\ -1) + t(2,\ 2,\ 0)$

$\qquad = (1 + s + 2t,\ -5 + 2t,\ 3 - s) \qquad \cdots ①$

よって

$|\vec{p}|^2 = (1 + s + 2t)^2 + (-5 + 2t)^2 + (3 - s)^2$

$\qquad = 2s^2 + 4(t - 1)s + 8t^2 - 16t + 35$

$\qquad = 2\{s + (t - 1)\}^2 + 6t^2 - 12t + 33$

$\qquad = 2(s + t - 1)^2 + 6(t - 1)^2 + 27$

ゆえに，$|\vec{p}|^2$ は $s + t - 1 = 0$ かつ $t - 1 = 0$ のとき，すなわち $s = 0$, $t = 1$ のとき，最小値 27 をとる。

このとき $|\vec{p}|$ も最小となるから，$|\vec{p}|$ は

$\qquad$ **$s = 0$, $t = 1$ のとき　最小値 $3\sqrt{3}$**

(2) $\vec{p} /\!/ \vec{d}$ のとき，k を実数として $\vec{p} = k\vec{d}$ と表される。

① より

$\qquad (1 + s + 2t,\ -5 + 2t,\ 3 - s) = (0,\ k,\ -2k)$

よって $\begin{cases} 1 + s + 2t = 0 \\ -5 + 2t = k \\ 3 - s = -2k \end{cases}$

これを連立して解くと

$\qquad$ **$k = -3$, $s = -3$, $t = 1$**

▶ $\vec{p}$ を成分で表し，$|\vec{p}|^2$ を s, t で表す。

◀ **ReAction** IA 例題 78
「2 変数関数の最大・最小は，1 変数のみに着目して考えよ」
まず s の 2 次式と考えて平方完成する。さらに，定数項 $6t^2 - 12t + 33$ を t について平方完成する。

◀ **!** $|\vec{p}| \geqq 0$ であるから，$|\vec{p}|^2$ が最小のとき，$|\vec{p}|$ も最小となる。

練習 44 空間に 3 点 A(2, 3, 5), B(0, −1, 1), C(1, 0, 2) がある。実数 s, t に対して $\overrightarrow{OP} = \overrightarrow{OA} + s\overrightarrow{OB} + t\overrightarrow{OC}$ とおくとき

(1) $|\overrightarrow{OP}|$ の最小値と，そのときの s, t の値を求めよ。

(2) $\overrightarrow{OP}$ が $\vec{d} = (1,\ 1,\ 2)$ と平行となるとき，s, t の値を求めよ。

➡ p.138　問題44

空間のベクトルの内積

★★☆☆

1辺の長さが a の立方体 ABCD－EFGH において，次の内積を求めよ。

(1) $\overrightarrow{AB} \cdot \overrightarrow{AC}$　　　　(2) $\overrightarrow{BD} \cdot \overrightarrow{BG}$

(3) $\overrightarrow{AH} \cdot \overrightarrow{EB}$　　　　(4) $\overrightarrow{EC} \cdot \overrightarrow{EG}$

思考のプロセス

図で考える

例題 11 の内容を空間に**拡張**した問題である。

〔内積の定義〕平面と同様

$$\vec{a} \cdot \vec{b} = |\vec{a}||\vec{b}|\cos\theta$$
└ $\vec{a}$ と $\vec{b}$ のなす角

≪ReAction 内積は，ベクトルの大きさと始点をそろえてなす角を調べよ ◀例題 11

(3) 始点がそろっていないことに注意。

解 (1) $|\overrightarrow{AB}| = a$, $|\overrightarrow{AC}| = \sqrt{2}\,a$,

$\angle BAC = 45°$ であるから

$\overrightarrow{AB} \cdot \overrightarrow{AC} = a \times \sqrt{2}\,a \times \cos 45°$
$= a^2$

◀△ABC は $\angle B = 90°$ の直角二等辺三角形

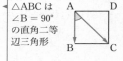

(2) $|\overrightarrow{BD}| = |\overrightarrow{BG}| = \sqrt{2}\,a$,

$\angle DBG = 60°$ であるから

$\overrightarrow{BD} \cdot \overrightarrow{BG} = \sqrt{2}\,a \times \sqrt{2}\,a \times \cos 60°$
$= a^2$

◀△BGD は正三角形

(3) $|\overrightarrow{AH}| = |\overrightarrow{EB}| = \sqrt{2}\,a$,

$\overrightarrow{AH}$ と $\overrightarrow{EB}$ のなす角は $120°$ であるから

$\overrightarrow{AH} \cdot \overrightarrow{EB} = \sqrt{2}\,a \times \sqrt{2}\,a \times \cos 120°$
$= -a^2$

◀$\overrightarrow{EB} = \overrightarrow{HC}$ であり，△AHC は正三角形より $\angle AHC = 60°$
よって，$\overrightarrow{AH}$ と $\overrightarrow{EB}$ のなす角は $120°$ である。

(4) $|\overrightarrow{EG}| = \sqrt{2}\,a$,

$|\overrightarrow{EC}| = \sqrt{EG^2 + GC^2} = \sqrt{3}\,a$

△CEG において

$\cos\angle CEG = \dfrac{\sqrt{2}\,a}{\sqrt{3}\,a} = \dfrac{\sqrt{6}}{3}$

よって　$\overrightarrow{EC} \cdot \overrightarrow{EG} = \sqrt{3}\,a \times \sqrt{2}\,a \times \cos\angle CEG = 2a^2$

◀△CEG で $\angle EGC = 90°$ より，三平方の定理を利用する。

◀△CEG は直角三角形であるから
$\cos\angle CEG = \dfrac{EG}{EC}$

練習 45 $AB = \sqrt{3}$, $AE = 1$, $AD = 1$ の直方体 ABCD－EFGH において，次の内積を求めよ。

(1) $\overrightarrow{AB} \cdot \overrightarrow{AF}$　　(2) $\overrightarrow{AD} \cdot \overrightarrow{HG}$　　(3) $\overrightarrow{ED} \cdot \overrightarrow{GF}$

(4) $\overrightarrow{EB} \cdot \overrightarrow{DG}$　　(5) $\overrightarrow{AC} \cdot \overrightarrow{AF}$

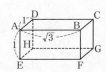

➡ p.138 問題45

Go Ahead 4 正射影ベクトル

探究例題 5 図から内積を求める

> 問題：右の図において，AB = 4 である。内積 $\overrightarrow{AB} \cdot \overrightarrow{AO}$ を求めよ。
>
>
>
> 太郎：$\overrightarrow{AB}$ と $\overrightarrow{AO}$ のなす角を θ として，$\overrightarrow{AB}$ と $\overrightarrow{AO}$ の内積は
> $\overrightarrow{AB} \cdot \overrightarrow{AO} = |\overrightarrow{AB}||\overrightarrow{AO}|\cos\theta$ だから，$|\overrightarrow{AB}|$，$|\overrightarrow{AO}|$ および
> $\cos\theta$ のそれぞれの値を求める必要があるね。
>
> 花子：$|\overrightarrow{AO}|\cos\theta$ を 1 つの値として求められないかな。
>
> 花子さんの考えをもとに 問題 を解け。

思考のプロセス

図で考える $\overrightarrow{AB} \cdot \overrightarrow{AO} = |\overrightarrow{AB}||\overrightarrow{AO}|\cos\theta$

$\underset{4}{}$ ？図で考えると $\Longrightarrow$ $|\overrightarrow{AO}|\cos\theta = \boxed{}$

Action» 内積は直角三角形を利用して考えよ

───────────

解 中心 O から AB に垂線 OH を下ろすと
AH = HB = 2，$0° < \angle OAB < 90°$ より
$$\overrightarrow{AB} \cdot \overrightarrow{AO} = |\overrightarrow{AB}||\overrightarrow{AO}|\cos\angle OAB$$
$$= |\overrightarrow{AB}||\overrightarrow{AH}| = 4 \times 2 = 8$$

$$\cos\angle OAB = \frac{|\overrightarrow{AH}|}{|\overrightarrow{AO}|}$$

───────────

この $\overrightarrow{AH}$ は $\overrightarrow{AO}$ の直線 AB への **正射影ベクトル** とよばれます。

> 内積を求めるからといって，必ずしも 2 つのベクトルの大きさとなす角をすべて求める必要はなく，正射影ベクトルの大きさが分かることで内積の計算ができるのですね。

> 右の図の $\overrightarrow{OA} = \vec{a}$，$\overrightarrow{OB} = \vec{b}$ に対して，$\vec{b}$ の直線 OA への **正射影**
> **ベクトル $\overrightarrow{OH}$ は** $\overrightarrow{OH} = \dfrac{\vec{a} \cdot \vec{b}}{|\vec{a}|^2}\vec{a}$
>
>

（証明） 点 B から直線 OA に垂線 BH を下ろすと，$0° < \angle BOA < 90°$ であるから，内積
の定義より $\vec{a} \cdot \vec{b} = |\vec{a}||\vec{b}|\cos\angle BOA = |\vec{a}||\overrightarrow{OH}|$

よって $|\overrightarrow{OH}| = \dfrac{\vec{a} \cdot \vec{b}}{|\vec{a}|}$

求める正射影ベクトルは $\overrightarrow{OH}$ であり

$$\overrightarrow{OH} = |\overrightarrow{OH}| \times \frac{\vec{a}}{|\vec{a}|} = \frac{\vec{a} \cdot \vec{b}}{|\vec{a}|} \times \frac{\vec{a}}{|\vec{a}|} = \frac{\vec{a} \cdot \vec{b}}{|\vec{a}|^2}\vec{a}$$ ← $\dfrac{\vec{a}}{|\vec{a}|}$ は $\vec{a}$ と同じ向きの単位ベクトル

この考え方は空間ベクトルにおいても用いることができます。

チャレンジ
〈4〉 例題 45 (4) を，正射影ベクトルを用いて解け。 (⇒ 解答編 p.73)

例題 **46**　空間のベクトルのなす角

> (1)　2つのベクトル $\vec{a} = (1, \ -1, \ 2)$, $\vec{b} = (-1, \ -2, \ 1)$ のなす角 θ
> $(0° \leqq \theta \leqq 180°)$ を求めよ。
>
> (2)　3点 A$(1, \ -2, \ 3)$, B$(-2, \ -1, \ 1)$, C$(2, \ 0, \ 6)$ について，△ABC
> の面積 S を求めよ。

思考のプロセス

例題 12 の内容を空間に**拡張**した問題である。

(2)　逆向きに考える

$\qquad$ cos∠BAC から求める ⟵ $\overrightarrow{AB} \cdot \overrightarrow{AC}$ から求める

$S = \dfrac{1}{2} \text{AB} \times \text{AC} \sin \angle \text{BAC}$

《®Action　2つのベクトルのなす角は，内積の定義を利用せよ　◀例題12

解
例題12

(1)　$\vec{a} \cdot \vec{b} = 1 \times (-1) + (-1) \times (-2) + 2 \times 1 = 3$

$\qquad |\vec{a}| = \sqrt{1^2 + (-1)^2 + 2^2} = \sqrt{6}$

$\qquad |\vec{b}| = \sqrt{(-1)^2 + (-2)^2 + 1^2} = \sqrt{6}$

$\qquad$ よって　$\cos\theta = \dfrac{\vec{a} \cdot \vec{b}}{|\vec{a}||\vec{b}|} = \dfrac{3}{\sqrt{6}\sqrt{6}} = \dfrac{1}{2}$

$\qquad 0° \leqq \theta \leqq 180°$ より　　$\boldsymbol{\theta = 60°}$

◀ $\vec{a} = (a_1, \ a_2, \ a_3)$,
$\vec{b} = (b_1, \ b_2, \ b_3)$ のとき
$\vec{a} \cdot \vec{b} = a_1 b_1 + a_2 b_2 + a_3 b_3$
$|\vec{a}| = \sqrt{a_1{}^2 + a_2{}^2 + a_3{}^2}$

ベクトルのなす角 θ は
$0° \leqq \theta \leqq 180°$ で答える。

(2)　$\overrightarrow{AB} = (-2-1, \ -1+2, \ 1-3) = (-3, \ 1, \ -2)$

$\qquad \overrightarrow{AC} = (2-1, \ 0+2, \ 6-3) = (1, \ 2, \ 3)$ より

$\qquad \overrightarrow{AB} \cdot \overrightarrow{AC} = (-3) \times 1 + 1 \times 2 + (-2) \times 3 = -7$

$\qquad |\overrightarrow{AB}| = \sqrt{(-3)^2 + 1^2 + (-2)^2} = \sqrt{14}$

$\qquad |\overrightarrow{AC}| = \sqrt{1^2 + 2^2 + 3^2} = \sqrt{14}$

$\qquad$ よって　$\cos \angle \text{BAC} = \dfrac{\overrightarrow{AB} \cdot \overrightarrow{AC}}{|\overrightarrow{AB}||\overrightarrow{AC}|} = \dfrac{-7}{\sqrt{14}\sqrt{14}} = -\dfrac{1}{2}$

$\qquad 0° \leqq \angle \text{BAC} \leqq 180°$ より　　$\angle \text{BAC} = 120°$

$\qquad$ したがって　$S = \dfrac{1}{2} \times \sqrt{14} \times \sqrt{14} \sin 120° = \underline{\dfrac{7\sqrt{3}}{2}}$

◀ ∠BAC は $\overrightarrow{AB}$ と $\overrightarrow{AC}$ の
なす角であるから，まず
$\overrightarrow{AB}$, $\overrightarrow{AC}$ を求める。

〔別解〕
Point の公式により
$S = \dfrac{1}{2}\sqrt{(\sqrt{14})^2(\sqrt{14})^2 - (-7)^2}$
$= \dfrac{1}{2}\sqrt{14^2 - 7^2}$
$= \dfrac{1}{2}\sqrt{7^2(2^2 - 1)}$
$= \dfrac{7\sqrt{3}}{2}$

Point...空間における三角形の面積公式

例題 17(1)で示したように　　$\triangle \text{ABC} = \dfrac{1}{2}\sqrt{|\overrightarrow{AB}|^2 |\overrightarrow{AC}|^2 - (\overrightarrow{AB} \cdot \overrightarrow{AC})^2}$

空間における 3 点は必ず同一平面上にあるから，この公式は空間の三角形でも成り立つ。

!　一方，例題 17(2)で導いた公式は，空間のときにそのまま利用することはできない。

練習46　〔1〕　次の2つのベクトルのなす角 θ $(0° \leqq \theta \leqq 180°)$ を求めよ。

$\qquad$ (1)　$\vec{a} = (-3, \ 1, \ 2)$, $\vec{b} = (2, \ -3, \ 1)$

$\qquad$ (2)　$\vec{a} = (1, \ -1, \ 2)$, $\vec{b} = (2, \ 0, \ -1)$

$\quad$〔2〕　3点 A$(2, \ 3, \ 1)$, B$(4, \ 5, \ 5)$, C$(4, \ 3, \ 3)$ について，△ABC の面積 S
を求めよ。

➡ p.138 問題46

例題 47　空間のベクトルの垂直条件

> 2つのベクトル $\vec{a} = (2, \ -1, \ 4)$, $\vec{b} = (1, \ 0, \ 1)$ の両方に垂直で，大きさが6のベクトルを求めよ。

思考のプロセス

例題 14 の内容を空間に**拡張**した問題である。

未知のものを文字でおく

$\vec{p} = (x, \ y, \ z)$ とおくと $\begin{cases} \vec{a} \perp \vec{p} \\ \vec{b} \perp \vec{p} \\ |\vec{p}| = 6 \end{cases}$ 連立して，x, y, z を求める。

垂直条件も，平面ベクトルと同様である。

《ReAction $\vec{a} \perp \vec{b}$ のときは，$\vec{a} \cdot \vec{b} = 0$ とせよ ◀例題 14

解

例題
14
求めるベクトルを $\vec{p} = (x, \ y, \ z)$ とおく。

$\vec{a} \perp \vec{p}$ より　　　$\vec{a} \cdot \vec{p} = 2x - y + 4z = 0$　　…①

$\vec{b} \perp \vec{p}$ より　　　$\vec{b} \cdot \vec{p} = x + z = 0$　　　　　…②

$|\vec{p}| = 6$ より　　　$|\vec{p}|^2 = x^2 + y^2 + z^2 = 36$　…③

② より　　　$z = -x$　　…④

これを ① に代入して整理すると　　　$y = -2x$　　…⑤

④，⑤ を ③ に代入すると
$$x^2 + (-2x)^2 + (-x)^2 = 36$$

$x^2 = 6$ より　　　$x = \pm\sqrt{6}$

④，⑤ より

　$x = \sqrt{6}$ のとき　　　$y = -2\sqrt{6}$, $z = -\sqrt{6}$

　$x = -\sqrt{6}$ のとき　　　$y = 2\sqrt{6}$, $z = \sqrt{6}$

したがって，求めるベクトルは
$$(\sqrt{6}, \ -2\sqrt{6}, \ -\sqrt{6}), \ (-\sqrt{6}, \ 2\sqrt{6}, \ \sqrt{6})$$

◀ $\vec{a} \neq \vec{0}$, $\vec{p} \neq \vec{0}$ のとき
　$\vec{a} \perp \vec{p} \Longleftrightarrow \vec{a} \cdot \vec{p} = 0$

◀ $|\vec{p}| = \sqrt{x^2 + y^2 + z^2}$

◀ x, y, z のいずれか1文字で残りの2文字を表す。ここでは，y と z をそれぞれ x の式で表した。

◀ 2つのベクトルは互いに逆ベクトルである。

Point...直線と平面の垂直

直線 l が平面 α 上のすべての直線と垂直であるとき，直線 l は平面 α に垂直であるといい，$l \perp \alpha$ と表す。

一般に，直線 l が平面 α 上の交わる2直線 m, n に垂直ならば，l は α と垂直である。LEGEND 数学 I＋A 例題 280 Point 参照。

例題 47 では，$\vec{a} = \overrightarrow{OA}$, $\vec{b} = \overrightarrow{OB}$ とすると，$\vec{p}$ は平面 OAB に垂直なベクトルである。

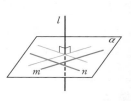

練習 47　2つのベクトル $\vec{a} = (1, \ 2, \ 4)$, $\vec{b} = (2, \ 1, \ -1)$ の両方に垂直で，大きさが $2\sqrt{7}$ のベクトルを求めよ。

➡ p.138 問題47

Go Ahead 5 与えられたベクトルに垂直なベクトル（ベクトルの外積）

例題 47 のように，与えられたベクトルに垂直なベクトルを求める問題をよく目にします。ここでは，この垂直なベクトルの簡単な求め方について学習しましょう。

まず，平面ベクトルについて次のことが成り立ちます。例題 14 **Point** 参照。

Point 1

$\vec{p} = (a, b)$ $(\vec{p} \neq \vec{0})$ に垂直なベクトルの1つは　　$\vec{n} = (b, -a)$

実際，$\vec{p} \cdot \vec{n} = ab + b(-a) = 0$ より，$\vec{p} \perp \vec{n}$ となります。

次に，空間におけるベクトルについて次のことが成り立ちます。

Point 2

平行でない2つのベクトル $\vec{a} = (a_1, a_2, a_3)$, $\vec{b} = (b_1, b_2, b_3)$ $(\vec{a} \neq \vec{0}, \vec{b} \neq \vec{0})$ の両方に垂直なベクトルの1つは

$$\vec{n} = (a_2b_3 - a_3b_2, \ a_3b_1 - a_1b_3, \ a_1b_2 - a_2b_1)$$

実際，内積 $\vec{a} \cdot \vec{n}$, $\vec{b} \cdot \vec{n}$ を計算すると
$$\vec{a} \cdot \vec{n} = a_1(a_2b_3 - a_3b_2) + a_2(a_3b_1 - a_1b_3) + a_3(a_1b_2 - a_2b_1)$$
$$= a_1a_2b_3 - a_1a_3b_2 + a_2a_3b_1 - a_1a_2b_3 + a_1a_3b_2 - a_2a_3b_1 = 0$$
$$\vec{b} \cdot \vec{n} = b_1(a_2b_3 - a_3b_2) + b_2(a_3b_1 - a_1b_3) + b_3(a_1b_2 - a_2b_1)$$
$$= a_2b_1b_3 - a_3b_1b_2 + a_3b_1b_2 - a_1b_2b_3 + a_1b_2b_3 - a_2b_1b_3 = 0$$
となり，$\vec{a} \perp \vec{n}$, $\vec{b} \perp \vec{n}$ であることが分かります。

例えば，$\vec{a} = (1, 2, 3)$, $\vec{b} = (4, 5, 6)$ の両方に垂直なベクトルの1つは
$$\vec{n} = (2 \cdot 6 - 3 \cdot 5, \ 3 \cdot 4 - 1 \cdot 6, \ 1 \cdot 5 - 2 \cdot 4) = (-3, 6, -3)$$
$\vec{n}$ を $\vec{a}$, $\vec{b}$ の **外積** といい，$\vec{n} = \vec{a} \times \vec{b}$ と書くこともあります。
$\vec{n}$ の各成分は，右のようにすると覚えやすいです。
なお，このことは解答で用いるのではなく，検算に利用するようにしましょう。

x成分 $\begin{pmatrix} a_1 & b_1 \\ a_2 & b_2 \\ a_3 & b_3 \end{pmatrix}$ y成分 $\begin{pmatrix} a_1 & b_1 \\ a_2 & b_2 \\ a_3 & b_3 \\ a_1 & b_1 \end{pmatrix}$ z成分 $\begin{pmatrix} a_1 & b_1 \\ a_2 & b_2 \\ a_3 & b_3 \end{pmatrix}$

$a_2b_3 - a_3b_2$ 　　 $a_3b_1 - a_1b_3$ 　　 $a_1b_2 - a_2b_1$

チャレンジ
《5》 Point 2 を用いて，例題 47 を解け。　　　　　　　　（⇨ 解答編 p.74）

例題 48　空間のベクトルと座標軸のなす角　★★☆☆

空間において，$\vec{0}$ でない任意の $\vec{p}$ に対して，$\vec{p}$ と x 軸，y 軸，z 軸の正の向きとのなす角をそれぞれ α，β，γ とするとき，$\cos^2\alpha + \cos^2\beta + \cos^2\gamma = 1$ であることを証明せよ。

《ReAction 2つのベクトルのなす角は，内積の定義を利用せよ ◀例題12

思考のプロセス

未知のものを文字でおく

任意のベクトル $\vec{p}$ $\Longrightarrow$ $\vec{p} = (a,\ b,\ c)$

基準を定める

α，β，γ を考える
$\Longrightarrow$ x 軸，y 軸，z 軸の正の向きと同じ向きのベクトルを定める。
　　どのようなベクトルでもよいが，**基本ベクトル**
　　$\vec{e_1} = (1,\ 0,\ 0)$，$\vec{e_2} = (0,\ 1,\ 0)$，$\vec{e_3} = (0,\ 0,\ 1)$
　　を利用する。

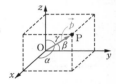

解 $\vec{p} = (a,\ b,\ c)$ とおく。ただし，$(a,\ b,\ c) \neq (0,\ 0,\ 0)$ である。 ┃ $\vec{p} \neq \vec{0}$ より
　　　　　　　　　　　　　　　　　　　　　　　　　　　　　　　　┃ $(a,\ b,\ c) \neq (0,\ 0,\ 0)$

$\vec{e_1} = (1,\ 0,\ 0)$，$\vec{e_2} = (0,\ 1,\ 0)$，$\vec{e_3} = (0,\ 0,\ 1)$ とすると

$$\cos\alpha = \frac{\vec{p}\cdot\vec{e_1}}{|\vec{p}||\vec{e_1}|} = \frac{a\times1+b\times0+c\times0}{\sqrt{a^2+b^2+c^2}\times1} = \frac{a}{\sqrt{a^2+b^2+c^2}}$$

$$\cos\beta = \frac{\vec{p}\cdot\vec{e_2}}{|\vec{p}||\vec{e_2}|} = \frac{a\times0+b\times1+c\times0}{\sqrt{a^2+b^2+c^2}\times1} = \frac{b}{\sqrt{a^2+b^2+c^2}}$$

$$\cos\gamma = \frac{\vec{p}\cdot\vec{e_3}}{|\vec{p}||\vec{e_3}|} = \frac{a\times0+b\times0+c\times1}{\sqrt{a^2+b^2+c^2}\times1} = \frac{c}{\sqrt{a^2+b^2+c^2}}$$

したがって

$$\cos^2\alpha + \cos^2\beta + \cos^2\gamma$$
$$= \frac{a^2}{a^2+b^2+c^2} + \frac{b^2}{a^2+b^2+c^2} + \frac{c^2}{a^2+b^2+c^2}$$
$$= 1$$

Point...単位ベクトルと方向余弦

$\vec{p} = (a,\ b,\ c)$ について，x 軸，y 軸，z 軸の正の向きとのなす角 α，β，γ に対して，$\cos\alpha$，$\cos\beta$，$\cos\gamma$ を $\vec{p}$ の **方向余弦** という。$|\vec{p}|\cos\alpha$ は，$\vec{p}$ の x 軸に下ろした正射影ベクトルの大きさとなる。

$\vec{p}$ が単位ベクトルのとき，$|\vec{p}| = 1$ であるから，$a = \cos\alpha$，$b = \cos\beta$，$c = \cos\gamma$ となり $\cos\alpha$，$\cos\beta$，$\cos\gamma$ は $\vec{p}$ の x 成分，y 成分，z 成分と一致する。

練習48　$\vec{p} = (1,\ \sqrt{2},\ -1)$ と x 軸，y 軸，z 軸の正の向きとのなす角をそれぞれ α，β，γ とするとき，α，β，γ の値を求めよ。

102

➡p.139　問題48

例題 49 空間の位置ベクトル

> 3点 A(2, 3, −3), B(5, −3, 3), C(−1, 0, 6) に対して,
> 線分 AB, BC, CA を 2:1 に内分する点をそれぞれ P, Q, R とする。
> (1) 点 P, Q, R の座標を求めよ。
> (2) △PQR の重心 G の座標を求めよ。

思考のプロセス

例題20 の内容を空間に**拡張**した問題である。

公式の利用

内分・外分・重心の位置ベクトルの公式は**平面でも空間でも変わらない**。

«ReAction 線分 AB を $m:n$ に分ける点 P は, $\overrightarrow{OP} = \dfrac{n\overrightarrow{OA}+m\overrightarrow{OB}}{m+n}$ とせよ ◀例題20

解
例題20

(1) $\overrightarrow{OP} = \dfrac{\overrightarrow{OA}+2\overrightarrow{OB}}{2+1} = \dfrac{1}{3}\{(2, 3, -3)+2(5, -3, 3)\}$

$= (4, -1, 1)$

$\overrightarrow{OQ} = \dfrac{\overrightarrow{OB}+2\overrightarrow{OC}}{2+1} = \dfrac{1}{3}\{(5, -3, 3)+2(-1, 0, 6)\}$

$= (1, -1, 5)$

$\overrightarrow{OR} = \dfrac{\overrightarrow{OC}+2\overrightarrow{OA}}{2+1} = \dfrac{1}{3}\{(-1, 0, 6)+2(2, 3, -3)\}$

$= (1, 2, 0)$

よって **P(4, −1, 1), Q(1, −1, 5), R(1, 2, 0)**

◀ $\overrightarrow{OP}, \overrightarrow{OQ}, \overrightarrow{OR}$ の成分表示が点 P, Q, R の座標と一致する。

例題20

(2) $\overrightarrow{OG} = \dfrac{\overrightarrow{OP}+\overrightarrow{OQ}+\overrightarrow{OR}}{3}$

◀ 重心の位置ベクトルを表す式である。

$= \dfrac{1}{3}\{(4, -1, 1)+(1, -1, 5)+(1, 2, 0)\}$

$= (2, 0, 2)$

よって **G(2, 0, 2)**

Point...各辺の分点を結んだ三角形の重心

△ABC において, 3辺 AB, BC, CA を $m:n$ に分ける点を
それぞれ P, Q, R とするとき,

△ABC の重心と △PQR の重心は一致する。

例題49 において, △ABC の重心の座標は

$\left(\dfrac{2+5+(-1)}{3}, \dfrac{3+(-3)+0}{3}, \dfrac{(-3)+3+6}{3}\right)$

すなわち, (2, 0, 2) であり, △PQR の重心と一致する。

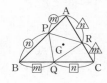

練習49 3点 A(1, −1, 3), B(−2, 3, 1), C(4, 0, −2) に対して, 線分 AB, BC,
CA を 3:2 に外分する点をそれぞれ P, Q, R とする。
(1) 点 P, Q, R の座標を求めよ。 (2) △PQR の重心 G の座標を求めよ。

➡ p.139 問題49

例題 50　空間における３点が一直線上にある条件 ★★☆☆

平行六面体 OADB−CEFG において，△OAB，△OBC，△OCA の重心を
それぞれ P, Q, R とする。さらに，△ABC，△PQR の重心をそれぞれ S, T
とするとき，４点 O, T, S, F は一直線上にあることを示せ。また，
OT : TS : SF を求めよ。

思考のプロセス

例題 22 の内容を空間に**拡張**した問題である。
３点が一直線上にある条件も，平面ベクトルと同様である。

≪ⓇⓔAction　３点 A，B，C が一直線上を示すときは，$\overrightarrow{AC} = k\overrightarrow{AB}$ を導け　◀例題 22

基準を定める

$$\left(\begin{array}{c}\vec{0} \text{ でなく同一平面上にない}\\ 3\text{つのベクトル } \vec{a},\ \vec{b},\ \vec{c} \text{を導入}\end{array}\right) \implies \begin{cases} \overrightarrow{OS} = (\vec{a},\ \vec{b},\ \vec{c} \text{ の式})\\ \overrightarrow{OT} = (\vec{a},\ \vec{b},\ \vec{c} \text{ の式})\\ \overrightarrow{OF} = (\vec{a},\ \vec{b},\ \vec{c} \text{ の式})\end{cases} \text{ より } \begin{cases} \overrightarrow{OS} = \boxed{}^{\text{実数}} \overrightarrow{OF}\\ \overrightarrow{OT} = \boxed{}\ \overrightarrow{OF}\end{cases}$$

解　$\overrightarrow{OA} = \vec{a}$, $\overrightarrow{OB} = \vec{b}$, $\overrightarrow{OC} = \vec{c}$ とおく。

P, Q, R, S はそれぞれ △OAB，△OBC，△OCA，
△ABC の重心であるから

$$\overrightarrow{OP} = \frac{\vec{a}+\vec{b}}{3}, \qquad \overrightarrow{OQ} = \frac{\vec{b}+\vec{c}}{3}, \qquad \overrightarrow{OR} = \frac{\vec{c}+\vec{a}}{3}$$

$$\overrightarrow{OS} = \frac{\vec{a}+\vec{b}+\vec{c}}{3} \qquad \cdots ①$$

点 T は △PQR の重心であるから

$$\overrightarrow{OT} = \frac{\overrightarrow{OP}+\overrightarrow{OQ}+\overrightarrow{OR}}{3}$$

$$= \frac{1}{3}\left(\frac{\vec{a}+\vec{b}}{3} + \frac{\vec{b}+\vec{c}}{3} + \frac{\vec{c}+\vec{a}}{3}\right)$$

$$= \frac{2}{9}(\vec{a}+\vec{b}+\vec{c}) \qquad \cdots ②$$

また　$\overrightarrow{OF} = \overrightarrow{OA} + \overrightarrow{AD} + \overrightarrow{DF} = \vec{a}+\vec{b}+\vec{c} \qquad \cdots ③$

①〜③ より

$$\overrightarrow{OS} = \frac{1}{3}\overrightarrow{OF}, \qquad \overrightarrow{OT} = \frac{2}{9}\overrightarrow{OF}$$

よって，４点 O, T, S, F は一直線上にある。

また　**OT : TS : SF = 2 : 1 : 6**

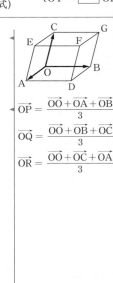

$$\overrightarrow{OP} = \frac{\overrightarrow{OO}+\overrightarrow{OA}+\overrightarrow{OB}}{3}$$

$$\overrightarrow{OQ} = \frac{\overrightarrow{OO}+\overrightarrow{OB}+\overrightarrow{OC}}{3}$$

$$\overrightarrow{OR} = \frac{\overrightarrow{OO}+\overrightarrow{OC}+\overrightarrow{OA}}{3}$$

練習50　直方体 OADB−CEFG において，△ABC，△EDG の重心をそれぞれ S, T と
する。このとき，点 S, T は対角線 OF 上にあり，OF を３等分することを示
せ。

➡p.139　問題50

例題 **51**　空間における交点の位置ベクトル

> 四面体 OABC において，辺 AB，BC，CA を 2:3，3:2，1:4 に内分する点
> をそれぞれ L，M，N とし，線分 CL と MN の交点を P とする。$\overrightarrow{OA} = \vec{a}$，
> $\overrightarrow{OB} = \vec{b}$，$\overrightarrow{OC} = \vec{c}$ とするとき，$\overrightarrow{OP}$ を $\vec{a}$，$\vec{b}$，$\vec{c}$ で表せ。

思考のプロセス

例題 23(1) の内容を空間に**拡張**した問題である。

≪ReAction　2直線の交点の位置ベクトルは，1次独立なベクトルを用いて2通りに表せ　◀例題 23

見方を変える

点 P
$\begin{cases} \text{線分 CL 上にある} \\ \Longrightarrow \overrightarrow{OP} = (1-s)\boxed{} + s\boxed{} = \boxed{⑦}\,\vec{a} + \boxed{④}\,\vec{b} + \boxed{⑤}\,\vec{c} \\ \text{線分 MN 上にある} \\ \Longrightarrow \overrightarrow{OP} = (1-t)\boxed{} + t\boxed{} = \boxed{⑦}\,\vec{a} + \boxed{④}\,\vec{b} + \boxed{⑤}\,\vec{c} \end{cases}$
　1次独立のとき $\begin{cases} ⑦ = ⑦ \\ ④ = ④ \\ ⑤ = ⑤ \end{cases}$

解
例題 23

点 P は線分 CL 上にあるから，
CP:PL = $s:(1-s)$ とおくと
$$\overrightarrow{OP} = (1-s)\overrightarrow{OC} + s\overrightarrow{OL}$$
$$= (1-s)\vec{c} + s\left(\frac{3}{5}\vec{a} + \frac{2}{5}\vec{b}\right)$$
$$= \frac{3}{5}s\vec{a} + \frac{2}{5}s\vec{b} + (1-s)\vec{c} \quad \cdots ①$$

点 P は線分 MN 上にあるから，MP:PN = $t:(1-t)$ とお
くと　$\overrightarrow{OP} = (1-t)\overrightarrow{OM} + t\overrightarrow{ON}$
$$= (1-t)\left(\frac{2}{5}\vec{b} + \frac{3}{5}\vec{c}\right) + t\left(\frac{4}{5}\vec{c} + \frac{1}{5}\vec{a}\right)$$
$$= \frac{1}{5}t\vec{a} + \frac{2}{5}(1-t)\vec{b} + \frac{1}{5}(3+t)\vec{c} \quad \cdots ②$$

$\vec{a}$，$\vec{b}$，$\vec{c}$ はいずれも $\vec{0}$ でなく，同一平面上にないから，
①，② より
$$\frac{3}{5}s = \frac{1}{5}t \cdots ③, \quad \frac{2}{5}s = \frac{2}{5}(1-t) \cdots ④,$$
$$1-s = \frac{1}{5}(3+t) \cdots ⑤$$

③，④ より　$s = \frac{1}{4}$，$t = \frac{3}{4}$

これは ⑤ を満たすから　$\overrightarrow{OP} = \frac{3}{20}\vec{a} + \frac{1}{10}\vec{b} + \frac{3}{4}\vec{c}$

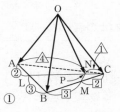

◀辺 AB，BC，CA を 2:3，3:2，1:4 に内分する点が
それぞれ L，M，N である。

$\overrightarrow{OL} = \dfrac{3\overrightarrow{OA} + 2\overrightarrow{OB}}{2+3}$

$\overrightarrow{OM} = \dfrac{2\overrightarrow{OB} + 3\overrightarrow{OC}}{3+2}$

$\overrightarrow{ON} = \dfrac{4\overrightarrow{OC} + \overrightarrow{OA}}{1+4}$

◀❗係数を比較するときには必ず1次独立であることを述べる。

◀① に s の値，または
② に t の値を代入する。

練習 **51**　四面体 OABC の辺 AB，OC の中点をそれぞれ M，N，△ABC の重心を G と
し，線分 OG，MN の交点を P とする。$\overrightarrow{OA} = \vec{a}$，$\overrightarrow{OB} = \vec{b}$，$\overrightarrow{OC} = \vec{c}$ とすると
き，$\overrightarrow{OP}$ を $\vec{a}$，$\vec{b}$，$\vec{c}$ で表せ。

例題 **52** 同一平面上にある条件〔1〕 ★★☆☆

3点 A$(-1, -1, 3)$, B$(0, -3, 4)$, C$(1, -2, 5)$ があり, xy 平面上に点 P を, z 軸上に点 Q をとる。

(1) 3点 A, B, P が一直線上にあるとき, 点 P の座標を求めよ。

(2) 4点 A, B, C, Q が同一平面上にあるとき, 点 Q の座標を求めよ。

思考のプロセス

基準を定める 条件＿＿について

(1) $\Bigg\langle$ 始点を A とする … $\overrightarrow{AP} = k\overrightarrow{AB}$

始点を O とする … $\overrightarrow{OP} = s\overrightarrow{OA} + t\overrightarrow{OB}$ $(s+t=1)$

(2) $\Bigg\langle$ 始点を A とする … $\overrightarrow{AQ} = s\overrightarrow{AB} + t\overrightarrow{AC}$

始点を O とする … $\overrightarrow{OQ} = s\overrightarrow{OA} + t\overrightarrow{OB} + u\overrightarrow{OC}$

$(s+t+u=1)$

文字を減らす ここでは, 文字が少なくなるように, 始点を A にして考える。

Action» 平面 ABC 上の点 P は, $\overrightarrow{AP} = s\overrightarrow{AB} + t\overrightarrow{AC}$ とおけ

解 $\overrightarrow{AB} = (1, -2, 1)$, $\overrightarrow{AC} = (2, -1, 2)$

(1) 点 P は xy 平面上にあるから, P$(x, y, 0)$ とおける。

3点 A, B, P が一直線上にあるとき, $\overrightarrow{AP} = k\overrightarrow{AB}$ となる実数 k が存在するから

$$(x+1, y+1, -3) = (k, -2k, k)$$

成分を比較すると

$$x+1 = k, \quad y+1 = -2k, \quad -3 = k$$

$k = -3$ より $x = -4, y = 5$

したがって **P$(-4, 5, 0)$**

(2) 点 Q は z 軸上にあるから, Q$(0, 0, z)$ とおける。

$\overrightarrow{AB} \neq \vec{0}$, $\overrightarrow{AC} \neq \vec{0}$ であり, $\overrightarrow{AB}$ と $\overrightarrow{AC}$ は平行でない。

よって, 4点 A, B, C, Q が同一平面上にあるとき,

$\overrightarrow{AQ} = s\overrightarrow{AB} + t\overrightarrow{AC}$ となる実数 s, t が存在するから

$$(1, 1, z-3) = s(1, -2, 1) + t(2, -1, 2)$$
$$= (s+2t, -2s-t, s+2t)$$

成分を比較すると

$$1 = s+2t, \quad 1 = -2s-t, \quad z-3 = s+2t$$

これを解くと $s = -1, t = 1, z = 4$

したがって **Q$(0, 0, 4)$**

$\blacktriangleleft$ $\overrightarrow{AB}$
$= (0+1, -3+1, 4-3)$
$= (1, -2, 1)$
$\overrightarrow{AC}$
$= (1+1, -2+1, 5-3)$
$= (2, -1, 2)$

$\blacktriangleleft$ $\overrightarrow{AP} = (x+1, y+1, -3)$
$k\overrightarrow{AB} = k(1, -2, 1)$
$= (k, -2k, k)$

$\blacktriangleleft$ $\overrightarrow{OP} = s\overrightarrow{OA} + t\overrightarrow{OB}$
$(s+t=1)$
を用いて解いてもよい。

$\blacktriangleleft$ $\overrightarrow{AB}$ と $\overrightarrow{AC}$ は 1 次独立である。

$\blacktriangleleft$ $\overrightarrow{AQ} = (1, 1, z-3)$

$\blacktriangleleft$ $\overrightarrow{OQ} = s\overrightarrow{OA} + t\overrightarrow{OB} + u\overrightarrow{OC}$
$(s+t+u=1)$
を用いて解いてもよい。

練習52 3点 A$(-2, 1, 3)$, B$(-1, 3, 4)$, C$(1, 4, 5)$ があり, yz 平面上に点 P を, x 軸上に点 Q をとる。

(1) 3点 A, B, P が一直線上にあるとき, 点 P の座標を求めよ。

(2) 4点 A, B, C, Q が同一平面上にあるとき, 点 Q の座標を求めよ。

➡ p.139 問題52

四面体 OABC において，辺 OA の中点を M，辺 BC を 1:2 に内分する点
を N，線分 MN の中点を P とし，直線 OP と平面 ABC の交点を Q，直線
AP と平面 OBC の交点を R とする。$\overrightarrow{OA} = \vec{a}$，$\overrightarrow{OB} = \vec{b}$，$\overrightarrow{OC} = \vec{c}$ とすると
き，次のベクトルを $\vec{a}$，$\vec{b}$，$\vec{c}$ で表せ。

(1) $\overrightarrow{OP}$　　　　　　　(2) $\overrightarrow{OQ}$　　　　　　　(3) $\overrightarrow{OR}$

思考のプロセス

(2) 　既知の問題に帰着　例題 23 (2) の内容を空間に**拡張**した問題である。

〔平面〕Q … A($\vec{a}$)，B($\vec{b}$) を通る直線上

$\overrightarrow{OQ}$
$= k\overrightarrow{OP}$
$= \boxed{}k\vec{a} + \boxed{}k\vec{b}$
└─和が 1─┘

〔空間〕Q … A($\vec{a}$)，B($\vec{b}$)，C($\vec{c}$) を通る平面上

$\overrightarrow{OQ}$
$= k\overrightarrow{OP}$
$= \boxed{}k\vec{a} + \boxed{}k\vec{b} + \boxed{}k\vec{c}$
└──────和が 1──────┘

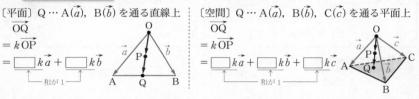

Action» 平面 ABC 上の点 P は，$\overrightarrow{OP} = s\overrightarrow{OA} + t\overrightarrow{OB} + u\overrightarrow{OC}$，$s+t+u=1$ とせよ

解 (1)　$\overrightarrow{OP} = \dfrac{\overrightarrow{OM} + \overrightarrow{ON}}{2}$

$= \dfrac{1}{2}\left(\dfrac{1}{2}\vec{a} + \dfrac{2\vec{b}+\vec{c}}{3}\right)$

$= \dfrac{1}{4}\vec{a} + \dfrac{1}{3}\vec{b} + \dfrac{1}{6}\vec{c}$

◀ 点 P は線分 MN の中点である。

$\overrightarrow{OM} = \dfrac{1}{2}\overrightarrow{OA}$

$\overrightarrow{ON} = \dfrac{2\overrightarrow{OB}+\overrightarrow{OC}}{1+2}$

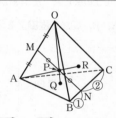

(2)　点 Q は直線 OP 上にあるから，$\overrightarrow{OQ} = k\overrightarrow{OP}$（$k$ は実数）

とおくと　　$\overrightarrow{OQ} = \dfrac{1}{4}k\vec{a} + \dfrac{1}{3}k\vec{b} + \dfrac{1}{6}k\vec{c}$

点 Q は平面 ABC 上にあるから　$\dfrac{1}{4}k + \dfrac{1}{3}k + \dfrac{1}{6}k = 1$

$k = \dfrac{4}{3}$　より　　$\overrightarrow{OQ} = \dfrac{1}{3}\vec{a} + \dfrac{4}{9}\vec{b} + \dfrac{2}{9}\vec{c}$

◀ 点 Q が平面 ABC 上にあるから
$\overrightarrow{OQ} = s\overrightarrow{OA} + t\overrightarrow{OB} + u\overrightarrow{OC}$
のとき　$s+t+u=1$

(3)　点 R は直線 AP 上にあるから，$\overrightarrow{AR} = l\overrightarrow{AP}$（$l$ は実数）

とおくと　　$\overrightarrow{OR} = \left(1 - \dfrac{3}{4}l\right)\vec{a} + \dfrac{l}{3}\vec{b} + \dfrac{l}{6}\vec{c}$

点 R は平面 OBC 上にあるから　　$1 - \dfrac{3}{4}l = 0$

$l = \dfrac{4}{3}$　より　　$\overrightarrow{OR} = \dfrac{4}{9}\vec{b} + \dfrac{2}{9}\vec{c}$

◀ $\overrightarrow{OR} - \overrightarrow{OA} = l(\overrightarrow{OP} - \overrightarrow{OA})$

◀ $\overrightarrow{OR}$ は $\vec{b}$ と $\vec{c}$ のみで表すことができる。

練習 **53**　四面体 OABC において，辺 AC の中点を M，辺 OB を 1:2 に内分する点を Q，
線分 MQ を 3:2 に内分する点を R とし，直線 OR と平面 ABC との交点を P
とする。$\overrightarrow{OA} = \vec{a}$，$\overrightarrow{OB} = \vec{b}$，$\overrightarrow{OC} = \vec{c}$ とするとき
　(1)　$\overrightarrow{OR}$ を $\vec{a}$，$\vec{b}$，$\vec{c}$ で表せ。　　(2)　OR：RP を求めよ。

➡ p.139　問題53

Play Back 8　始点を変えてみよう

位置ベクトルを用いて図形の問題を考えるとき，その始点をどこに設定するのかがとても大切です。次の探究例題において始点を変更することで，解答がどのように変わるのか比較してみましょう。

探究例題 6　位置ベクトルの始点変更

四面体 OABC において，P を辺 OA の中点，Q を辺 OB を 2:1 に内分する点，R を辺 BC の中点とする。P，Q，R を通る平面と辺 AC の交点を S とするとき，比 $|\overrightarrow{AS}|:|\overrightarrow{SC}|$ を求めたい。　　　　　　　　　　　（神戸大　改）

(1)　位置ベクトルの始点を O として求めよ。

(2)　位置ベクトルの始点を A として求めよ。

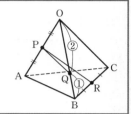

思考のプロセス

条件の言い換え

$\begin{pmatrix} \text{P，Q，R を通る平面と} \\ \text{辺 AC の交点を S} \end{pmatrix}$
< S は平面 PQR 上
< S は辺 AC 上

これらの条件から点 S の位置ベクトルをそれぞれ考える。

≪ⓇⒺAction　平面 ABC 上の点 P は，$\overrightarrow{OP}=s\overrightarrow{OA}+t\overrightarrow{OB}+u\overrightarrow{OC}$，$s+t+u=1$ とせよ　◀例題 53

≪ⓇⒺAction　3 点 A，B，C が一直線上を示すときは，$\overrightarrow{AC}=k\overrightarrow{AB}$ を導け　◀例題 22

(1)　位置ベクトルの始点は O

S は平面 PQR 上
$\Longrightarrow \overrightarrow{OS}=\bigcirc\overrightarrow{OP}+\triangle\overrightarrow{OQ}+\square\overrightarrow{OR}$

（係数比較）

S は辺 AC 上
$\Longrightarrow \overrightarrow{OS}=\bigcirc\overrightarrow{OA}+\square\overrightarrow{OC}$

(2)　位置ベクトルの始点は A

S は平面 PQR 上
$\Longrightarrow \overrightarrow{AS}=\bigcirc\overrightarrow{AP}+\triangle\overrightarrow{AQ}+\square\overrightarrow{AR}$

（係数比較）

S は辺 AC 上
$\Longrightarrow \overrightarrow{AS}=\bigcirc\overrightarrow{AC}$

解 (1)　S は平面 PQR 上にあるから，s, t, u を実数として
$$\overrightarrow{OS}=s\overrightarrow{OP}+t\overrightarrow{OQ}+u\overrightarrow{OR},$$
$$s+t+u=1$$
$s=1-t-u$ であるから
$$\overrightarrow{OS}=(1-t-u)\overrightarrow{OP}+t\overrightarrow{OQ}+u\overrightarrow{OR}$$
$$\overrightarrow{OP}=\frac{1}{2}\overrightarrow{OA},$$
$$\overrightarrow{OQ}=\frac{2}{3}\overrightarrow{OB},$$
$$\overrightarrow{OR}=\frac{1}{2}(\overrightarrow{OB}+\overrightarrow{OC})\ \text{であるから}$$
$$\overrightarrow{OS}=\frac{1}{2}(1-t-u)\overrightarrow{OA}$$
$$+\left(\frac{2}{3}t+\frac{1}{2}u\right)\overrightarrow{OB}+\frac{1}{2}u\overrightarrow{OC}$$

(2)　S は平面 PQR 上にあるから，s, t, u を実数として
$$\overrightarrow{AS}=s\overrightarrow{AP}+t\overrightarrow{AQ}+u\overrightarrow{AR},$$
$$s+t+u=1$$
$s=1-t-u$ であるから
$$\overrightarrow{AS}=(1-t-u)\overrightarrow{AP}+t\overrightarrow{AQ}+u\overrightarrow{AR}$$
$$\overrightarrow{AP}=\frac{1}{2}\overrightarrow{AO},$$
$$\overrightarrow{AQ}=\frac{1}{3}\overrightarrow{AO}+\frac{2}{3}\overrightarrow{AB},$$
$$\overrightarrow{AR}=\frac{1}{2}(\overrightarrow{AB}+\overrightarrow{AC})\ \text{であるから}$$
$$\overrightarrow{AS}=\left(-\frac{1}{6}t-\frac{1}{2}u+\frac{1}{2}\right)\overrightarrow{AO}$$
$$+\left(\frac{2}{3}t+\frac{1}{2}u\right)\overrightarrow{AB}+\frac{1}{2}u\overrightarrow{AC}$$

また，S は辺 AC 上にあるから，$\overrightarrow{\mathrm{OB}}$
の係数が 0，$\overrightarrow{\mathrm{OA}}$ と $\overrightarrow{\mathrm{OC}}$ の係数の和が
1 である。
よって
$$\begin{cases} \dfrac{2}{3}t + \dfrac{1}{2}u = 0 \\ \dfrac{1}{2}(1-t-u) + \dfrac{1}{2}u = 1 \end{cases}$$
ゆえに $t = -1,\ u = \dfrac{4}{3}$
したがって
$$\overrightarrow{\mathrm{OS}} = \frac{1}{3}\overrightarrow{\mathrm{OA}} + \frac{2}{3}\overrightarrow{\mathrm{OC}}$$
であるから
$$|\overrightarrow{\mathrm{AS}}| : |\overrightarrow{\mathrm{SC}}| = 2 : 1$$

また，S は辺 AC 上にあるから，$\overrightarrow{\mathrm{AO}}$
と $\overrightarrow{\mathrm{AB}}$ の係数がいずれも 0 である。
よって
$$\begin{cases} -\dfrac{1}{6}t - \dfrac{1}{2}u + \dfrac{1}{2} = 0 \\ \dfrac{2}{3}t + \dfrac{1}{2}u = 0 \end{cases}$$
ゆえに $t = -1,\ u = \dfrac{4}{3}$
したがって
$$\overrightarrow{\mathrm{AS}} = \frac{2}{3}\overrightarrow{\mathrm{AC}}$$
であるから
$$|\overrightarrow{\mathrm{AS}}| : |\overrightarrow{\mathrm{SC}}| = 2 : 1$$

一般に，位置ベクトルの始点はどこに設定しても構いません。ただ，始点の定め方に
よっては，途中の計算過程が大きく変わることがあります。

次の問題を考えてみましょう。
(問題) 同一直線上にない 3 点 A，B，C と点 O，点 P に対して
$$\overrightarrow{\mathrm{OP}} = s\overrightarrow{\mathrm{OA}} + t\overrightarrow{\mathrm{OB}} + u\overrightarrow{\mathrm{OC}},\ s+t+u = 1,\ s \geqq 0,\ t \geqq 0,\ u \geqq 0$$
$$\Longleftrightarrow \text{点 P は} \triangle\mathrm{ABC} \text{の内部および周上を動く}$$
が成り立つ。これを示せ。
始点は O のまま考えてもよいですが

$$\boxed{\begin{array}{l} \overrightarrow{\mathrm{AP}} = s\overrightarrow{\mathrm{AB}} + t\overrightarrow{\mathrm{AC}},\ s+t \leqq 1,\ s \geqq 0,\ t \geqq 0 \\ \Longleftrightarrow \text{点 P は} \triangle\mathrm{ABC} \text{の内部および周上を動く} \end{array}} \qquad \left(\begin{array}{l} \Leftarrow \text{p.77} \\ \textbf{Go Ahead} 2\,(2)\,\text{参照} \end{array}\right)$$

を思い出して，点 P の動く範囲が同じであることに着目すると，この式になるように見
通しを立てて，始点を A にとって解答することも考えられます。

解 $\overrightarrow{\mathrm{OP}} = s\overrightarrow{\mathrm{OA}} + t\overrightarrow{\mathrm{OB}} + u\overrightarrow{\mathrm{OC}}$ において，始点を A に変えて
$$\overrightarrow{\mathrm{AP}} - \overrightarrow{\mathrm{AO}} = -s\overrightarrow{\mathrm{AO}} + t(\overrightarrow{\mathrm{AB}} - \overrightarrow{\mathrm{AO}}) + u(\overrightarrow{\mathrm{AC}} - \overrightarrow{\mathrm{AO}})$$
$$\overrightarrow{\mathrm{AP}} = (1-s-t-u)\overrightarrow{\mathrm{AO}} + t\overrightarrow{\mathrm{AB}} + u\overrightarrow{\mathrm{AC}} = t\overrightarrow{\mathrm{AB}} + u\overrightarrow{\mathrm{AC}} \qquad \triangleleft s+t+u = 1$$
$s+t+u = 1$ より $s = 1 - (t+u)$
$s \geqq 0$ より $1 - (t+u) \geqq 0$ であるから $t+u \leqq 1$
よって $\overrightarrow{\mathrm{AP}} = t\overrightarrow{\mathrm{AB}} + u\overrightarrow{\mathrm{AC}},\ t+u \leqq 1,\ t \geqq 0,\ u \geqq 0$ $\qquad \triangleleft$ **Go Ahead** 2 (2) の式に帰着できる。
したがって，点 P は $\triangle\mathrm{ABC}$ の内部および周上を動く。
これは逆も成り立つ。

与えられた条件や，求めるものに着目して，適切な位置に始点を設定しましょう。

例題 50，52，53 で学習した 3 点 P，A，B が同一直線上にある条件（共線条件），
4 点 P，A，B，C が同一平面上にある条件（共面条件）は，始点をどこにとるかで 2 つの形がありました。

この 2 つはつながっており，容易に変形ができます。

〔1〕 3 点 P，A，B が同一直線上にある $\Longleftrightarrow \overrightarrow{\mathrm{AP}} = t\overrightarrow{\mathrm{AB}}$

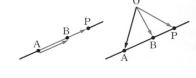

始点を O に変えると

$$\overrightarrow{\mathrm{OP}} - \overrightarrow{\mathrm{OA}} = t(\overrightarrow{\mathrm{OB}} - \overrightarrow{\mathrm{OA}})$$

よって $\overrightarrow{\mathrm{OP}} = (1-t)\overrightarrow{\mathrm{OA}} + t\overrightarrow{\mathrm{OB}}$

$1-t = s$ とおくと

$$\overrightarrow{\mathrm{OP}} = s\overrightarrow{\mathrm{OA}} + t\overrightarrow{\mathrm{OB}}, \quad s+t = 1$$

〔2〕 4 点 P，A，B，C が同一平面上にある $\Longleftrightarrow \overrightarrow{\mathrm{AP}} = t\overrightarrow{\mathrm{AB}} + u\overrightarrow{\mathrm{AC}}$

始点を O に変えると

$$\overrightarrow{\mathrm{OP}} - \overrightarrow{\mathrm{OA}} = t(\overrightarrow{\mathrm{OB}} - \overrightarrow{\mathrm{OA}}) + u(\overrightarrow{\mathrm{OC}} - \overrightarrow{\mathrm{OA}})$$

よって

$$\overrightarrow{\mathrm{OP}} = (1-t-u)\overrightarrow{\mathrm{OA}} + t\overrightarrow{\mathrm{OB}} + u\overrightarrow{\mathrm{OC}}$$

$1-t-u = s$ とおくと

$$\overrightarrow{\mathrm{OP}} = s\overrightarrow{\mathrm{OA}} + t\overrightarrow{\mathrm{OB}} + u\overrightarrow{\mathrm{OC}}, \quad s+t+u = 1$$

下の表の長所と短所を参考に，与えられたベクトルや座標などの条件により使い分けを考えてみましょう。

	始点を与えられた点とする。	始点を与えられた点以外である点 O とする。
3 点 P，A，B が同一直線上にある条件	$\overrightarrow{\mathrm{AP}} = t\overrightarrow{\mathrm{AB}}$	$\overrightarrow{\mathrm{OP}} = s\overrightarrow{\mathrm{OA}} + t\overrightarrow{\mathrm{OB}}$ $s+t = 1$
4 点 P，A，B，C が同一平面上にある条件	$\overrightarrow{\mathrm{AP}} = t\overrightarrow{\mathrm{AB}} + u\overrightarrow{\mathrm{AC}}$	$\overrightarrow{\mathrm{OP}} = s\overrightarrow{\mathrm{OA}} + t\overrightarrow{\mathrm{OB}} + u\overrightarrow{\mathrm{OC}}$ $s+t+u = 1$
長所と短所	文字が少なくて済むが，座標と成分は異なる。	文字は多くなるが，点 O が原点のとき座標と成分が一致する。

例題 52(2) は，図形の中の点 A を始点とした解答でしたが，始点を別な点 O として次のように解くこともできます。

例題 52(2) の**（別解）**

4 点 Q，A，B，C が同一平面上にあるとき $\overrightarrow{\mathrm{OQ}} = s\overrightarrow{\mathrm{OA}} + t\overrightarrow{\mathrm{OB}} + u\overrightarrow{\mathrm{OC}}$

ただし $s+t+u = 1$ ……①

よって $(0, 0, z) = s(-1, -1, 3) + t(0, -3, 4) + u(1, -2, 5)$

成分を比較すると

$0 = -s+u$ …②，$0 = -s-3t-2u$ …③，$z = 3s+4t+5u$ …④

①～④ を解くと，$s = 1$，$t = -1$，$u = 1$，$z = 4$ より Q$(0, 0, 4)$

> 四面体 ABCD において $AC^2 + BD^2 = AD^2 + BC^2$ が成り立つとき，
> AB ⊥ CD であることを証明せよ。

思考のプロセス

基準を定める

$\begin{pmatrix} 始点をAとして， \\ \overrightarrow{AB} = \vec{b}, \ \overrightarrow{AC} = \vec{c}, \ \overrightarrow{AD} = \vec{d} \ を導入 \end{pmatrix} \Longrightarrow \begin{pmatrix} すべてのベクトルを \\ \vec{b}, \ \vec{c}, \ \vec{d} で表すことができる \end{pmatrix}$

逆向きに考える

AB ⊥ CD $\Longrightarrow$ $\overrightarrow{AB} \cdot \overrightarrow{CD} = 0$ を示したい。

　　　　　$\Longrightarrow$ $\vec{b} \cdot (\vec{d} - \vec{c}) = 0$ を示したい。

　　　　　$\Longrightarrow$ $\vec{b} \cdot \vec{d} - \vec{b} \cdot \vec{c} = 0$ を示したい。　← 条件＿＿から示すことを考える。

Action» AB ⊥ CD を示すときは，$\overrightarrow{AB} \cdot \overrightarrow{CD} = 0$ を導け

解 $\overrightarrow{AB} = \vec{b}, \ \overrightarrow{AC} = \vec{c}, \ \overrightarrow{AD} = \vec{d}$ とおく。

$AC^2 + BD^2 = AD^2 + BC^2$ であるから

$|\overrightarrow{AC}|^2 + |\overrightarrow{BD}|^2 = |\overrightarrow{AD}|^2 + |\overrightarrow{BC}|^2$

$\overrightarrow{BD} = \vec{d} - \vec{b}, \ \overrightarrow{BC} = \vec{c} - \vec{b}$ より

$|\vec{c}|^2 + |\vec{d} - \vec{b}|^2 = |\vec{d}|^2 + |\vec{c} - \vec{b}|^2$

$|\vec{c}|^2 + |\vec{d}|^2 - 2\vec{b} \cdot \vec{d} + |\vec{b}|^2 = |\vec{d}|^2 + |\vec{c}|^2 - 2\vec{b} \cdot \vec{c} + |\vec{b}|^2$

よって　　　$\vec{b} \cdot \vec{d} = \vec{b} \cdot \vec{c}$ ···①

このとき　　$\overrightarrow{AB} \cdot \overrightarrow{CD} = \vec{b} \cdot (\vec{d} - \vec{c}) = \vec{b} \cdot \vec{d} - \vec{b} \cdot \vec{c}$

①より　　$\overrightarrow{AB} \cdot \overrightarrow{CD} = 0$

$\overrightarrow{AB} \neq \vec{0}, \ \overrightarrow{CD} \neq \vec{0}$ であるから　　$\overrightarrow{AB} \perp \overrightarrow{CD}$

すなわち　　AB ⊥ CD

$AC = |\overrightarrow{AC}|, \ BD = |\overrightarrow{BD}|$
$AD = |\overrightarrow{AD}|, \ BC = |\overrightarrow{BC}|$
と考える。

$|\vec{d} - \vec{b}|^2$
$= |\vec{d}|^2 - 2\vec{d} \cdot \vec{b} + |\vec{b}|^2$

$\overrightarrow{CD} = \overrightarrow{AD} - \overrightarrow{AC} = \vec{d} - \vec{c}$

$\vec{b} \cdot \vec{d} = \vec{b} \cdot \vec{c}$ より
$\vec{b} \cdot \vec{d} - \vec{b} \cdot \vec{c} = 0$

Point...図形の性質の証明

平面図形と同様，空間図形の性質を証明するときは AB $= |\overrightarrow{AB}|$ を利用する。

さらに，異なる点 A, B, C, D に対して

(1) A, B, C が一直線上にある $\iff$ $\overrightarrow{AC} = k\overrightarrow{AB}$ を満たす実数 k が存在する

(2) A, B, C, D が同一平面上にある

　　　　　　　　　　　$\iff$ $\overrightarrow{AD} = s\overrightarrow{AB} + t\overrightarrow{AC}$ を満たす実数 $s, \ t$ が存在する

(3) AB ⊥ CD $\iff$ $\overrightarrow{AB} \cdot \overrightarrow{CD} = 0$

練習 **54** 正四面体 OABC において，$\overrightarrow{OA} = \vec{a}, \ \overrightarrow{OB} = \vec{b}, \ \overrightarrow{OC} = \vec{c}$ とする。

△OAB の重心を G とするとき，次の問に答えよ。

(1) $\overrightarrow{OG}$ をベクトル $\vec{a}, \ \vec{b}$ を用いて表せ。

(2) OG ⊥ GC であることを示せ。

(宮崎大)

例題 55　空間における点の一致 ★★★★

四面体 OABC において，△ABC，△OAB，△OBC の重心をそれぞれ G_1，G_2，G_3 とすると，線分 OG_1，CG_2，AG_3 は 1 点で交わることを証明せよ。

思考のプロセス

段階に分ける

線分 OG_1，CG_2，AG_3 が 1 点で交わる。

$\Longrightarrow$ OG_1 と CG_2 の交点 D が AG_3 上にある。

$\Longrightarrow$ Ⅰ．OG_1 と CG_2 の交点 D の位置ベクトルを求める。

Ⅱ．点 D が線分 AG_3 の内分点であることを示す。

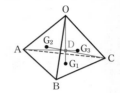

《Re Action　2直線の交点の位置ベクトルは，1次独立なベクトルを用いて2通りに表せ　◀例題 23

解　線分 AB の中点を M とする。点 G_1，G_2 は，線分 CM，OM 上にあるから，線分 OG_1 と CG_2 は 1 点 D で交わる。
点 D は線分 OG_1 上の点であるから

$$\overrightarrow{OD} = t\overrightarrow{OG_1} = \frac{t}{3}\overrightarrow{OA} + \frac{t}{3}\overrightarrow{OB} + \frac{t}{3}\overrightarrow{OC} \quad \cdots ①$$

となる実数 t が存在する。
また，点 D は線分 CG_2 上の点であるから，
$CD : DG_2 = s : (1-s)$ とすると

$$\overrightarrow{OD} = s\overrightarrow{OG_2} + (1-s)\overrightarrow{OC}$$
$$= \frac{s}{3}\overrightarrow{OA} + \frac{s}{3}\overrightarrow{OB} + (1-s)\overrightarrow{OC} \quad \cdots ②$$

$\overrightarrow{OA}$，$\overrightarrow{OB}$，$\overrightarrow{OC}$ はいずれも $\vec{0}$ でなく，同一平面上にないから，①，② より

$$\frac{t}{3} = \frac{s}{3} \quad \text{かつ} \quad \frac{t}{3} = 1-s$$

よって　　$s = t = \frac{3}{4}$

① に代入すると

$$\overrightarrow{OD} = \frac{1}{4}(\overrightarrow{OA} + \overrightarrow{OB} + \overrightarrow{OC})$$
$$= \frac{1}{4}\left(\overrightarrow{OA} + 3 \times \frac{\overrightarrow{OB} + \overrightarrow{OC}}{3}\right)$$
$$= \frac{\overrightarrow{OA} + 3\overrightarrow{OG_3}}{4}$$

よって，点 D は線分 AG_3 を 3:1 に内分する点であるから，線分 OG_1，CG_2，AG_3 は 1 点で交わる。

◀ OG_1，CG_2 は平面 OCM 上の平行でない2つの線分である。

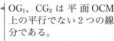

◀ $\overrightarrow{OG_1} = \frac{1}{3}(\overrightarrow{OA} + \overrightarrow{OB} + \overrightarrow{OC})$

$\overrightarrow{OG_2} = \frac{1}{3}(\overrightarrow{OA} + \overrightarrow{OB})$

$\overrightarrow{OG_3} = \frac{1}{3}(\overrightarrow{OB} + \overrightarrow{OC})$

◀ 点 D は，線分 OG_1，CG_2 をそれぞれ 3:1 に内分する。

◀ 点 D が線分 AG_3 上にあることを示したいから，$\overrightarrow{OD}$ を $\overrightarrow{OA}$ と $\overrightarrow{OG_3}$ で表すことを考える。

$\overrightarrow{OG_3} = \frac{\overrightarrow{OB} + \overrightarrow{OC}}{3}$ であるから，この形をつくるように変形する。

練習 55　四面体 OABC において，辺 OA，AB，BC を 1:1，2:1，1:2 に内分する点をそれぞれ P，Q，R とし，線分 CQ を 3:1 に内分する点を S とする。このとき，線分 PR と線分 OS は 1 点で交わることを証明せよ。

➡ p.139　問題55

4 点 A(1, 1, 0), B(2, 3, 3), C(−1, 2, 1), D(0, −6, 5) がある。
(1) △ABC の面積を求めよ。
(2) 直線 AD は平面 ABC に垂直であることを示せ。
(3) 四面体 ABCD の体積 V を求めよ。

思考のプロセス

(1) 例題 46(2) 参照

(2) 目標の言い換え

AD ⊥ 平面 ABC を示す $\Longrightarrow$ AD ⊥ ☐ かつ AD ⊥ ☐ を示す

平面 ABC 上の交わる 2 直線

Action» 直線 l と平面 α の垂直は，α 上の交わる 2 直線と l の垂直を考えよ

解 (1) $\overrightarrow{AB} = (1, 2, 3), \overrightarrow{AC} = (-2, 1, 1)$ より

$$|\overrightarrow{AB}|^2 = 1^2 + 2^2 + 3^2 = 14$$

$$|\overrightarrow{AC}|^2 = (-2)^2 + 1^2 + 1^2 = 6$$

$$\overrightarrow{AB} \cdot \overrightarrow{AC} = 1 \times (-2) + 2 \times 1 + 3 \times 1 = 3$$

よって $\triangle ABC = \dfrac{1}{2}\sqrt{|\overrightarrow{AB}|^2|\overrightarrow{AC}|^2 - (\overrightarrow{AB} \cdot \overrightarrow{AC})^2}$

$$= \dfrac{1}{2}\sqrt{14 \times 6 - 9} = \dfrac{5\sqrt{3}}{2}$$

◀ $\overrightarrow{AB} = (2-1, 3-1, 3-0)$
$= (1, 2, 3)$
$\overrightarrow{AC} = (-1-1, 2-1, 1-0)$
$= (-2, 1, 1)$

◀ 例題 46 Point 参照。
平面における三角形の面積公式は，空間における三角形にも適用できる。

(2) $\overrightarrow{AD} = (-1, -7, 5)$

$\overrightarrow{AD}$ と平面 ABC 上の平行でない 2 つのベクトル $\overrightarrow{AB}, \overrightarrow{AC}$
について

$$\overrightarrow{AD} \cdot \overrightarrow{AB} = -1 \times 1 + (-7) \times 2 + 5 \times 3 = 0$$

$$\overrightarrow{AD} \cdot \overrightarrow{AC} = -1 \times (-2) + (-7) \times 1 + 5 \times 1 = 0$$

$\overrightarrow{AD} \neq \vec{0}, \overrightarrow{AB} \neq \vec{0}, \overrightarrow{AC} \neq \vec{0}$ より

$$\overrightarrow{AD} \perp \overrightarrow{AB}, \overrightarrow{AD} \perp \overrightarrow{AC}$$

ゆえに，直線 AD は平面 ABC に垂直である。

◀ ❗直線 l ⊥ 平面 α ⟺
平面 α 上の平行でない 2
つの直線 m, n に対して
$l \perp m, l \perp n$
例題 47 Point 参照。

(3) (2) より，線分 AD は △ABC を底面としたときの四面体 ABCD の高さである。

$$AD = |\overrightarrow{AD}| = \sqrt{(-1)^2 + (-7)^2 + 5^2} = 5\sqrt{3}$$

よって $V = \dfrac{1}{3} \times \dfrac{5\sqrt{3}}{2} \times 5\sqrt{3} = \dfrac{25}{2}$

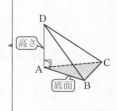

練習 **56** 4 点 A(3, −3, 4), B(1, −1, 3), C(−1, −3, 3), D(−2, −2, 7) がある。
(1) △BCD の面積を求めよ。
(2) 直線 AB は平面 BCD に垂直であることを示せ。
(3) 四面体 ABCD の体積 V を求めよ。

例題 57　空間における垂線〔1〕

★★★☆

四面体 OABC は OA $= 8$, OB $= 10$, OC $= 6$, $\angle$AOB $= 90°$,
$\angle$AOC $= \angle$BOC $= 60°$ を満たしている。頂点 C から $\triangle$OAB に垂線 CH
を下ろしたとき，$\overrightarrow{OH}$ を $\overrightarrow{OA}$, $\overrightarrow{OB}$ を用いて表せ。

思考の
プロセス

≪ReAction　直線 l と平面 α の垂直は，α 上の交わる2直線と l の垂直を考えよ ◀例題 56

基準を定める

始点を O とすると，すべてのベクトルを $\overrightarrow{OA}$, $\overrightarrow{OB}$, $\overrightarrow{OC}$ で（1次独立）
表すことができる。

H は平面 OAB 上の点 $\Longrightarrow$ $\overrightarrow{OH} = s\overrightarrow{OA} + t\overrightarrow{OB}$

条件の言い換え

CH $\perp$ 平面 OAB $\iff$ $\begin{cases} \overrightarrow{CH} \perp \overrightarrow{OA} \\ \overrightarrow{CH} \perp \overrightarrow{OB} \end{cases}$

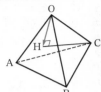

解
例題
52

点 H は平面 OAB 上にあるから
$\overrightarrow{OH} = s\overrightarrow{OA} + t\overrightarrow{OB}$ (s, t は実数) とお
ける。

例題
56

CH は平面 OAB に垂直であるから
$\overrightarrow{CH} \perp \overrightarrow{OA}$ かつ $\overrightarrow{CH} \perp \overrightarrow{OB}$

すなわち

$\overrightarrow{CH} \cdot \overrightarrow{OA} = 0$ $\cdots$ ① かつ $\overrightarrow{CH} \cdot \overrightarrow{OB} = 0$ $\cdots$ ②

ここで $\overrightarrow{CH} = \overrightarrow{OH} - \overrightarrow{OC} = s\overrightarrow{OA} + t\overrightarrow{OB} - \overrightarrow{OC}$

また $\overrightarrow{OA} \cdot \overrightarrow{OB} = 0$, $\overrightarrow{OB} \cdot \overrightarrow{OC} = 10 \times 6 \times \cos 60° = 30$

$\overrightarrow{OC} \cdot \overrightarrow{OA} = 6 \times 8 \times \cos 60° = 24$

① より

$\overrightarrow{CH} \cdot \overrightarrow{OA} = (s\overrightarrow{OA} + t\overrightarrow{OB} - \overrightarrow{OC}) \cdot \overrightarrow{OA}$

$= s|\overrightarrow{OA}|^2 + t\overrightarrow{OA} \cdot \overrightarrow{OB} - \overrightarrow{OC} \cdot \overrightarrow{OA}$

$= 64s - 24 = 0$ $\cdots$ ③

② より

$\overrightarrow{CH} \cdot \overrightarrow{OB} = (s\overrightarrow{OA} + t\overrightarrow{OB} - \overrightarrow{OC}) \cdot \overrightarrow{OB}$

$= s\overrightarrow{OA} \cdot \overrightarrow{OB} + t|\overrightarrow{OB}|^2 - \overrightarrow{OB} \cdot \overrightarrow{OC}$

$= 100t - 30 = 0$ $\cdots$ ④

③，④ より $s = \dfrac{3}{8}$, $t = \dfrac{3}{10}$

したがって $\overrightarrow{OH} = \dfrac{3}{8}\overrightarrow{OA} + \dfrac{3}{10}\overrightarrow{OB}$

◀ $\overrightarrow{OC}$ は用いずに表すこと
ができる。

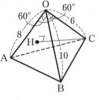

◀ $\overrightarrow{CH}$ を $\overrightarrow{OA}$, $\overrightarrow{OB}$, $\overrightarrow{OC}$ で表
す。

練習 57　1辺の長さが1の正四面体 OABC において，頂点 A から $\triangle$OBC に垂線 AH
を下ろしたとき，$\overrightarrow{AH}$ を $\overrightarrow{OA}$, $\overrightarrow{OB}$, $\overrightarrow{OC}$ を用いて表せ。

→ p.140 問題 57

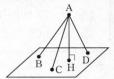

例題 **58** 空間における垂線〔2〕　★★★★

4 点 A(3, 3, 1)，B(1, 4, 3)，C(4, 1, 2)，D(4, 4, 3) において，点 A から平面 BCD に垂線 AH を下ろしたとき，点 H の座標を求めよ。

思考のプロセス

≪℞Action 直線 l と平面 α の垂直は，α 上の交わる 2 直線と l の垂直を考えよ　◀例題 56

基準を定める

始点を原点 O とすると　　　点 H の座標 ⟵対応⟶ $\overrightarrow{\mathrm{OH}}$ の成分

H は平面 BCD 上の点 ⟹ $\overrightarrow{\mathrm{OH}} = s\overrightarrow{\mathrm{OB}} + t\overrightarrow{\mathrm{OC}} + u\overrightarrow{\mathrm{OD}}$

$(s + t + u = 1)$

条件の言い換え

AH ⊥ 平面 BCD $\Longleftrightarrow \begin{cases} \overrightarrow{\mathrm{AH}} \perp \overrightarrow{\mathrm{BC}} \\ \overrightarrow{\mathrm{AH}} \perp \overrightarrow{\mathrm{BD}} \end{cases}$ $s,\ t,\ u$ の関係式

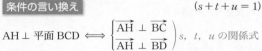

解

例題53

点 H は平面 BCD 上にあるから，O を原点として

$$\overrightarrow{\mathrm{OH}} = s\overrightarrow{\mathrm{OB}} + t\overrightarrow{\mathrm{OC}} + u\overrightarrow{\mathrm{OD}} \quad \cdots ①$$

とおける。ただし，$s,\ t,\ u$ は実数で　$s + t + u = 1$　$\cdots ②$

① より

$$\overrightarrow{\mathrm{OH}} = s(1,\ 4,\ 3) + t(4,\ 1,\ 2) + u(4,\ 4,\ 3)$$
$$= (s + 4t + 4u,\ 4s + t + 4u,\ 3s + 2t + 3u) \quad \cdots ③$$

例題56

AH は平面 BCD に垂直であるから

$$\overrightarrow{\mathrm{AH}} \cdot \overrightarrow{\mathrm{BC}} = 0 \ \cdots ④ \quad かつ \quad \overrightarrow{\mathrm{AH}} \cdot \overrightarrow{\mathrm{BD}} = 0 \ \cdots ⑤$$

ここで $\overrightarrow{\mathrm{BC}} = (3,\ -3,\ -1)$，$\overrightarrow{\mathrm{BD}} = (3,\ 0,\ 0)$

$$\overrightarrow{\mathrm{AH}} = \overrightarrow{\mathrm{OH}} - \overrightarrow{\mathrm{OA}}$$
$$= (s + 4t + 4u - 3,\ 4s + t + 4u - 3,\ 3s + 2t + 3u - 1)$$

④ より

$$3(s + 4t + 4u - 3) - 3(4s + t + 4u - 3) - (3s + 2t + 3u - 1) = 0$$

よって　　$12s - 7t + 3u = 1$　　$\cdots ⑥$

⑤ より　　$3(s + 4t + 4u - 3) = 0$

よって　　$s + 4t + 4u = 3$　　$\cdots ⑦$

②×4−⑦ より，$3s = 1$ であるから　　$s = \dfrac{1}{3}$

このとき，②，⑥ より　　$t + u = \dfrac{2}{3}$，$7t - 3u = 3$

これを解くと　　$t = \dfrac{1}{2}$，$u = \dfrac{1}{6}$

③ に代入すると　　$\overrightarrow{\mathrm{OH}} = \left(3,\ \dfrac{5}{2},\ \dfrac{5}{2}\right)$

したがって，点 H の座標は　　$\left(3,\ \dfrac{5}{2},\ \dfrac{5}{2}\right)$

◀原点 O を始点に考える。

℞Action 例題53
「平面 ABC 上の点 P は，
$\overrightarrow{\mathrm{OP}} = s\overrightarrow{\mathrm{OA}} + t\overrightarrow{\mathrm{OB}} + u\overrightarrow{\mathrm{OC}}$，
$s + t + u = 1$ とせよ」

◀ $\overrightarrow{\mathrm{BC}}$
$= (4-1,\ 1-4,\ 2-3)$
$= (3,\ -3,\ -1)$
$\overrightarrow{\mathrm{BD}}$
$= (4-1,\ 4-4,\ 3-3)$
$= (3,\ 0,\ 0)$

練習58　4 点 A(1, 2, 0)，B(1, 4, 2)，C(2, 2, 2)，D(4, 4, 1) において，点 D から平面 ABC に垂線 DH を下ろしたとき，点 H の座標を求めよ。

 1辺の長さが 1 の正四面体 OABC の内部に点 P があり，
等式 $2\overrightarrow{\mathrm{OP}}+\overrightarrow{\mathrm{AP}}+2\overrightarrow{\mathrm{BP}}+3\overrightarrow{\mathrm{CP}}=\vec{0}$ が成り立っている。
(1) 直線 OP と底面 ABC の交点を Q，直線 AQ と辺 BC の交点を R とす
   るとき，BR：RC，AQ：QR，OP：PQ を求めよ。
(2) 4 つの四面体 PABC，POBC，POCA，POAB の体積比を求めよ。
(3) 線分 OP の長さを求めよ。

思考のプロセス

(1)，(2) 例題 25 の内容を空間に**拡張**した問題である。

基準を定める

どこにあるか分からない点 P は基準にしにくい。
$\Longrightarrow$ 始点を O とし，3 つのベクトル $\overrightarrow{\mathrm{OA}}$，$\overrightarrow{\mathrm{OB}}$，$\overrightarrow{\mathrm{OC}}$ で $\overrightarrow{\mathrm{OP}}$ を表す。

求めるものの言い換え

BR：RC $\Longrightarrow$ $\overrightarrow{\mathrm{OR}} = \dfrac{\triangle\overrightarrow{\mathrm{OB}}+\bigcirc\overrightarrow{\mathrm{OC}}}{\bigcirc+\triangle}$

AQ：QR $\Longrightarrow$ $\overrightarrow{\mathrm{OQ}} = \dfrac{\triangle\overrightarrow{\mathrm{OA}}+\bigcirc\overrightarrow{\mathrm{OR}}}{\bigcirc+\triangle}$

OP：PQ $\Longrightarrow$ $\overrightarrow{\mathrm{OP}} = \boxed{}\overrightarrow{\mathrm{OQ}}$

$\Longrightarrow$

$\overrightarrow{\mathrm{OP}} = \boxed{}\overrightarrow{\mathrm{OQ}}$

$= \boxed{} \times \dfrac{\triangle\overrightarrow{\mathrm{OA}}+\bigcirc\overrightarrow{\mathrm{OR}}}{\bigcirc+\triangle}$

$= \boxed{} \times \dfrac{\triangle\overrightarrow{\mathrm{OA}}+\bigcirc\times\dfrac{\triangle\overrightarrow{\mathrm{OB}}+\bigcirc\overrightarrow{\mathrm{OC}}}{\bigcirc+\triangle}}{\bigcirc+\triangle}$

の形に導く。

≪®Action $\vec{p} = n\vec{a}+m\vec{b}$ は，$\vec{p} = (m+n)\dfrac{n\vec{a}+m\vec{b}}{m+n}$ **と変形せよ** ◀例題 25

解
例題25

(1) $2\overrightarrow{\mathrm{OP}}+\overrightarrow{\mathrm{AP}}+2\overrightarrow{\mathrm{BP}}+3\overrightarrow{\mathrm{CP}}=\vec{0}$ より
$2\overrightarrow{\mathrm{OP}}+(\overrightarrow{\mathrm{OP}}-\overrightarrow{\mathrm{OA}})+2(\overrightarrow{\mathrm{OP}}-\overrightarrow{\mathrm{OB}})+3(\overrightarrow{\mathrm{OP}}-\overrightarrow{\mathrm{OC}})=\vec{0}$
$8\overrightarrow{\mathrm{OP}} = \overrightarrow{\mathrm{OA}}+2\overrightarrow{\mathrm{OB}}+3\overrightarrow{\mathrm{OC}}$

よって
$\overrightarrow{\mathrm{OP}} = \dfrac{\overrightarrow{\mathrm{OA}}+2\overrightarrow{\mathrm{OB}}+3\overrightarrow{\mathrm{OC}}}{8}$

$= \dfrac{1}{8}\left(\overrightarrow{\mathrm{OA}}+5\times\dfrac{2\overrightarrow{\mathrm{OB}}+3\overrightarrow{\mathrm{OC}}}{5}\right)$

$= \dfrac{3}{4}\times\dfrac{\overrightarrow{\mathrm{OA}}+5\times\dfrac{2\overrightarrow{\mathrm{OB}}+3\overrightarrow{\mathrm{OC}}}{5}}{6}$

3 点 O，P，Q は一直線上にあり，点 Q は AR 上，点 R は
BC 上の点であるから
$\overrightarrow{\mathrm{OR}} = \dfrac{2\overrightarrow{\mathrm{OB}}+3\overrightarrow{\mathrm{OC}}}{5}$，$\overrightarrow{\mathrm{OQ}} = \dfrac{\overrightarrow{\mathrm{OA}}+5\overrightarrow{\mathrm{OR}}}{6}$，$\overrightarrow{\mathrm{OP}} = \dfrac{3}{4}\overrightarrow{\mathrm{OQ}}$
したがって
BR：RC = 3：2，AQ：QR = 5：1，OP：PQ = 3：1

▶ 始点を O とするベクトル
に直し，$\overrightarrow{\mathrm{OP}}$ を表す。

$\dfrac{1}{8}(\overrightarrow{\mathrm{OA}}+5\overrightarrow{\mathrm{OR}})$

$= \dfrac{1}{8}\times6\times\dfrac{\overrightarrow{\mathrm{OA}}+5\overrightarrow{\mathrm{OR}}}{6}$

$= \dfrac{3}{4}\overrightarrow{\mathrm{OQ}}$

(2) 四面体 OABC の体積を V とすると

$$（四面体 PABC）= \frac{1}{4}（四面体 OABC）= \frac{V}{4}$$

$$（四面体 POBC）= \frac{3}{4}（四面体 QOBC）$$

$$= \frac{3}{4} \times \frac{1}{6}（四面体 OABC）= \frac{V}{8}$$

$$（四面体 POCA）= \frac{3}{4}（四面体 QOCA）$$

$$= \frac{3}{4} \times \frac{5}{6}（四面体 ROCA）$$

$$= \frac{3}{4} \times \frac{5}{6} \times \frac{2}{5}（四面体 OABC）= \frac{V}{4}$$

$$（四面体 POAB）= \frac{3}{4}（四面体 QOAB）$$

$$= \frac{3}{4} \times \frac{5}{6}（四面体 ROAB）$$

$$= \frac{3}{4} \times \frac{5}{6} \times \frac{3}{5}（四面体 OABC）= \frac{3}{8}V$$

◀ （四面体 POAB）
$= V - \left(\dfrac{V}{4} + \dfrac{V}{8} + \dfrac{V}{4} \right)$
$= \dfrac{3}{8}V$
としてもよい。

したがって，求める体積比は

$$\frac{V}{4} : \frac{V}{8} : \frac{V}{4} : \frac{3}{8}V = \mathbf{2 : 1 : 2 : 3}$$

(3) $|\overrightarrow{OA}| = |\overrightarrow{OB}| = |\overrightarrow{OC}| = 1$,

$$\overrightarrow{OA} \cdot \overrightarrow{OB} = \overrightarrow{OB} \cdot \overrightarrow{OC} = \overrightarrow{OC} \cdot \overrightarrow{OA} = 1 \times 1 \times \cos 60° = \frac{1}{2}$$

◀ 四面体 OABC は 1 辺の
長さが 1 の正四面体より
OA = OB = OC = 1,
∠AOB = ∠BOC
$\qquad$ = ∠COA = 60°

よって

$$|\overrightarrow{OP}|^2 = \left| \frac{\overrightarrow{OA} + 2\overrightarrow{OB} + 3\overrightarrow{OC}}{8} \right|^2$$

$$= \frac{1}{64}(|\overrightarrow{OA}|^2 + 4|\overrightarrow{OB}|^2 + 9|\overrightarrow{OC}|^2$$

$$+ 4\overrightarrow{OA} \cdot \overrightarrow{OB} + 12\overrightarrow{OB} \cdot \overrightarrow{OC} + 6\overrightarrow{OC} \cdot \overrightarrow{OA})$$

$$= \frac{25}{64}$$

$|\overrightarrow{OP}| > 0$ より，$|\overrightarrow{OP}| = \dfrac{5}{8}$ であるから $\quad \mathbf{OP} = \dfrac{5}{8}$

練習 **59** OA = 2, OB = 3, OC = 4, ∠AOB = ∠BOC = ∠COA = 60° である四面体 OABC の内部に点 P があり，等式 $3\overrightarrow{PO} + 3\overrightarrow{PA} + 2\overrightarrow{PB} + \overrightarrow{PC} = \vec{0}$ が成り立っている。

(1) 直線 OP と底面 ABC の交点を Q，直線 AQ と辺 BC の交点を R とするとき，BR : RC，AQ : QR，OP : PQ を求めよ。

(2) 4 つの四面体 PABC，POBC，POCA，POAB の体積比を求めよ。

(3) 線分 OQ の長さを求めよ。

ここでは，平面における直線や円のベクトル方程式をもとにして，空間における3つの図形のベクトル方程式を考えてみましょう。

1. 空間における直線のベクトル方程式

xy 平面に点 $\mathrm{A}(\vec{a})$ を通り $\vec{u}$ に平行な直線 l があるとき，l 上の任意の点 P に対して $\overrightarrow{\mathrm{AP}} /\!/ \vec{u}$ または $\overrightarrow{\mathrm{AP}} = \vec{0}$ が成り立つから実数 t を用いて $\overrightarrow{\mathrm{AP}} = t\vec{u}$ が成り立ちます。

このことから，$\vec{p} - \vec{a} = t\vec{u}$ より $\vec{p} = \vec{a} + t\vec{u}$

すなわち，点 $\mathrm{A}(\vec{a})$ を通り $\vec{u}$ に平行な直線のベクトル方程式は $\vec{p} = \vec{a} + t\vec{u}$

となることは既に学習しました（図1）。

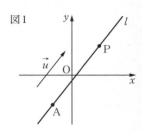

図1

ここで，空間における直線について考えてみましょう。xyz 空間に点 $\mathrm{A}(\vec{a})$ を通り $\vec{u}$ に平行な直線 l があるとき，平面における直線の場合と全く同様に，空間における直線 l 上の任意の点 P に対して $\overrightarrow{\mathrm{AP}} /\!/ \vec{u}$ または $\overrightarrow{\mathrm{AP}} = \vec{0}$ が成り立つことが分かります（図2）。よって，xyz 空間において点 $\mathrm{A}(\vec{a})$ を通り $\vec{u}$ に平行な直線のベクトル方程式は $\vec{p} = \vec{a} + t\vec{u}$

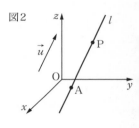

図2

となります。（このとき，$\vec{u}$ を直線 l の **方向ベクトル** といいます。）

2. 空間における平面のベクトル方程式

次に，xy 平面に点 $\mathrm{A}(\vec{a})$ を通り $\vec{n}$ に垂直な直線 l があるとき，l 上の任意の点 P に対して $\vec{n} \perp \overrightarrow{\mathrm{AP}}$ または $\overrightarrow{\mathrm{AP}} = \vec{0}$ が成り立つから，$\vec{n} \cdot \overrightarrow{\mathrm{AP}} = 0$ より $\vec{n} \cdot (\vec{p} - \vec{a}) = 0$

すなわち，点 $\mathrm{A}(\vec{a})$ を通り $\vec{n}$ に垂直な直線のベクトル方程式は $\vec{n} \cdot (\vec{p} - \vec{a}) = 0$

となることも既に学習しました（図3）。

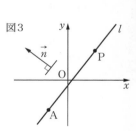

図3

ここで，空間における平面について考えてみましょう。xyz 空間に点 $\mathrm{A}(\vec{a})$ を通り $\vec{n}$ に垂直な平面 α があるとき，平面における直線の場合と全く同様に，平面 α 上の任意の点 P に対して $\vec{n} \perp \overrightarrow{\mathrm{AP}}$ または $\overrightarrow{\mathrm{AP}} = \vec{0}$ が成り立つことが分かります（図4）。よって，xyz 空間において点 $\mathrm{A}(\vec{a})$ を通り $\vec{n}$ に垂直な平面のベクトル方程式は $\vec{n} \cdot (\vec{p} - \vec{a}) = 0$

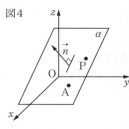

図4

となります。（このとき，$\vec{n}$ を平面 α の **法線ベクトル** といいます。）

3. 空間における球のベクトル方程式

　最後に，xy 平面に点 C($\vec{c}$) を中心とする半径 r の円 C があるとき，C 上の任意の点 P に対して $|\overrightarrow{\mathrm{CP}}| = r$ が成り立つから　　　$|\vec{p} - \vec{c}| = r$

すなわち，点 C($\vec{c}$) を中心とする半径 r の円 C のベクトル方程式は　　　$|\vec{p} - \vec{c}| = r$

となることも，既に学習しました（図5）。

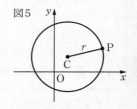

図5

　ここで，空間における球について考えてみましょう。

xyz 空間に点 C($\vec{c}$) を中心とする半径 r の球があるとき，平面における円の場合と全く同様に，球上の任意の点 P に対して $|\overrightarrow{\mathrm{CP}}| = r$ が成り立つことが分かります（図6）。よって，xyz 空間において点 C($\vec{c}$) を中心とする半径 r の球のベクトル方程式は

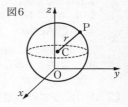

図6

$$|\vec{p} - \vec{c}| = r$$

となります。

平面における図形のベクトル方程式は，
空間においてもそれぞれに対応する図形を表すのですね。

その通り。ベクトルの次元が変わっても
ベクトル方程式は変わらないのです。

まとめると，次のようになります。

ベクトル方程式	表す図形		備 考
	平面のベクトル	空間のベクトル	
$\vec{p} = \vec{a} + t\vec{u}$	直線	直線	$\vec{u}$ を方向ベクトルとし，点 A($\vec{a}$) を通る
$\vec{n} \cdot (\vec{p} - \vec{a}) = 0$	直線	平面	$\vec{n}$ を法線ベクトルとし，点 A($\vec{a}$) を通る
$|\vec{p} - \vec{c}| = r$	円	球	点 C($\vec{c}$) を中心とし，半径は r

ベクトル方程式の表す図形を求める問題では，それが「平面における」ベクトルなのか，「空間における」ベクトルなのかに注意しましょう。（⇨ p.140 問題 60）

例題 60　空間におけるベクトル方程式 ★★☆☆

空間内に3点 A$(\vec{a})$, B$(\vec{b})$, C$(\vec{c})$ がある。次の図形を表すベクトル方程式を求めよ。

(1) 点 A を通り，直線 BC に平行な直線

(2) 直線 AB に垂直で，点 C を通る平面

(3) 線分 AB を直径の両端とする球

思考のプロセス

既知の問題に帰着

空間においても，平面のベクトル方程式と同様に考える。

(1) 《**Re**Action　直線のベクトル方程式は，通る点と方向ベクトルを考えよ ◀例題33

(2) 求める平面上の点を P とすると 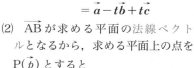 ⊥

(3) 円のベクトル方程式と同様に，中心からの距離を考える。

解 (1) $\overrightarrow{BC}$ が求める直線の方向ベクトルとなるから，求める直線上の点を P$(\vec{p})$ とすると，t を媒介変数として
$$\overrightarrow{OP} = \overrightarrow{OA} + t\overrightarrow{BC}$$
よって　　$\vec{p} = \vec{a} + t(\vec{c} - \vec{b})$
$$= \vec{a} - t\vec{b} + t\vec{c}$$

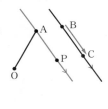

(2) $\overrightarrow{AB}$ が求める平面の法線ベクトルとなるから，求める平面上の点を P$(\vec{p})$ とすると
$$\overrightarrow{CP} \perp \overrightarrow{AB} \quad \text{または} \quad \overrightarrow{CP} = \vec{0}$$
よって　　$\overrightarrow{CP} \cdot \overrightarrow{AB} = 0$
$$(\vec{p} - \vec{c}) \cdot (\vec{b} - \vec{a}) = 0$$

中心は線分 AB の中点 M であり，半径は AM である。
半径を BM と考えて
$$\left| \vec{b} - \frac{\vec{a} + \vec{b}}{2} \right| = \left| \frac{\vec{b} - \vec{a}}{2} \right|$$
としてもよい。

(3) 中心の位置ベクトルは　　$\dfrac{\vec{a} + \vec{b}}{2}$

半径は　　$\left| \vec{a} - \dfrac{\vec{a} + \vec{b}}{2} \right| = \left| \dfrac{\vec{a} - \vec{b}}{2} \right|$

よって，求める球上の点を P$(\vec{p})$ とすると
$$\left| \vec{p} - \frac{\vec{a} + \vec{b}}{2} \right| = \left| \frac{\vec{a} - \vec{b}}{2} \right|$$

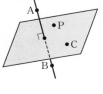

$\overrightarrow{AP} \perp \overrightarrow{BP}$ であるから
$$(\vec{p} - \vec{a}) \cdot (\vec{p} - \vec{b}) = 0$$
と考えてもよい。

練習 60 空間内に一直線上にない異なる3点 A$(\vec{a})$, B$(\vec{b})$, C$(\vec{c})$ がある。次の図形を表すベクトル方程式を求めよ。

(1) △ABC の重心 G を通り，BC に平行な直線

(2) 線分 AB の中点 M を通り，AB に垂直な平面

(3) 線分 AB の中点 M を中心とし，点 C を通る球

➡ p.140　問題60

例題 **61**　立体を平面で切った断面の面積　★★★☆

> 1辺の長さが1の正方形を底面とする直方体 OABC − DEFG を考える。3 点 P，Q，R をそれぞれ辺 AE，BF，CG 上に，4 点 O，P，Q，R が同一平面上にあるようにとる。さらに，∠AOP = α，∠COR = β，四角形 OPQR の面積を S とおく。S を $\tan\alpha$ と $\tan\beta$ を用いて表せ。
>
> （東京大　改）

思考のプロセス

《ReAction　平面 ABC 上の点 P は，$\overrightarrow{AP} = s\overrightarrow{AB} + t\overrightarrow{AC}$ とおけ　◀例題52

条件の言い換え　4 点 O，P，Q，R が同一平面上 $\Longrightarrow$ $\overrightarrow{OQ} = s\overrightarrow{OP} + t\overrightarrow{OR}$

s，t が求まれば，四角形 OPQR の形状が確定する。

解　O を原点とし，OA を x 軸，OC を y 軸，OD を z 軸とする座標空間を考える。

$$OA = OC = 1, \quad \angle OAP = \angle OCR = \frac{\pi}{2}$$

$$\angle AOP = \alpha, \quad \angle COR = \beta$$

であるから　　AP = $\tan\alpha$，CR = $\tan\beta$

よって，点 P，R の座標はそれぞれ

$$P(1, \ 0, \ \tan\alpha), \ R(0, \ 1, \ \tan\beta)$$

例題 52

次に，4 点 O，P，Q，R は同一平面上にあるから

$$\overrightarrow{OQ} = s\overrightarrow{OP} + t\overrightarrow{OR} \quad (s, \ t \ \text{は実数}) \quad \cdots ①$$

とおくと　　$\overrightarrow{OQ} = s(1, \ 0, \ \tan\alpha) + t(0, \ 1, \ \tan\beta)$

$$= (s, \ t, \ s\tan\alpha + t\tan\beta)$$

一方，点 Q の x 座標，y 座標はともに 1 であるから

$$s = t = 1$$

これを ① に代入すると　　$\overrightarrow{OQ} = \overrightarrow{OP} + \overrightarrow{OR}$

ゆえに，四角形 OPQR は平行四辺形である。

例題 56

さらに　$|\overrightarrow{OP}| = \sqrt{1 + \tan^2\alpha}$，$|\overrightarrow{OR}| = \sqrt{1 + \tan^2\beta}$

$\overrightarrow{OP} \cdot \overrightarrow{OR} = \tan\alpha\tan\beta$　より

$$S = 2 \times \triangle OPR = 2 \times \frac{1}{2}\sqrt{|\overrightarrow{OP}|^2|\overrightarrow{OR}|^2 - (\overrightarrow{OP} \cdot \overrightarrow{OR})^2}$$

$$= \sqrt{(1 + \tan^2\alpha)(1 + \tan^2\beta) - (\tan\alpha\tan\beta)^2}$$

$$= \boldsymbol{\sqrt{1 + \tan^2\alpha + \tan^2\beta}}$$

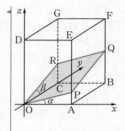

◀ B(1, 1, 0)

◀ $\overrightarrow{OP} = (1, \ 0, \ \tan\alpha)$
$\overrightarrow{OR} = (0, \ 1, \ \tan\beta)$

平行四辺形 OPQR の面積は，△OPR の面積の 2 倍である。

練習 **61**　O(0, 0, 0)，A(2, 0, 0)，C(0, 3, 0)，D(-1, 0, $\sqrt{6}$) であるような平行六面体 OABC − DEFG において，辺 AB の中点を M とし，辺 DG 上の点 N を MN = 4 かつ DN < GN を満たすように定める。

(1)　N の座標を求めよ。

(2)　3 点 E，M，N を通る平面と y 軸との交点 P の座標を求めよ。

(3)　3 点 E，M，N を通る平面による平行六面体 OABC − DEFG の切り口の面積を求めよ。

（東北大）

例題 62　空間における点と直線の距離　★★☆☆

> 2 点 A(2, 1, 3), B(4, 3, −1) を通る直線 AB 上の点のうち, 原点 O に最も近い点 P の座標を求めよ。また, そのときの線分 OP の長さを求めよ。

◀例題 33

思考のプロセス

空間における直線であるから, ベクトル方程式で考える。

《ReAction　直線のベクトル方程式は, 通る点と方向ベクトルを考えよ

未知のものを文字でおく

$\implies$ 媒介変数 t を用いて

$$\overrightarrow{OP} = \overrightarrow{OA} + t\overrightarrow{AB} = (\boxed{}, \boxed{}, \boxed{}) \longleftarrow 各成分 t の式$$

$|\overrightarrow{OP}|$ が最小となるような t の値を求める。

解 点 P は直線 AB 上にあるから, $\overrightarrow{OP} = \overrightarrow{OA} + t\overrightarrow{AB}$ (t は実数) とおける。

$\overrightarrow{OA} = (2, 1, 3), \ \overrightarrow{AB} = (2, 2, -4)$ であるから

$$\overrightarrow{OP} = (2, 1, 3) + t(2, 2, -4)$$
$$= (2+2t, \ 1+2t, \ 3-4t) \quad \cdots ①$$

よって

例題 10

$$|\overrightarrow{OP}|^2 = (2+2t)^2 + (1+2t)^2 + (3-4t)^2$$
$$= 24t^2 - 12t + 14$$
$$= 24\left(t - \frac{1}{4}\right)^2 + \frac{25}{2}$$

$|\overrightarrow{OP}|^2$ は $t = \dfrac{1}{4}$ のとき最小値 $\dfrac{25}{2}$ をとる。

このとき $|\overrightarrow{OP}|$ も最小となり, OP の最小値は

$$\frac{5}{\sqrt{2}} = \frac{5\sqrt{2}}{2}$$

また, $t = \dfrac{1}{4}$ のとき, ① より $\overrightarrow{OP} = \left(\dfrac{5}{2}, \ \dfrac{3}{2}, \ 2\right)$

したがって $P\left(\dfrac{5}{2}, \ \dfrac{3}{2}, \ 2\right)$

〔別解〕 (解答 5 行目まで同じ)

直線 AB 上の点のうち, 原点 O に最も近い点 P は $\overrightarrow{OP} \perp \overrightarrow{AB}$ を満たすから $\overrightarrow{OP} \cdot \overrightarrow{AB} = 0$

よって $2(2+2t) + 2(1+2t) - 4(3-4t) = 0$

これを解くと $t = \dfrac{1}{4}$ (以降同様)

右側注記:

直線 AB は点 A を通り, $\overrightarrow{AB}$ は方向ベクトルである。

$|\overrightarrow{OP}|$ の最小値は $|\overrightarrow{OP}|^2$ の最小値から考える。

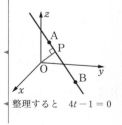

整理すると $4t - 1 = 0$

練習 62　2 点 A(−1, 2, 1), B(2, 1, 3) を通る直線 AB 上の点のうち, 原点 O に最も近い点 P の座標を求めよ。また, そのときの線分 OP の長さを求めよ。

➡ p.141　問題62

O を原点とする空間において，点 A$(4, \ 0, \ -2)$ を通り $\overrightarrow{d_1} = (1, \ 2, \ 1)$ に平行な直線を l，点 B$(5, \ -5, \ -1)$ を通り $\overrightarrow{d_2} = (-1, \ 1, \ 1)$ に平行な直線を m とする。直線 l 上に点 P を，直線 m 上に点 Q をとる。線分 PQ の長さが最小となるような２点 P，Q の座標を求めよ。

(神戸大 改)

思考のプロセス

例題 62 との違い … 動点が P，Q の２つになった。

≪ReAction 直線のベクトル方程式は，通る点と方向ベクトルを考えよ ◀例題 33

未知のものを文字でおく

$\begin{cases} \text{媒介変数 } s \text{ を用いて } \overrightarrow{\text{OP}} = \overrightarrow{\text{OA}} + s\overrightarrow{d_1} = (\boxed{}, \ \boxed{}, \ \boxed{}) & \longleftarrow \text{各成分 } s \text{ の式} \\ \text{媒介変数 } t \text{ を用いて } \overrightarrow{\text{OQ}} = \overrightarrow{\text{OB}} + t\overrightarrow{d_2} = (\boxed{}, \ \boxed{}, \ \boxed{}) & \longleftarrow \text{各成分 } t \text{ の式} \end{cases}$

$\Longrightarrow |\overrightarrow{\text{PQ}}|$ が最小となるような s，t の値を求める。

解 点 P は直線 l 上，点 Q は直線 m 上にあるから

$$\overrightarrow{\text{OP}} = \overrightarrow{\text{OA}} + s\overrightarrow{d_1} = (4+s, \ 2s, \ -2+s) \quad \cdots ①$$
$$\overrightarrow{\text{OQ}} = \overrightarrow{\text{OB}} + t\overrightarrow{d_2} = (5-t, \ -5+t, \ -1+t) \quad \cdots ②$$

とおける。よって

$$\overrightarrow{\text{PQ}} = (-s-t+1, \ -2s+t-5, \ -s+t+1)$$
$$|\overrightarrow{\text{PQ}}|^2 = (-s-t+1)^2 + (-2s+t-5)^2 + (-s+t+1)^2$$
$$= 6s^2 - 4st + 3t^2 + 16s - 10t + 27$$
$$= 6\left(s - \frac{t-4}{3}\right)^2 + \frac{7}{3}(t-1)^2 + 14$$

◀ $\overrightarrow{\text{PQ}} = \overrightarrow{\text{OQ}} - \overrightarrow{\text{OP}}$

◀ まず s について式を整理し，s について平方完成したあと，定数項を t について平方完成する。

ゆえに，PQ は $\quad s - \dfrac{t-4}{3} = 0, \ t - 1 = 0$

すなわち $s = -1, \ t = 1$ のとき最小となる。

①，② より $\quad \overrightarrow{\text{OP}} = (3, \ -2, \ -3), \ \overrightarrow{\text{OQ}} = (4, \ -4, \ 0)$

したがって $\quad$ **P$(3, \ -2, \ -3)$, Q$(4, \ -4, \ 0)$**

〔別解〕 (解答 5 行目まで同じ)

線分 PQ の長さが最小となるとき $\quad l \perp \text{PQ}$ かつ $m \perp \text{PQ}$

$l \perp \text{PQ}$ より，$\overrightarrow{d_1} \cdot \overrightarrow{\text{PQ}} = 0$ であるから

$\quad 1(-s-t+1) + 2(-2s+t-5) + 1(-s+t+1) = 0$

整理すると $\quad -3s+t-4 = 0 \quad \cdots ③$

$m \perp \text{PQ}$ より，$\overrightarrow{d_2} \cdot \overrightarrow{\text{PQ}} = 0$ であるから

$\quad (-1)(-s-t+1) + 1(-2s+t-5) + 1(-s+t+1) = 0$

整理すると $\quad -2s+3t-5 = 0 \quad \cdots ④$

③，④ を解くと $\quad s = -1, \ t = 1 \quad$ (以降同様)

◀ このとき
$\quad \text{PQ} = |\overrightarrow{\text{PQ}}| = \sqrt{14}$
この値を２直線 l, m の距離という。

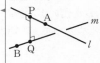

練習 **63** 空間において，2 点 A$(2, \ 1, \ 0)$，B$(1, \ -2, \ 1)$ を通る直線上に点 P をとる。また，y 軸上に点 Q をとるとき，2 点 P，Q 間の距離の最小値と，そのときの 2 点 P，Q の座標を求めよ。

2 点 A$(-1,\ 2,\ 3)$, B$(8,\ 5,\ 6)$ がある。xy 平面上に点 P をとるとき、AP＋PB の最小値およびそのときの点 P の座標を求めよ。

思考のプロセス

次元を下げる

「図形と方程式」で学習した LEGEND 数学Ⅱ＋B 例題 91 の内容を空間に**拡張**した問題である。

《ReAction 折れ線の長さの最小値は、対称点を利用せよ ◀ⅡB 例題 91

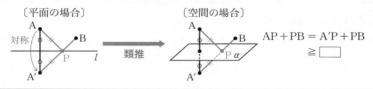

〔平面の場合〕 〔空間の場合〕

AP＋PB ＝ A′P＋PB
≧ □

解
ⅡB 91

2 点 A, B は、xy 平面に関して同じ側にあるから、点 A の xy 平面に関する対称点 A′ をとると

$\qquad$ A′$(-1,\ 2,\ -3)$

AP ＝ A′P より

$\qquad$ AP＋PB ＝ A′P＋PB ≧ A′B

よって、AP＋PB の最小値は線分 A′B の長さに等しいから

$\qquad$ A′B ＝ $\sqrt{(8+1)^2+(5-2)^2+(6+3)^2}$ ＝ $\boldsymbol{3\sqrt{19}}$

このとき、点 P は直線 A′B と xy 平面の交点であるから、

$\qquad$ $\overrightarrow{\mathrm{OP}} = \overrightarrow{\mathrm{OA'}} + t\overrightarrow{\mathrm{A'B}}$ (t は実数) とおける。

$\qquad$ $\overrightarrow{\mathrm{OP}} = (-1,\ 2,\ -3) + t(9,\ 3,\ 9)$

$\qquad\qquad$ $= (-1+9t,\ 2+3t,\ -3+9t)$ …①

点 P は xy 平面上の点であるから $\qquad -3+9t = 0$

よって $\qquad t = \dfrac{1}{3}$

① に代入すると $\qquad \overrightarrow{\mathrm{OP}} = (2,\ 3,\ 0)$

したがって $\qquad$ **P$(2,\ 3,\ 0)$**

◀ 点 B と xy 平面に関して対称な点 B′ をとり
$\qquad$ AP＋PB ＝ AP＋PB′
$\qquad\qquad$ ≧ AB′
としてもよい。

◀ $\overrightarrow{\mathrm{OP}}$ の成分が点 P の座標である。

◀ $\overrightarrow{\mathrm{OP}}$ の z 成分が 0 である。

練習 **64** 2 点 A$(1,\ 2,\ -2)$, B$(-2,\ 3,\ 2)$ がある。zx 平面上に点 P をとるとき、AP＋BP の最小値およびそのときの点 P の座標を求めよ。

➡ p.141 問題64

例題 65　球の方程式〔1〕…中心や半径の条件

次の球の方程式を求めよ。
(1)　点 (2, 1, −3) を中心とし，半径 5 の球
(2)　2 点 A(−2, 1, 5)，B(4, −3, −1) を直径の両端とする球
(3)　点 (1, −1, 2) を通り，3 つの座標平面に接する球

思考のプロセス

円の方程式の決定（LEGEND 数学 II ＋B 例題 96 参照）と同様に考える。

未知のものを文字でおく

球の表し方は，次の 2 つがある。
(ア)　$(x-a)^2+(y-b)^2+(z-c)^2=r^2$　（標準形）◀── 中心や半径が分かる式
中心 (a, b, c)，半径 r
(イ)　$x^2+y^2+z^2+kx+ly+mz+n=0$　（一般形）
ここでは，中心や半径に関する条件が与えられているから，標準形を用いる。

Action» 球の方程式は，まず中心と半径に着目せよ

解 (1)　$(x-2)^2+(y-1)^2+(z+3)^2=25$

(2)　球の中心 C は線分 AB の中点であるから
$$C\left(\frac{-2+4}{2}, \frac{1+(-3)}{2}, \frac{5+(-1)}{2}\right)$$
すなわち　C(1, −1, 2)
また，半径は AC であり
$$AC=\sqrt{\{1-(-2)\}^2+(-1-1)^2+(2-5)^2}=\sqrt{22}$$
よって，求める球の方程式は
$$(x-1)^2+(y+1)^2+(z-2)^2=22$$

◀ 線分 AB が直径であり，
線分 AC が半径である。

(3)　点 (1, −1, 2) を通り 3 つの座
標平面に接するから，球の半径を
r とおくと，中心は $(r, -r, r)$
と表すことができる。
よって，求める球の方程式は
$$(x-r)^2+(y+r)^2+(z-r)^2=r^2$$
これが点 (1, −1, 2) を通るから
$$(1-r)^2+(-1+r)^2+(2-r)^2=r^2$$
ゆえに　$2r^2-8r+6=0$
これを解くと　$r=1, 3$
したがって　$(x-1)^2+(y+1)^2+(z-1)^2=1$
$$(x-3)^2+(y+3)^2+(z-3)^2=9$$

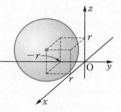

◀ 通る点の座標の正負から
中心の座標の正負を考え
る。

◀ $2(r-1)(r-3)=0$

◀ 条件を満たす球は 2 つあ
る。

練習 65　次の球の方程式を求めよ。
(1)　点 (−3, −2, 1) を中心とし，半径 4 の球
(2)　点 C(−3, 1, 2) を中心とし，点 P(−2, 5, 4) を通る球
(3)　2 点 A(2, −3, 1)，B(−2, 3, −1) を直径の両端とする球
(4)　点 (5, 5, −2) を通り，3 つの座標平面に接する球

例題 66　球の方程式〔2〕…通る4点　★★☆☆

> 4点 $(0, 0, 0)$, $(0, 0, 2)$, $(3, 0, -1)$, $(2, -2, 4)$ を通る球の方程式を求めよ。また，この球の中心の座標と半径を求めよ。

思考のプロセス

未知のものを文字でおく

どちらの形でおくか？

(ア)　$(x-a)^2 + (y-b)^2 + (z-c)^2 = r^2$　（標準形）⎯⎯ 中心や半径が分かる式

(イ)　$x^2 + y^2 + z^2 + kx + ly + mz + n = 0$　（一般形）

与えられた条件＿＿から，中心や半径はすぐに分からない。

Action»　4点を通る球の方程式は，一般形を用いよ

解　求める球の方程式を $x^2 + y^2 + z^2 + kx + ly + mz + n = 0$
とおく。
　点 $(0, 0, 0)$ を通るから　　　$n = 0$　　　　　　　… ①
　点 $(0, 0, 2)$ を通るから　　　$2m + n + 4 = 0$　　　… ②
　点 $(3, 0, -1)$ を通るから　$3k - m + n + 10 = 0$　… ③
　点 $(2, -2, 4)$ を通るから
　　　　　　　$2k - 2l + 4m + n + 24 = 0$　… ④
　① を ② に代入すると
　　　$2m + 4 = 0$　すなわち　$m = -2$
　これらを ③ に代入すると
　　　$3k + 2 + 10 = 0$　すなわち　$k = -4$
　これらを ④ に代入すると
　　　$-8 - 2l - 8 + 24 = 0$　すなわち　$l = 4$
　したがって，求める球の方程式は
　　　$x^2 + y^2 + z^2 - 4x + 4y - 2z = 0$
　これより　　$(x^2 - 4x) + (y^2 + 4y) + (z^2 - 2z) = 0$
　　　　　$(x-2)^2 - 4 + (y+2)^2 - 4 + (z-1)^2 - 1 = 0$
　よって　　$(x-2)^2 + (y+2)^2 + (z-1)^2 = 9$
　したがって，この球の中心と半径は
　　　　中心 $(2, -2, 1)$，半径 3

◀ 与えられた条件が，通る点の座標だけであるから，一般形を用いる。

◀ 左辺を x, y, z それぞれについて平方完成する。

Point... 4点を通る球

円は通る3点が決まれば1つに定まるように，球は通る4点が決まれば1つに定まる。
このことから，四面体には必ず外接球が存在することが分かる。

練習 66　4点 $(0, 0, 0)$, $(1, -1, 0)$, $(0, 1, 1)$, $(6, -1, 1)$ を通る球の方程式を求めよ。また，この球の中心の座標と半径を求めよ。

➡ p.141　問題66

点 A$(-4, -2, k)$ を通り，$\vec{d} = (1, 2, 1)$ に平行な直線 l と球
$\omega : x^2 + y^2 + z^2 = 9$ がある。

(1) $k = -1$ のとき，球 ω と直線 l の共有点の座標を求めよ。

(2) 球 ω と直線 l が接するような定数 k の値を求めよ。

思考のプロセス

l は空間における直線であるから，ベクトル方程式で考える。

≪ReAction 直線のベクトル方程式は，通る点と方向ベクトルを考えよ ◀例題 33

未知のものを文字でおく

媒介変数 t を用いて
$$\overrightarrow{OP} = \overrightarrow{OA} + t\vec{d}$$
$$= (\boxed{}, \boxed{}, \boxed{}) \longleftarrow \begin{pmatrix} l\text{上の点Pの座標であり，} \\ \omega \text{の方程式を満たす} \end{pmatrix}$$
$\underbrace{}_{k \text{と} t \text{の式}}$

解 球 ω と直線 l の共有点を P とする。点 P は直線 l 上にあるから，$\overrightarrow{OP} = \overrightarrow{OA} + t\vec{d}$ （t は実数）とおける。
$$\overrightarrow{OP} = (-4, -2, k) + t(1, 2, 1)$$
$$= (t-4, 2t-2, t+k)$$
よって　P$(t-4, 2t-2, t+k)$

(1) $k = -1$ のとき　P$(t-4, 2t-2, t-1)$

これが球 ω 上の点であるから
$$(t-4)^2 + (2t-2)^2 + (t-1)^2 = 9$$
$$6t^2 - 18t + 12 = 0$$
$$t^2 - 3t + 2 = 0$$
$(t-1)(t-2) = 0$ より　$t = 1, 2$

よって，求める共有点の座標は
$$\mathbf{(-3, 0, 0), (-2, 2, 1)}$$

▶ $x^2 + y^2 + z^2 = 9$ に
$x = t-4$, $y = 2t-2$,
$z = t-1$ を代入する。

(2) 球 ω と直線 l が接するとき
$$(t-4)^2 + (2t-2)^2 + (t+k)^2 = 9$$
すなわち $6t^2 + 2(k-8)t + k^2 + 11 = 0$ が重解をもつから，判別式を D とすると　$D = 0$
$$\frac{D}{4} = (k-8)^2 - 6(k^2 + 11)$$
$$= -5k^2 - 16k - 2$$
$5k^2 + 16k + 2 = 0$ より　$k = \dfrac{-8 \pm 3\sqrt{6}}{5}$

▶ $x^2 + y^2 + z^2 = 9$ に
$x = t-4$, $y = 2t-2$,
$z = t+k$ を代入する。

▶ 球と直線が接するとき，共有点はただ1つであるから，この t についての2次方程式はただ1つの解（重解）をもつ。

練習 **67** 点 A$(0, -2, k)$ を通り，$\vec{d} = (1, -1, 2)$ に平行な直線 l と球 $\omega : x^2 + y^2 + z^2 = 3$ がある。

(1) $k = 1$ のとき，球 ω と直線 l の共有点の座標を求めよ。

(2) 球 ω と直線 l が共有点をもつような定数 k の値の範囲を求めよ。

例題 **68**　球が平面から切り取る円〔1〕

中心 A$(2,\ 3,\ a)$，半径 $\sqrt{7}$ の球が，平面 $z = 1$ と交わってできる円 C の
半径が $\sqrt{3}$ であるとき，次の問に答えよ。

(1) 定数 a の値とそのときの球の方程式を求めよ。

(2) 円 C の方程式を求めよ。

思考のプロセス

(1) LEGEND 数学Ⅱ＋B 例題 103 の内容を空間に**拡張**した問題である。

次元を下げる

球の中心 A と円 C の中心を通る面での
断面を考える。

(2) 球の方程式において，$z = 1$ のときを考える。

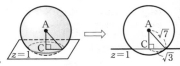

Action» 球が平面から切り取る円の半径は，三平方の定理を利用せよ

解 (1) 球の中心が A$(2,\ 3,\ a)$ である
から，円 C の中心は C$(2,\ 3,\ 1)$ で
あり　　AC $= |a-1|$

IIB
103

円 C 上に点 B をとると，$\triangle$ABC
は $\angle$C $= 90°$ の直角三角形であ
るから，三平方の定理により

$$|a-1|^2 + (\sqrt{3})^2 = (\sqrt{7})^2$$

$a-1 = \pm 2$ より　　$a = -1,\ 3$

したがって，a の値と球の方程式は

$a = -1$ のとき　$(x-2)^2 + (y-3)^2 + (z+1)^2 = 7$　…①

$a = 3$ のとき　$(x-2)^2 + (y-3)^2 + (z-3)^2 = 7$　…②

(2) ① または ② に $z = 1$ を代入すると

$$(x-2)^2 + (y-3)^2 + 4 = 7$$

したがって，円 C の方程式は

$(x-2)^2 + (y-3)^2 = 3,\ \underline{z = 1}$

◀ a と 1 の大小は分からな
いから，絶対値を付けて
考える。

◀ $(a-1)^2 = 4$

(別解) 球の方程式は
$(x-2)^2+(y-3)^2+(z-a)^2=7$
とおける。円 C の方程式
は $z = 1$ と連立して
$(x-2)^2+(y-3)^2=7-(1-a)^2,$
$z = 1$
半径が $\sqrt{3}$ であるから
　$7-(1-a)^2 = 3$
よって　$a = -1,\ 3$
　　　　（以降同様）

◀ ❗Point 参照。

Point...空間における円の方程式

例題 68 (2) の解答において，円 C の方程式を
$$(x-2)^2 + (y-3)^2 = 3$$
のみにしてしまうと，z は任意の実数とな
り，右の図のような円柱状の図形を表すこ
とになる。

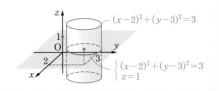

練習 **68**　中心 A$(3,\ 4,\ -2a)$，半径 a の球が，平面 $y = 3$ と交わってできる円 C の半
径が $\sqrt{3}$ であるとき，次の問に答えよ。

(1) 定数 a の値とそのときの球の方程式を求めよ。

(2) 円 C の方程式を求めよ。

➡ p.141　問題68

２つの球 $(x-1)^2+(y+2)^2+(z+1)^2=5$ …①,
$(x-3)^2+(y+3)^2+(z-1)^2=2$ …② がある。

(1)　点 P(3, 2, 4) を中心とし，球 ① に接する球の方程式を求めよ。

(2)　２つの球 ①，② が交わってできる円 C の中心の座標と半径を求めよ。

思考のプロセス

(1)　２円の位置関係（LEGEND 数学Ⅱ＋B 例題 106 参照）と同様に考える。

≪**Re**Action　２円の位置関係は，中心間の距離と半径の和・差を比べよ　◀ⅡB 例題 106

(2)　次元を下げる

立体のままでは考えにくいから，
２球の中心 A，B を通る面での
断面を考える。

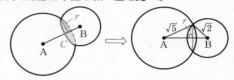

解 (1)　球 ① は　　中心 A(1, -2, -1)，半径 $\sqrt{5}$

　　　よって，中心間の距離 AP は

　　　　　$AP = \sqrt{(3-1)^2+(2+2)^2+(4+1)^2} = 3\sqrt{5}$

　　　ゆえに，求める球の半径は２つの球が外接するとき $2\sqrt{5}$，◀

　　　内接するとき $4\sqrt{5}$ であるから，求める球の方程式は

　　　　　$(x-3)^2+(y-2)^2+(z-4)^2 = 20$

　　　　　$(x-3)^2+(y-2)^2+(z-4)^2 = 80$

(2)　球 ② は　　中心 B(3, -3, 1)，半径 $\sqrt{2}$

　　　よって，球 ①，② の中心間の距離 AB は

　　　　　$AB = \sqrt{(3-1)^2+(-3+2)^2+(1+1)^2} = 3$

　　　円 C の中心を Q，半径を r とする。

　　　$AQ = x$ とおくと，三平方の　　①
　　　定理により

　　　　　$\begin{cases} r^2 = 5-x^2 \\ r^2 = 2-(3-x)^2 \end{cases}$

　　　　　$5-x^2 = 2-(3-x)^2$ より

　　　　　　$x = 2$

　　　よって，AQ = 2，QB = 1 より　　AQ : QB = 2 : 1

　　　ゆえに，円 C の中心 Q の座標は　$\left(\dfrac{7}{3}, -\dfrac{8}{3}, \dfrac{1}{3} \right)$

　　　また，円 C の半径 r は　　　$r = \sqrt{5-2^2} = 1$

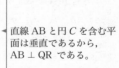

◀直線 AB と円 C を含む平面は垂直であるから，AB ⊥ QR である。

◀直角三角形 AQR において

◀直角三角形 BQR において

◀点 Q は線分 AB を 2：1 に内分する点である。

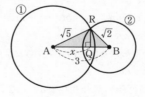

練習 69　２つの球 $(x-4)^2+(y+2)^2+(z-1)^2=20$ …①,
　　　　　$(x-2)^2+(y-4)^2+(z-4)^2=13$ …② がある。

　　　(1)　点 P(-1, 6, 7) を中心とし，球 ① に接する球の方程式を求めよ。

　　　(2)　２つの球 ①，② が交わってできる円 C の中心の座標と半径を求めよ。

Go Ahead 7　空間における平面と直線の方程式

xyz 空間における平面と直線がどのような方程式で表されるかについて学習しましょう。

1．空間における平面の方程式

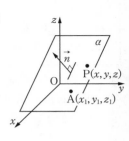

xyz 空間において，点 A$(x_1,\ y_1,\ z_1)$ を通り $\vec{n} = (a,\ b,\ c)$ に垂直な平面 α の方程式を考えましょう。**Go Ahead** 6 で学習したように，この平面 α 上の任意の点 P$(x,\ y,\ z)$ に対して $\vec{n} \perp \overrightarrow{AP}$ または $\overrightarrow{AP} = \vec{0}$ が成り立つことから，平面 α のベクトル方程式は $\vec{n} \cdot (\vec{p} - \vec{a}) = 0$ …① となります。

ここで $\vec{n} = (a,\ b,\ c)$, $\vec{p} - \vec{a} = (x - x_1,\ y - y_1,\ z - z_1)$ より，① は　$a(x - x_1) + b(y - y_1) + c(z - z_1) = 0$　…②

② を整理すると　$ax + by + cz - (ax_1 + by_1 + cz_1) = 0$

$d = -(ax_1 + by_1 + cz_1)$ とおくと，② は　$ax + by + cz + d = 0$　となります。

---

(1)　xyz 空間において，点 A$(x_1,\ y_1,\ z_1)$ を通りベクトル $\vec{n} = (a,\ b,\ c)$ に垂直な平面の方程式は　　$\boldsymbol{a(x - x_1) + b(y - y_1) + c(z - z_1) = 0}$

(2)　xyz 空間において，平面は $x,\ y,\ z$ の 1 次方程式 $\boldsymbol{ax + by + cz + d = 0}$ の形で表すことができる。また，この平面は $\vec{n} = (a,\ b,\ c)$ に垂直である。

2．空間における直線の方程式

次に，xyz 空間において，点 A$(x_1,\ y_1,\ z_1)$ を通り $\vec{u} = (a,\ b,\ c)$ に平行な直線 l の方程式を考えましょう。**Go Ahead** 6 で学習したように，この直線 l 上の任意の点 P$(x,\ y,\ z)$ に対して $\overrightarrow{AP} /\!/ \vec{u}$ または $\overrightarrow{AP} = \vec{0}$ が成り立つことから，直線 l のベクトル方程式は実数 t を用いて $\vec{p} = \vec{a} + t\vec{u}$ …③ となります。ここで，$\vec{p} = (x,\ y,\ z)$,

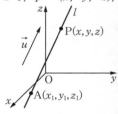

$\vec{u} = (a,\ b,\ c)$, $\vec{a} = (x_1,\ y_1,\ z_1)$ であるから，③ は

$$(x,\ y,\ z) = (x_1,\ y_1,\ z_1) + t(a,\ b,\ c)$$
$$= (x_1 + at,\ y_1 + bt,\ z_1 + ct)$$

すなわち $\begin{cases} x = x_1 + at \\ y = y_1 + bt \\ z = z_1 + ct \end{cases}$ …④ が成り立ちます。

これを，空間における直線の媒介変数表示，t を媒介変数といいます。

さらに，④ は $abc \neq 0$ のとき $\dfrac{x - x_1}{a} = \dfrac{y - y_1}{b} = \dfrac{z - z_1}{c} = t$ と変形できます。

---

xyz 空間において，点 A$(x_1,\ y_1,\ z_1)$ を通りベクトル $\vec{u} = (a,\ b,\ c)$ に平行な直線 l がある。

(1)　この直線 l を，媒介変数 t を用いて表すと　$\begin{cases} x = x_1 + at \\ y = y_1 + bt \\ z = z_1 + ct \end{cases}$

(2)　$abc \neq 0$ のとき，この直線の方程式は　$\dfrac{\boldsymbol{x - x_1}}{\boldsymbol{a}} = \dfrac{\boldsymbol{y - y_1}}{\boldsymbol{b}} = \dfrac{\boldsymbol{z - z_1}}{\boldsymbol{c}}$

直線 $l : \dfrac{x-x_1}{a} = \dfrac{y-y_1}{b} = \dfrac{z-z_1}{c}$ は

$$\underset{\text{\textcircled{A}}}{\underline{\dfrac{x-x_1}{a} = \dfrac{y-y_1}{b}}} \quad \text{かつ} \quad \underset{\text{\textcircled{B}}}{\underline{\dfrac{y-y_1}{b} = \dfrac{z-z_1}{c}}}$$

であり，この 2 つの方程式はともに平面を表すから，直線 l はこの 2
平面の交線の方程式と考えることができます。

探究例題 7　平面の方程式の決定

直線 $l : x-3 = -y+2 = \dfrac{z+2}{2}$ を含み，点 $\mathrm{A}(-1,\ 2,\ 5)$ を通る平面 α の方程式
を求めよ。

思考のプロセス

定義に戻る

点 $\mathrm{A}\ (x_1,\ y_1,\ z_1)$ を通り，$\vec{n} = (a,\ b,\ c)$ に垂直な　法線ベクトル ←── これを求める
平面の方程式：$a(x-x_1)+b(y-y_1)+c(z-z_1)=0$

Action» 平面の方程式は，通る点と垂直なベクトルに着目せよ

解 平面 α の法線ベクトルを $\vec{n} = (a,\ b,\ c)\ (\vec{n} \neq \overset{\rightarrow}{0})$ とする。
直線 l の方向ベクトル $\vec{u}$ を $\vec{u} = (1,\ -1,\ 2)$ とすると，平
面 α は直線 l を含むから　$\vec{n} \perp \vec{u}$ より
$$a-b+2c=0 \quad \cdots \text{①}$$
また，点 $\mathrm{P}(3,\ 2,\ -2)$ は直線 l 上にあるから
$$\vec{n} \perp \overrightarrow{\mathrm{AP}} \quad \text{より} \quad 4a-7c=0 \quad \cdots \text{②}$$
①，② より　$a = \dfrac{7}{4}c, \ b = \dfrac{15}{4}c$

よって，$\overset{\rightarrow}{n'} = (7, 15, 4)$ とおくと，平面 α は点 $\mathrm{A}(-1, 2, 5)$
を通り，$\overset{\rightarrow}{n'}$ に垂直であるから，その方程式は
$$7(x+1)+15(y-2)+4(z-5)=0$$
したがって　$7x+15y+4z-43=0$

$x-3 = -y+2 = \dfrac{z+2}{2}$
$\Leftrightarrow \dfrac{x-3}{1} = \dfrac{y-2}{-1} = \dfrac{z+2}{2}$
より，l は $(3,\ 2,\ -2)$ を
通り，$\vec{u} = (1,\ -1,\ 2)$ に
平行な直線である。

$\overrightarrow{\mathrm{AP}} = (4,\ 0,\ -7)$

$\vec{n} = \left(\dfrac{7}{4}c,\ \dfrac{15}{4}c,\ c\right)$
$c=4$ のときを $\overset{\rightarrow}{n'}$ とする。

探究例題において，直線 l は平面 $\beta : x-3 = -y+2$，平面 $\gamma : -y+2 = \dfrac{z+2}{2}$ の交線
です。ここで，数学 II「図形と方程式」で，2 直線の交点を通る直線を
$kf(x,\ y)+g(x,\ y)=0$ と表したことを思い出しましょう（LEGEND 数学 II ＋ B 例
題 89）。 同様に考えて，2 平面 α, β の交線を含む平面（ただし，平面 β は除く）は
$$k(x+y-5)+(-2y-z+2)=0 \quad \cdots (*)$$
と表すことができます。平面 α は点 $\mathrm{A}(-1,\ 2,\ 5)$ を通るから $(*)$ に代入して
$$-4k-7=0 \quad \text{よって} \quad k=-\dfrac{7}{4}$$

したがって，これを $(*)$ に代入して，平面 α の方程式は $-\dfrac{7}{4}x - \dfrac{15}{4}y - z + \dfrac{43}{4} = 0$
より $7x+15y+4z-43=0$ と求めることもできます。

空間に $\vec{n} = (1, 2, -3)$ を法線ベクトルとし，点 A$(-1, 2, -1)$ を通る平面 α がある。
(1) 平面 α の方程式を求めよ。
(2) 点 P$(3, 5, -7)$ から平面 α に下ろした垂線を PH とする。点 H の座標を求めよ。また，点 P と平面 α の距離を求めよ。

思考のプロセス

(1) 点 A(x_1, y_1, z_1) を通り，
法線ベクトルが $\vec{n} = (a, b, c)$ である
平面の方程式は
$$a(x - x_1) + b(y - y_1) + c(z - z_1) = 0$$

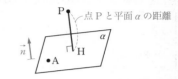

(2) 見方を変える

点 H $\Bigg\lbrace$ 点 P を通り，$\vec{n}$ に平行な直線上にある。
$\Longrightarrow \overrightarrow{OH} = \overrightarrow{OP} + t\vec{n} = (\boxed{}, \boxed{}, \boxed{})$ ←── 各成分 t の式
$\downarrow$ H の座標とみて代入
平面 α 上にある $\Longrightarrow$ (1) の平面 α の方程式を満たす。

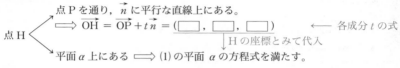

Action» 平面の方程式は，$a(x - x_1) + b(y - y_1) + c(z - z_1) = 0$ とせよ

解 (1) $1(x + 1) + 2(y - 2) - 3(z + 1) = 0$ より
$$x + 2y - 3z - 6 = 0$$

(2) 直線 PH は $\vec{n}$ に平行であるから，
$\overrightarrow{OH} = \overrightarrow{OP} + t\vec{n}$ （t は実数）とおける。
$$\overrightarrow{OH} = (3, 5, -7) + t(1, 2, -3)$$
$$= (t + 3, 2t + 5, -3t - 7)$$
よって
$$H(t + 3, 2t + 5, -3t - 7)$$
点 H は平面 α 上にあるから
$$(t + 3) + 2(2t + 5) - 3(-3t - 7) - 6 = 0$$
$$14t + 28 = 0$$
ゆえに $t = -2$
したがって $\mathbf{H(1, 1, -1)}$
また，点 P と平面 α の距離は，線分 PH の長さであるから
$$PH = \sqrt{(1 - 3)^2 + (1 - 5)^2 + (-1 + 7)^2} = 2\sqrt{14}$$

点 H は点 P を通り，$\vec{n}$ に平行な直線上にある。

(1) の方程式に $x = t + 3$, $y = 2t + 5$, $z = -3t - 7$ を代入する。

H$(t + 3, 2t + 5, -3t - 7)$ に $t = -2$ を代入する。

練習 **70** 空間に $\vec{n} = (1, 2, -2)$ を法線ベクトルとし，点 A$(-8, -3, 2)$ を通る平面 α がある。
(1) 平面 α の方程式を求めよ。
(2) 原点 O から平面 α に下ろした垂線を OH とする。点 H の座標を求めよ。また，原点 O と平面 α の距離を求めよ。

➡ p.141 問題70

例題 70 では，点と平面の距離を学習しましたが，一般に次の公式が成り立ちます。

> 点 $A(x_1,\ y_1,\ z_1)$ と平面 $\alpha : ax + by + cz + d = 0$ の距離は
> $$\frac{|ax_1 + by_1 + cz_1 + d|}{\sqrt{a^2 + b^2 + c^2}}$$

あれ？　数学 II「図形と方程式」で学習した点と
直線の距離の公式にとてもよく似ていますね。

よいことに気がつきましたね。この公式は，
法線ベクトルを用いて証明します。

p.82 の **Play Back 7** 探究例題 4 では，点と直線の距離の公式をベクトルを用いて証明しました。その証明とも見比べながら点と平面の距離の公式を証明してみましょう。

〔証明〕

点 A から平面 α に下ろした垂線を AH とする。

平面 α の法線ベクトルの 1 つは $\vec{n} = (a,\ b,\ c)$ であるから，
$\overrightarrow{AH} /\!/ \vec{n}$ より，$\overrightarrow{AH} = k\vec{n} = k(a,\ b,\ c)$ とおける（k は実数）。

$$\overrightarrow{OH} = \overrightarrow{OA} + \overrightarrow{AH}$$
$$= (x_1 + ka,\ y_1 + kb,\ z_1 + kc)$$

← 点 H の座標は
$(x_1 + ka,\ y_1 + kb,\ z_1 + kc)$

点 H は平面 α 上にあるから

$$a(x_1 + ka) + b(y_1 + kb) + c(z_1 + kc) + d = 0$$

← α の方程式に代入する。

ゆえに　　$k = \dfrac{-(ax_1 + by_1 + cz_1 + d)}{a^2 + b^2 + c^2}$

← α は平面を表すから，$a,\ b,$ c がすべて 0 であることはない。
よって　$a^2 + b^2 + c^2 \neq 0$

したがって，$|\vec{n}| = \sqrt{a^2 + b^2 + c^2}$ であるから

$$|\overrightarrow{AH}| = |k\vec{n}| = |k||\vec{n}| = \frac{|ax_1 + by_1 + cz_1 + d|}{\sqrt{a^2 + b^2 + c^2}}$$

点と直線の距離の公式の証明とほとんど同じですね。
違いは成分に z 成分が加わったことだけで，考え方は全く同じです。

その通り。ここにベクトルのよさが現れています。
内分点や重心の位置ベクトルの公式，円と球のベクトル方程式など，平面から空間に次元が上がっても，同様に表されるものがベクトルにはたくさんあるのです。

なお，この公式を用いると，例題 70 における点 P と平面 α の距離は

$$\frac{|1 \cdot 3 + 2 \cdot 5 - 3 \cdot (-7) - 6|}{\sqrt{1^2 + 2^2 + (-3)^2}} = \frac{28}{\sqrt{14}} = 2\sqrt{14}$$

と簡単に求めることができます。

空間に 3 点 A(0, 0, −1)，B(−1, 0, 1)，C(−1, 1, 3) および
球 $\omega : x^2 + y^2 + z^2 - 6x + 4y - 2z = 11$ がある。

(1)　3 点 A，B，C を通る平面 α の方程式を求めよ。

(2)　球 ω と平面 α が交わってできる円の半径 r を求めよ。

思考のプロセス

(1)　未知のものを文字でおく

通る点の座標の条件のみ $\Longrightarrow$ 一般形 $ax + by + cz + d = 0$ とおく。

(2)　例題 68 と似た構図である。

例題 68 との違い

… 平面 α が座標平面に平行でない。

$\longrightarrow$ PQ の長さをどのように求めるか？

球の半径

≪ReAction 球が平面から切り取る円の半径は，三平方の定理を利用せよ　◀例題 68

解 (1)　平面 α の方程式を $ax + by + cz + d = 0$ … ① とおく。

ただし，a, b, c の少なくとも 1 つは 0 ではない。

平面 α は 3 点 A(0, 0, −1)，B(−1, 0, 1)，
C(−1, 1, 3) を通るから

$$\begin{cases} -c+d=0 & \cdots ② \\ -a+c+d=0 & \cdots ③ \\ -a+b+3c+d=0 & \cdots ④ \end{cases}$$

②〜④ より　　$c = d, a = 2d, b = -2d$　　… ⑤

⑤ を ① に代入すると　　$2dx - 2dy + dz + d = 0$

$\underline{d \neq 0}$ より，求める平面 α の方程式は

$$2x - 2y + z + 1 = 0$$

(2)　$x^2 + y^2 + z^2 - 6x + 4y - 2z = 11$ を変形すると

$$(x-3)^2 + (y+2)^2 + (z-1)^2 = 25$$

よって，球 ω の中心は P(3, −2, 1)，半径は 5 である。

ゆえに，球 ω の中心 P と平面 α の距離は

$$\frac{|2 \cdot 3 - 2 \cdot (-2) + 1 + 1|}{\sqrt{2^2 + (-2)^2 + 1^2}} = 4$$

例題 68　球 ω と平面 α が交わってできる円の中心を Q，この円上の点を R とすると，△PQR は直角三角形であるから，三平方の定理により　　$5^2 = 4^2 + r^2$

よって　　$r = 3$

◀②より $c = d$
$c = d$ を③に代入して
$a = 2d$
$c = d, a = 2d$ を④に代入して　$b = -2d$

◀! $d = 0$ とすると，⑤より $a = b = c = 0$ となり，a, b, c の少なくとも 1 つは 0 ではないことに反する。

◀p.133 **Go Ahead** 8 参照。
例題 70 の方法を用いてもよい。

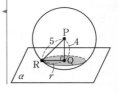

練習 71　空間に平面 $\alpha : x + 2y + 2z = a$ と球 $\omega : x^2 + y^2 + z^2 = 25$ がある。

(1)　平面 α と球 ω が共有点をもつとき，a の値の範囲を求めよ。

(2)　球 ω と平面 α が交わってできる円の半径が 4 のとき，定数 a の値を求めよ。

➡ p.142　問題 71

例題 72　空間のベクトルと軌跡　　★★★☆

原点を O とする空間内に，2 点 A(2, 2, 0)，B(0, 0, 1) がある。
点 P(x, y, z) が等式 $\overrightarrow{OP} \cdot \overrightarrow{AP} + \overrightarrow{OP} \cdot \overrightarrow{BP} + \overrightarrow{AP} \cdot \overrightarrow{BP} = 3$ を満たすように動くとき，点 P はどのような図形上を動くか。また，その図形の方程式を求めよ。

例題 37 の内容を空間に**拡張**した問題である。

≪ReAction　点 P の軌跡は，P($\vec{p}$) に関するベクトル方程式をつくれ　◀例題 37

基準を定める

与式では，始点がそろっていない。
$\Longrightarrow$ 基準を O として与式の始点を O にそろえ，図形が分かるベクトル方程式に導く。

例　直線：$\overrightarrow{OP} = \overrightarrow{OA} + t\overrightarrow{AB}$ の形
　　平面：$(\overrightarrow{OP} - \overrightarrow{OA}) \cdot \vec{n} = 0$ の形
　　球：$|\overrightarrow{OP} - \overrightarrow{OA}| = r$ や $(\overrightarrow{OP} - \overrightarrow{OA}) \cdot (\overrightarrow{OP} - \overrightarrow{OB}) = 0$ の形

解

例題37

与式より
$$\overrightarrow{OP} \cdot (\overrightarrow{OP} - \overrightarrow{OA}) + \overrightarrow{OP} \cdot (\overrightarrow{OP} - \overrightarrow{OB}) + (\overrightarrow{OP} - \overrightarrow{OA}) \cdot (\overrightarrow{OP} - \overrightarrow{OB}) = 3$$
$$3|\overrightarrow{OP}|^2 - 2\overrightarrow{OA} \cdot \overrightarrow{OP} - 2\overrightarrow{OB} \cdot \overrightarrow{OP} + \overrightarrow{OA} \cdot \overrightarrow{OB} = 3$$

$\overrightarrow{OA} \cdot \overrightarrow{OB} = 2 \times 0 + 2 \times 0 + 0 \times 1 = 0$ であるから
$$3|\overrightarrow{OP}|^2 - 2(\overrightarrow{OA} + \overrightarrow{OB}) \cdot \overrightarrow{OP} = 3$$
$$|\overrightarrow{OP}|^2 - \frac{2}{3}(\overrightarrow{OA} + \overrightarrow{OB}) \cdot \overrightarrow{OP} = 1$$
$$\left|\overrightarrow{OP} - \frac{\overrightarrow{OA} + \overrightarrow{OB}}{3}\right|^2 = \left|\frac{\overrightarrow{OA} + \overrightarrow{OB}}{3}\right|^2 + 1 \quad \cdots ①$$

$\overrightarrow{OG} = \dfrac{\overrightarrow{OA} + \overrightarrow{OB}}{3} = \left(\dfrac{2}{3}, \dfrac{2}{3}, \dfrac{1}{3}\right)$ とおくと
$$|\overrightarrow{OG}|^2 = \left(\frac{2}{3}\right)^2 + \left(\frac{2}{3}\right)^2 + \left(\frac{1}{3}\right)^2 = 1$$

よって，① は
$$|\overrightarrow{OP} - \overrightarrow{OG}|^2 = 2 \quad すなわち \quad |\overrightarrow{OP} - \overrightarrow{OG}| = \sqrt{2}$$
ゆえに，点 P は

中心 $\left(\dfrac{2}{3}, \dfrac{2}{3}, \dfrac{1}{3}\right)$，半径 $\sqrt{2}$ の球上を動く。

したがって，この図形の方程式は
$$\left(x - \frac{2}{3}\right)^2 + \left(y - \frac{2}{3}\right)^2 + \left(z - \frac{1}{3}\right)^2 = 2$$

（別解）（解答 4 行目までは同様）
$|\overrightarrow{OP}|^2 = x^2 + y^2 + z^2$,
$\overrightarrow{OA} \cdot \overrightarrow{OP} = 2x + 2y$
$\overrightarrow{OB} \cdot \overrightarrow{OP} = z$
よって
$3(x^2 + y^2 + z^2) - 2(2x + 2y) - 2z = 3$
$x^2 + y^2 + z^2 - \frac{4}{3}x - \frac{4}{3}y - \frac{2}{3}z = 1$
ゆえに
$\left(x - \frac{2}{3}\right)^2 + \left(y - \frac{2}{3}\right)^2 + \left(z - \frac{1}{3}\right)^2 = 2$

◀△OAB の重心 G の位置ベクトルである。

◀球のベクトル方程式
　$|\overrightarrow{GP}| = \sqrt{2}$

◀△OAB の重心 G を中心とする半径 $\sqrt{2}$ の球。

練習 72　空間内に 3 点 A(5, 0, 0)，B(0, 3, 0)，C(3, 6, 0) がある。点 P(x, y, z) が $\overrightarrow{PA} \cdot (2\overrightarrow{PB} + \overrightarrow{PC}) = 0$ を満たすように動くとき，点 P はどのような図形上を動くか。また，その図形の方程式を求めよ。

➡ p.142　問題 72

73 　２平面のなす角・交線の方程式　　★★★☆

空間に平面 $\alpha : x - 10y - 7z = 0$ と平面 $\beta : 3x + 5y + 4z = 35$ がある。
(1)　平面 α と平面 β のなす角 θ $(0° \leqq \theta \leqq 90°)$ を求めよ。
(2)　平面 α と平面 β の交線 l の方程式を求めよ。

思考のプロセス

(1)　見方を変える

2 平面のなす角 θ

$\Longrightarrow$ 2 つの法線ベクトルのなす角 θ'

■ このようにみると，例題 39 の内容を
空間に拡張した問題である。

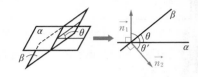

Action» 2平面のなす角は，法線ベクトルのなす角を利用せよ

(2)　平面 α と平面 β の交線 l の方程式
$\Longrightarrow$ α ，β の方程式をともに満たす関係式
$\Longrightarrow$ 連立方程式を考える。

解
例題39

(1)　平面 α と平面 β の法線ベクトルの 1 つをそれぞれ
$\overrightarrow{n_1}$ ，$\overrightarrow{n_2}$ とすると
$$\overrightarrow{n_1} = (1, -10, -7), \quad \overrightarrow{n_2} = (3, 5, 4)$$
$\overrightarrow{n_1}$ と $\overrightarrow{n_2}$ のなす角 θ' $(0° \leqq \theta' \leqq 180°)$ は
$$\cos\theta' = \frac{\overrightarrow{n_1} \cdot \overrightarrow{n_2}}{|\overrightarrow{n_1}||\overrightarrow{n_2}|} = \frac{3 - 50 - 28}{\sqrt{150}\sqrt{50}} = -\frac{\sqrt{3}}{2}$$
よって　$\theta' = 150°$

ゆえに，平面 α と平面 β のなす角 θ は　　$\theta = 30°$

(2)　$x - 10y - 7z = 0$ …①，$3x + 5y + 4z = 35$ …②
とおく。①，②より，x を y または z で表すと
$$x = -\frac{z - 70}{7}, \quad x = \frac{y + 49}{5}$$
よって，交線 l の方程式は　$x = \frac{y + 49}{5} = -\frac{z - 70}{7}$

$0° \leqq \theta \leqq 90°$ であるから
$0° \leqq \theta' \leqq 90°$ のとき
$\quad \theta = \theta'$
$90° < \theta' \leqq 180°$ のとき
$\quad \theta = 180° - \theta'$
①＋②×2, ①×4＋②×7

Point 参照。

Point...空間における直線の方程式の表し方

例題 73(2)は，①，②から x と z を順に消去し，y を z または x で表すと
②－①×3 より　$y = -\frac{5z - 7}{7}$，　①×4＋②×7 より　$y = 5x - 49$
よって，交線 l の方程式は　$5x - 49 = y = -\frac{5z - 7}{7}$ と答えてもよい。
すなわち，$x = \frac{y + 49}{5} = -\frac{z - 70}{7}$ と $5x - 49 = y = -\frac{5z - 7}{7}$ は同じ直線を表す。
このように，空間における直線の方程式は複数の表し方がある。

練習73　空間に平面 $\alpha : 2x + y - 3z = 3$ と平面 $\beta : x - 3y + 2z = 5$ がある。
(1)　平面 α と平面 β のなす角 θ $(0° \leqq \theta \leqq 90°)$ を求めよ。
(2)　平面 α と平面 β の交線 l の方程式を求めよ。

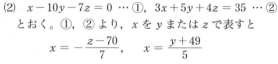

→p.142　問題73

例題 74 直線と平面のなす角 ★★★★

空間に直線 $l : \dfrac{x+3}{5} = \dfrac{y+3}{3} = -\dfrac{z}{4}$ と平面 $\alpha : 5x + 4ay + 3z = -2$ がある。

(1) 直線 l と平面 α が平行であるとき，a の値を求めよ。

(2) 直線 l と平面 α のなす角が $30°$ のとき，a の値を求めよ。

(3) 直線 l と平面 α が平行でないとき，平面 α は a の値によらず直線 l と定点 P で交わることを示し，その点の座標を求めよ。

思考のプロセス

例題 73 のように，平面 α と直線 l の法線ベクトルのなす角を考えたいが，直線 l の法線ベクトルは考えにくい。

見方を変える

直線 l と平面 α のなす角

$\Longrightarrow \begin{pmatrix} l \text{の方向ベクトル} \vec{u} \\ \alpha \text{の法線ベクトル} \vec{n} \end{pmatrix}$ のなす角を利用。

(2) 法線ベクトルは，向きが 2 通りあることに注意する。

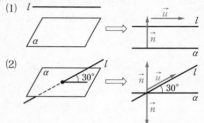

Action» 直線と平面のなす角は，方向ベクトルと法線ベクトルのなす角を利用せよ

解 (1) 直線 l の方向ベクトル $\vec{u}$ は　　$\vec{u} = (5, \ 3, \ -4)$

　　　平面 α の法線ベクトル $\vec{n}$ は　　$\vec{n} = (5, \ 4a, \ 3)$

　　直線 l と平面 α が平行のとき　　$\vec{u} \perp \vec{n}$

　　ゆえに，$\vec{u} \cdot \vec{n} = 12a + 13 = 0$ より　　$a = -\dfrac{13}{12}$

◀ $l /\!/ \vec{u}$, $\alpha \perp \vec{n}$ であるから $l /\!/ \alpha \Longleftrightarrow \vec{u} \perp \vec{n}$

(2) 直線 l と平面 α のなす角が $30°$ のとき，

　　$\vec{u}$ と $\vec{n}$ のなす角 θ $(0° \leqq \theta \leqq 180°)$ は　$60°$ または $120°$

　　ここで　　$\cos\theta = \dfrac{\vec{u} \cdot \vec{n}}{|\vec{u}||\vec{n}|} = \dfrac{12a + 13}{\sqrt{50}\sqrt{16a^2 + 34}}$

　　よって，$\pm\dfrac{1}{2} = \dfrac{12a + 13}{10\sqrt{8a^2 + 17}}$ を解くと　　$a = 1, \ \dfrac{32}{7}$

◀ α は 2 通りある。

◀ 両辺を 2 乗して分母をはらう。
$25(8a^2 + 17) = (12a + 13)^2$
$7a^2 - 39a + 32 = 0$
$(a - 1)(7a - 32) = 0$
よって　$a = 1, \ \dfrac{32}{7}$

(3) 直線 l を媒介変数 t を用いて表すと

　　　$x = 5t - 3, \ y = 3t - 3, \ z = -4t$　　$\cdots$①

　　① を平面 α の方程式に代入すると

　　　　$5(5t - 3) + 4a(3t - 3) + 3(-4t) = -2$

　　これを整理すると　　$(12a + 13)(t - 1) = 0$

　　直線 l と平面 α は平行でないから　　$12a + 13 \neq 0$

　　$t = 1$ となり，これを ① に代入すると　　$P(2, \ 0, \ -4)$

◀ (1) より

◀ a の値によらず点 P を通る。

練習 74 空間に平面 $\alpha : 3x - 5y - 4z = 9$ と直線 $l : x = \dfrac{y-6}{10} = \dfrac{z-9}{7}$ がある。平面 α と直線 l のなす角 θ $(0° \leqq \theta \leqq 90°)$ と，交点 P の座標を求めよ。

➡ p.142 問題74

40
★☆☆☆
点 $A(x, y, -4)$ を y 軸に関して対称移動し，さらに，zx 平面に関して対称移動すると，点 $B(2, -1, z)$ となる。このとき，x, y, z の値を求めよ。

41
★☆☆☆
3 点 $A(2, 2, 0)$，$B(2, 0, -2)$，$C(0, 2, -2)$ に対して，四面体 ABCD が正四面体となるような点 D の座標を求めよ。

42
★☆☆☆
平行六面体 ABCD−EFGH において，次の等式が成り立つことを証明せよ。
(1) $\overrightarrow{AC} + \overrightarrow{AH} + \overrightarrow{AF} = 2\overrightarrow{AG}$
(2) $\overrightarrow{AG} + \overrightarrow{BH} + \overrightarrow{CE} + \overrightarrow{DF} = 4\overrightarrow{AE}$

43
★☆☆☆
$\vec{e_1} = (1, 0, 0)$, $\vec{e_2} = (0, 1, 0)$, $\vec{e_3} = (0, 0, 1)$ とし，$\vec{a} = (1, 2, 1)$,
$\vec{b} = (-1, 0, 1)$, $\vec{c} = (0, 1, 2)$ とするとき
(1) $\vec{e_1}$, $\vec{e_2}$, $\vec{e_3}$ をそれぞれ $\vec{a}$, $\vec{b}$, $\vec{c}$ で表せ。
(2) $\vec{d} = (s, t, u)$ のとき，$\vec{d}$ を $\vec{a}$, $\vec{b}$, $\vec{c}$ で表せ。

44
★★☆☆
空間の 3 つのベクトル $\vec{a} = (1, -3, -3)$, $\vec{b} = (1, -1, -2)$,
$\vec{c} = (-2, 3, 4)$ に対して，次の 2 つの条件を満たすベクトル $\vec{e}$ を
$s\vec{a} + t\vec{b} + u\vec{c}$ の形で表せ。
(ア) $\vec{e}$ は単位ベクトル　　　(イ) $\vec{e}$ は $\vec{d} = (-5, 6, 8)$ と平行

45
★★☆☆
1 辺の長さが 2 の正四面体 ABCD で，CD の中点を M とする。
次の内積を求めよ。
(1) $\overrightarrow{AB} \cdot \overrightarrow{AC}$　　　(2) $\overrightarrow{BC} \cdot \overrightarrow{CD}$
(3) $\overrightarrow{AB} \cdot \overrightarrow{CD}$　　　(4) $\overrightarrow{MA} \cdot \overrightarrow{MB}$

46
★★☆☆
3 点 $A(0, 5, 5)$，$B(2, 3, 4)$，$C(6, -2, 7)$ について，△ABC の面積を求めよ。

47
★★☆☆
$\vec{a} = (1, 3, -2)$ となす角が 60°，$\vec{b} = (1, -1, -1)$ と垂直で，大きさが $\sqrt{14}$
であるベクトル $\vec{p}$ を求めよ。

48 $\vec{p}$ が y 軸, z 軸の正の向きとのなす角がそれぞれ 45°, 120° であり, $|\vec{p}| = 4$ の
★★☆☆ とき

(1) $\vec{p}$ の x 軸の正の向きとのなす角を求めよ。　　(2) $\vec{p}$ の成分を求めよ。

49 △ABC の辺 AB, BC, CA の中点を P(-1, 5, 2), Q(-2, 2, -2),
★☆☆☆ R(1, 1, -1) とする。

(1) 頂点 A, B, C の座標を求めよ。　　(2) △ABC の重心の座標を求めよ。

50 四面体 ABCD において, 辺 AB を 2:3 に内分する点を L, 辺
★★☆☆ CD の中点を M, 線分 LM を 4:5 に内分する点を N, △BCD
の重心を G とするとき, 線分 AG は N を通ることを示せ。ま
た, AN:NG を求めよ。

51 正四面体 OABC において, $\overrightarrow{OA} = \vec{a}$, $\overrightarrow{OB} = \vec{b}$, $\overrightarrow{OC} = \vec{c}$ とする。線分 AB を 1:2
★★☆☆ に内分する点を L, 線分 BC の中点を M, 線分 OC を $t:(1-t)$ に内分する点を
N とする。さらに, 線分 AM と CL の交点を P とし, 線分 OP と LN の交点を
Q とする。ただし, $0 < t < 1$ である。このとき, $\overrightarrow{OP}$, $\overrightarrow{OQ}$ を t, $\vec{a}$, $\vec{b}$, $\vec{c}$ を用
いて表せ。

52 4 点 A(1, 1, 1), B(2, 3, 2), C(-1, -2, -3), D($m+6$, 1, $m+10$) が同
★★☆☆ 一平面上にあるとき, m の値を求めよ。

53 平行六面体 ABCD-EFGH において, 辺 CD を 2:1 に内分する点を P, 辺 FG を
★★★☆ 1:2 に内分する点を Q とし, 平面 APQ と直線 CE との交点を R とする。$\overrightarrow{AB} = \vec{a}$,
$\overrightarrow{AD} = \vec{b}$, $\overrightarrow{AE} = \vec{c}$ として, $\overrightarrow{AR}$ を $\vec{a}$, $\vec{b}$, $\vec{c}$ で表せ。

54 四面体 ABCD の頂点 A, B から対面へそれぞれ垂線 AA′, BB′ を下ろすとき,
★★★☆ 次を証明せよ。

(1) AB ⊥ CD であれば, 直線 AA′ と直線 BB′ は交わる。

(2) AB ⊥ CD, AC ⊥ BD であれば, AD ⊥ BC である。

55 四面体 OABC において, OA, AB, BC, OC, OB, AC の中点をそれぞれ P, Q,
★★★★ R, S, T, U とすると, PR, QS, TU は 1 点で交わることを示せ。

56 4点 O(0, 0, 0), A(-1, -1, 3), B(1, 0, 4), C(0, 1, 4) がある。
★★★☆ (1) △ABC の面積を求めよ。　　(2) 四面体 OABC の体積を求めよ。

57 四面体 OABC において OA $=2$, OB $=$ OC $=1$, BC $=\dfrac{\sqrt{10}}{2}$, ∠AOB $=$ ∠AOC $=60°$
★★★☆
とする。点 O から平面 ABC に下ろした垂線を OH とする。$\overrightarrow{OA}=\vec{a}$, $\overrightarrow{OB}=\vec{b}$,
$\overrightarrow{OC}=\vec{c}$ として次の問に答えよ。
(1) 内積 $\vec{a}\cdot\vec{b}$, $\vec{b}\cdot\vec{c}$, $\vec{c}\cdot\vec{a}$ の値を求めよ。
(2) $\overrightarrow{OH}$ を $\vec{a}$, $\vec{b}$, $\vec{c}$ を用いて表せ。
(3) 四面体 OABC の体積を求めよ。　　　　　　　　　　　　　（徳島大）

58 4点 O(0, 0, 0), A(1, 2, 1), B(2, 0, 0), C(-2, 1, 3) を頂点とする四面体
★★★★ において，点 C から平面 OAB に下ろした垂線を CH とする。
(1) △OAB の面積を求めよ。　　(2) 点 H の座標を求めよ。
(3) 四面体 OABC の体積を求めよ。

59 右の図のような平行六面体 OADB−CEFG がある。
★★★☆ 辺 OC, DF の中点をそれぞれ M, N とし，辺 OA, CG を
3 : 1 に内分する点をそれぞれ P, Q とする。
$\overrightarrow{OA}=\vec{a}$, $\overrightarrow{OB}=\vec{b}$, $\overrightarrow{OC}=\vec{c}$ とするとき

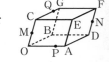

(1) ベクトル $\overrightarrow{MP}$, $\overrightarrow{MQ}$ を $\vec{a}$, $\vec{b}$, $\vec{c}$ を用いて表せ。
(2) 点 M, N, P, Q は，同一平面上にあることを示せ。
(3) $\vec{a}\perp\vec{b}$, $\vec{b}\perp\vec{c}$, $\vec{a}$ と $\vec{c}$ のなす角が 60°, $|\vec{a}|:|\vec{b}|:|\vec{c}|=2:2:1$ のとき，$\overrightarrow{MP}$
と $\overrightarrow{MQ}$ のなす角 θ に対して，$\cos\theta$ の値を求めよ。

60 次の平面におけるベクトル方程式は，どのような図形を表すか。また，空間に
★★☆☆ おけるベクトル方程式の場合には，どのような図形を表すか。
ただし，A($\vec{a}$), B($\vec{b}$) は定点であるとする。
(1) $3\vec{p}-(3t+2)\vec{a}-(3t+1)\vec{b}=\vec{0}$　　(2) $(\vec{p}-\vec{a})\cdot(\vec{p}-\vec{b})=0$

61 1辺の長さが 2 の正方形を底面とし，高さが 1 の直方体を K とする。2点 A,
★★★☆ B を直方体 K の同じ面に属さない 2 つの頂点とする。直線 AB を含む平面で直
方体 K を切ったときの断面積の最大値と最小値を求めよ。　　　　　　（一橋大）

62
★★☆☆　3 点 A(2, 0, 0), B(1, 1, 0), C(1, −1, 1) を通る平面 ABC 上の点のうち, 原点 O に最も近い点 P の座標を求めよ。

63
★★★☆　空間において, 4 点 A(3, 4, 2), B(4, 3, 2), C(2, −3, 4), D(1, −2, 3) がある。2 直線 AB, CD の距離を求めよ。

64
★★★☆　2 点 A(2, 1, 3), B(1, 3, 4) と xy 平面上に動点 P, yz 平面上に動点 Q がある。このとき 3 つの線分の長さの和 AP＋PQ＋QB の最小値を求めよ。

65
★★☆☆　次の球の方程式を求めよ。
(1) 点 (3, 1, −4) を中心とし, xy 平面に接する球
(2) 点 (−3, 1, 4) を通り, 3 つの平面 $x = 2$, $y = 0$, $z = 0$ に接する球

66
★★☆☆　4 点 A(1, 1, 1), B(−1, 1, −1), C(−1, −1, 0), D(2, 1, 0) を頂点とする四面体 ABCD の外接球の方程式を求めよ。

67
★★★☆　空間に 3 点 A(−1, 0, 1), B(1, 2, 3), C(3, 4, 2) がある。点 C を中心とし, 直線 AB に接する球 ω を考える。
(1) 球 ω の半径 r を求めよ。また球 ω の方程式を求めよ。
(2) 点 P$(k+2, 2k+1, 3k-2)$ が球 ω の内部の点であるとき, 定数 k の値の範囲を求めよ。

68
★★★☆　球 $x^2 + y^2 + (z-2)^2 = 9$ と平面 $x = a$ $(a > 0)$ が交わってできる円 C の半径が $\dfrac{\sqrt{35}}{2}$ であるとき, 次の問に答えよ。
(1) a の値を求めよ。
(2) 点 P$(0, 0, 5)$ があり, 点 Q が円 C 上を動くとき, 直線 PQ と xy 平面の交点 R の軌跡を求めよ。

69
★★★☆　球 $x^2 + y^2 + z^2 = r^2$ $(r > 1)$ と球 $x^2 + y^2 + (z-2)^2 = 1$ が交わってできる円の面積が $\dfrac{3}{4}\pi$ となるときの r の値を求めよ。

70
★★★☆　空間に 4 点 O(0, 0, 0), A(1, 0, 0), B(0, 1, 0), C(0, 0, −1) がある。
(1) 3 点 A, B, C を通る平面 α の方程式を求めよ。
(2) 平面 α に垂直になるように原点 O から直線を引いたとき, 平面 α との交点 T の座標を求めよ。
(3) △ABC の面積を求めよ。
(4) 四面体 OABC の体積を求めよ。

(福島大)

71
★★★☆
2つの球 $\omega_1 : x^2 + y^2 + z^2 = 2$ と $\omega_2 : (x-k)^2 + (y+2k)^2 + (z-2k)^2 = 8$ が共有点をもっている。

(1) 定数 k の値の範囲を求めよ。

(2) ω_1 と ω_2 が交わってできる円の半径が 1 であるとき，この円を含む平面 α の方程式を求めよ。

72
★★★☆
a, b, c を実数とし，座標空間内の点を O$(0, 0, 0)$, A$(2, 1, 1)$, B$(1, 2, 3)$, C(a, b, c), M$\left(1, \dfrac{1}{2}, 1\right)$ と定める。空間内の点 P で $4|\overrightarrow{\mathrm{OP}}|^2 + |\overrightarrow{\mathrm{AP}}|^2 + 2|\overrightarrow{\mathrm{BP}}|^2 + 3|\overrightarrow{\mathrm{CP}}|^2 = 30$ を満たすもの全体が M を中心とする球面をなすとき，この球面の半径と a, b, c の値を求めよ。 (東北大)

73
★★★☆
空間に 2 つの平面 $\alpha : x = y$, $\beta : 2x = y + z$ がある。平面 α 上に A$(3, 3, 0)$, 平面 β 上に B$(2, 5, -1)$ をとる。

(1) 2 平面 α, β のなす角 θ $(0° \leqq \theta \leqq 90°)$ と 2 平面の交線 m の方程式を求めよ。

(2) (1)の直線 m 上に $\angle \mathrm{APB} = \theta$ となる点 P が存在することを示し，P の座標を求めよ。

74
★★★★
空間に 2 直線 $l : x - 3 = -\dfrac{y}{2} = \dfrac{z}{3}$, $m : x - 1 = \dfrac{y+8}{2} = z$ がある。

(1) 2 直線 l, m は交わることを示し，その交点 P の座標を求めよ。

(2) 2 直線 l, m のなす角 θ $(0° \leqq \theta \leqq 90°)$ を求めよ。

(3) 2 直線 l, m を含む平面 α の方程式を求めよ。

本質を問う4

$\boxed{1}$ (1) ある 4 点 O, A, B, C について，$\overrightarrow{\mathrm{OA}}$, $\overrightarrow{\mathrm{OB}}$, $\overrightarrow{\mathrm{OC}}$ が 1 次独立であるとはどういうことか述べよ。

(2) $\vec{a} = (2, 3, 0)$, $\vec{b} = (4, 0, 0)$, $\vec{c} = (0, 5, 0)$ において，$\vec{a}$, $\vec{b}$, $\vec{c}$ は 1 次独立であるといえるか。
◀p.88 ②

$\boxed{2}$ 空間において，同一直線上にない 3 点 A$(\vec{a})$, B$(\vec{b})$, C$(\vec{c})$ がある。A, B, C を含む平面上の任意の点を P$(\vec{p})$ とするとき

$$\vec{p} = s\vec{a} + t\vec{b} + u\vec{c}, \quad s + t + u = 1$$

であることを示せ。
◀p.91 概要 ④

$\boxed{3}$ 直線 l が，点 O で交わる 2 直線 OA, OB のそれぞれに垂直であるとき，直線 l は，直線 OA, OB で定まる平面 α に垂直であることをベクトルを用いて示せ。
◀p.90 ⑤

Let's Try! 4

① 四面体 OABC において，辺 AB の中点を P，線分 PC の中点を Q とする。また，$0 < m < 1$ に対し，線分 OQ を $m : (1-m)$ に内分する点を R，直線 AR と平面 OBC の交点を S とする。さらに，$\overrightarrow{OA} = \vec{a}$，$\overrightarrow{OB} = \vec{b}$，$\overrightarrow{OC} = \vec{c}$ とする。

(1) $\overrightarrow{OP}$，$\overrightarrow{OQ}$，$\overrightarrow{OR}$ を $\vec{a}$，$\vec{b}$，$\vec{c}$ と m で表せ。

(2) AR:RS を m で表せ。

(3) 辺 OA と線分 SQ が平行となるとき，m の値を求めよ。　　　（南山大）

◀例題44, 53

② 四面体 ABCD において，△BCD の重心を G とする。このとき，次の問に答えよ。

(1) ベクトル $\overrightarrow{AG}$ をベクトル $\overrightarrow{AB}$，$\overrightarrow{AC}$，$\overrightarrow{AD}$ で表せ。

(2) 線分 AG を 3:1 に内分する点を E，△ACD の重心を F とする。このとき，3 点 B, E, F は一直線上にあり，E は BF を 3:1 に内分する点であることを示せ。

(3) BA = BD，CA = CD であるとき，2 つのベクトル $\overrightarrow{BF}$ と $\overrightarrow{AD}$ は垂直であることを示せ。　　　（静岡大）　◀例題54

③ 空間ベクトル $\overrightarrow{OA} = (1,\ 0,\ 0)$，$\overrightarrow{OB} = (a,\ b,\ 0)$，$\overrightarrow{OC}$ が，条件

$$|\overrightarrow{OB}| = |\overrightarrow{OC}| = 1, \quad \overrightarrow{OA} \cdot \overrightarrow{OB} = \frac{1}{3}, \quad \overrightarrow{OA} \cdot \overrightarrow{OC} = \frac{1}{2}, \quad \overrightarrow{OB} \cdot \overrightarrow{OC} = \frac{5}{6}$$

を満たしているとする。ただし，a, b は正の数とする。

(1) a, b の値を求めよ。　　　(2) △OAB の面積 S を求めよ。

(3) 四面体 OABC の体積 V を求めよ。　　　（名古屋大）　◀例題56

④ 座標空間の 4 点 A$(1,\ 1,\ 2)$, B$(2,\ 1,\ 4)$, C$(3,\ 2,\ 2)$, D$(2,\ 7,\ 1)$ を考える。

(1) 線分 AB と線分 AC のなす角を θ とするとき，$\sin\theta$ の値を求めよ。ただし，$0° \leqq \theta \leqq 180°$ とする。

(2) 点 D から △ABC を含む平面へ垂線 DH を下ろすとする。H の座標を求めよ。　　　（岐阜大　改）　◀例題58

⑤ xyz 空間内に xy 平面と交わる半径 5 の球がある。その球の中心の z 座標が正であり，その球と xy 平面の交わりがつくる円の方程式が $x^2 + y^2 - 4x + 6y + 4 = 0$ であるとき，その球の中心の座標を求めよ。　　　（早稲田大）　◀例題68

143

思考の戦略編

Strategy of Mathematical Thinking

見たこともない問題に初めて出会ったとき，
どのようにして解決の糸口を見つけるか？
そこには，語り継がれる「思考の戦略」がある

$\mathbf{S}$trategy 1 設定

> 与えられた図形や式の特徴をつかんで，
> 数学の別の世界に落とし込む
> これができると，解決のための手段が広がっていく

物語などで場面設定という言葉がある。物語の舞台となる時代，場所，登場人物などを定めることであり，この設定がはっきりしないと物語に入り込めない。

ここまで，「2次関数」，「場合の数と確率」，「ベクトル」のような分野ごとに学習を進めてきた。しかし，複雑な入試問題では，問題文から分野が明らかではない場合や，一見した分野とは異なる分野の問題であることも少なくない。そのような場合，どの分野の問題と考えるかという場面を自分で設定する必要がある。ここでは，次の4つについて学習しよう。

❶ 座標平面の設定　　**❷ 座標空間の設定**
❸ 角の設定　　　　　**❹ 文字の設定（置き換え）**

❶ 座標平面の設定

図形の性質は

(ア)　幾何学的・三角比　　(イ)　座標　　(ウ)　ベクトル

など，様々な方法で証明してきた。ここでは，(イ) 座標 を利用する考え方について振り返ろう。

数学 II「図形と方程式」において，座標という考え方を用いて，図形を方程式で表すことを学習した。座標を利用することによって，図形の性質を計算によって考えることができるようになったのである。

例　連立方程式の解　$\xrightarrow{\text{対応}}$　図形の共有点

　　角の大きさ　$\longleftrightarrow$　2直線の傾きの関係

図形の性質を座標を用いて考えるためには，座標軸を設定し，図形を配置する必要がある。そのときには，次の2点に注意する必要がある。

注意(1) … 図形が特殊なものにならない（一般性を失わない）ようにする。
注意(2) … 計算が大変にならないように，対称性を利用して図形を配置する。

例えば，LEGEND 数学 II ＋ B 例題 95「図形の性質の証明」

> △ABC の各辺の垂直二等分線は 1 点で交わることを証明せよ。

においても，前ページの2点に注意して△ABCを右の図のように設定した。注意(2)から，B，Cをx軸上にとった。さらに，BCの垂直二等分線を考えるから，それがy軸となるように，BCの中点を原点とした。このとき対称性から，B，Cの座標を$(-c, 0)$，$(c, 0)$と1文字で表すことができる。

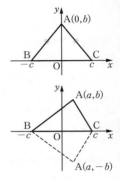

注意(1)についても考えてみよう。例えば，文字を減らしたいからといって，右の図のように点Aをy軸上にとってはいけない。△ABCを二等辺三角形という特別な三角形でしか考えていないことになるからである。一方，点Aのy座標bは$b > 0$として考えているが，bを$-b$とした場合の△ABCはもとの三角形と合同（x軸に関して対称）であるから，bが正の場合のみを考えれば，負の場合を考えなくても一般的な△ABCを考えたことになる。このことを「$b > 0$としても**一般性を失わない**」という。点Bを$x < 0$，点Cを$x > 0$の部分に設定したことも，同様に一般性を失わない。

それでは，この考え方を利用して，次の例題を考えてみよう。

戦略例題 1　　**座標平面の設定**　　　　　　　　　　　➡ 解説 p.150

AB = AC である二等辺三角形 ABC を考える。辺 AB の中点を M とし，辺 AB を延長した直線上に点 N を，AN：NB = 2：1 となるようにとる。このとき，∠BCM = ∠BCN となることを示せ。ただし，点 N は辺 AB 上にはないものとする。

(京都大)

2 　座標空間の設定

空間図形も同様に，座標空間を設定すると図形が把握しやすくなり，見通しが立てやすくなる。このとき，直角を上手に配置することが重要である。平面の場合で考えてみよう。例えば，∠A = 90° である直角三角形 ABC を座標平面に設定するとき，図1では座標軸の直角を活かせておらず，2直線 AB と AC の垂直条件を用いなければならない。一方，図2のように頂点 A が座標軸上にあるように，さらには図3のように頂点 A が原点となるように設定すると，直角という条件を活かしやすくなる。

図1　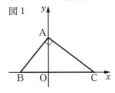　　　図2　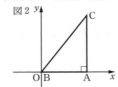　　　図3　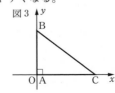

それでは，この考え方を利用して，次の例題を考えてみよう。

➡ 解説 p.151

戦略例題 2　座標空間の設定

四面体 OABC において，$\overrightarrow{AC}$, $\overrightarrow{OB}$ はいずれも $\overrightarrow{OA}$ に直交し，$\overrightarrow{AC}$ と $\overrightarrow{OB}$ のなす角は $60°$ であり，AC = OB = 2，OA = 3 である。このとき，△ABC の面積と四面体 OABC の体積を求めよ。

（早稲田大）

3 角の設定

図形の問題で変数をとるときには

(ア)　長さを変数にとる　　　　(イ)　角を変数にとる

の 2 通りが考えられる。中学までの学習では，角を計算することができなかったため，(イ) の方針は慣れていないかもしれない。しかし，数学Ⅱで「三角関数」を学習した今では，角を設定することで様々な式変形の手段を利用できる。

例えば，LEGEND 数学Ⅱ＋B 例題 171「図形への応用」

> ①半径 1 の円に内接し，$A = \dfrac{\pi}{3}$ である③△ABC について，3 辺の長さ②の和 AB＋BC＋CA の最大値を求めよ。　　　　（滋賀大）

では，(ア) 辺の長さを変数にとる，または (イ) 角を変数にとる，の方針が考えられるが，(ア) の方針ではそれぞれの辺に変数をとらなければならないのに対し，(イ) の方針では条件 ②，条件 ③ を利用することで，1 つの変数ですべての角を表すことができる。そして，正弦定理や三角関数の合成を利用することで求めたい変量を計算できた。

このように図形の問題では，長さを変数にとる方針だけでなく，角を変数にとる方針を頭に入れておくと，変数が少なくて済んだり，計算が簡単になったりすることがある。それでは，この考え方を利用して，次の例題を考えてみよう。

戦略例題 3　角の設定

➡ 解説 p.152

原点を O とする座標平面上において，AB = 6，BC = 4，$\angle ABC = \dfrac{\pi}{2}$ である直角三角形 ABC の頂点 A は y 軸上の正の部分，頂点 B は x 軸上の正の部分にあり，頂点 C は第 1 象限にあるとする。OC の長さを L とするとき L の最大値を求めよ。また，そのときの点 C の座標を求めよ。

（立教大　改）

数学の問題を解く上で，文字の設定は重要である。未知のものを文字でおくことはその代表例である。また，三角関数や指数・対数関数を含む方程式・不等式や関数では，$\sin\theta = t$ や $\log_2 x = t$ と置き換えることにより，2次方程式・不等式や2次関数に帰着させることも多かった。

そのほかにも，特殊な置き換えがいくつかあるから，振り返っておこう。例えば，LEGEND 数学 I ＋A 戦略例題11「式の対称性」

> 連立方程式 $\begin{cases} x^2 + y^2 + xy = 7 & \cdots ① \\ xy + x + y = -5 & \cdots ② \end{cases}$ を解け。

では，①，② がいずれも対称式であることから，基本対称式を

$$x + y = u, \quad xy = v$$

と置き換えることにより，易しい連立方程式 $\begin{cases} u^2 - v = 7 \\ u + v = -5 \end{cases}$ に変換することができた。

また，LEGEND 数学 II ＋B 例題170「条件付き2変数関数の最大・最小…円の媒介変数表示」

> 実数 x, y が $\underline{x^2 + y^2 = 1}$ を満たすとき，$x^2 + 2xy - y^2$ の最大値と最小値を求めよ。

では，この条件式＿＿＿を座標平面上に設定すると，点 $(x,\ y)$ が円 $x^2 + y^2 = 1$ 上にあるから，$x = \cos\theta$，$y = \sin\theta$ と置き換えることができ

$$x^2 + 2xy - y^2 = \cos^2\theta + 2\sin\theta\cos\theta - \sin^2\theta$$

と，問題を三角関数の最大・最小問題に帰着することができた。この問題では，三角関数への置き換えによって，2倍角の公式や合成のような式変形の手段が増えたことが問題の解決へと導いているのである。

さらに，LEGEND 数学 II ＋B 例題174「三角関数を含む方程式の解の個数〔3〕」

> θ の方程式 $\sin\theta - k\cos\theta = 2k$ $(0 < \theta < \pi)$ が解をもつような定数 k の値の範囲を求めよ。

では，逆に，$\cos\theta$, $\sin\theta$ で与えられた式について，$\cos\theta = x$，$\sin\theta = y$ とおくと，円 $x^2 + y^2 = 1$ 上にある点 $(x,\ y)$ として考えることができ，円 $x^2 + y^2 = 1$ と直線 $y - kx = 2k$ の共有点の問題に帰着することができた。

このように，問題の条件式の特徴に着目して文字の置き換えを行うことにより，問題を易しくすることができたり，解決のための手段を増やすことができたりするのである。それでは，この考え方を利用して，次の例題を考えてみよう。

戦略例題 4　　**文字の設定（置き換え）**　　　　　　　　　　　⇒解説 p.154

実数 x, y が $|x| \leqq 1$, $|y| \leqq 1$ を満たすとき，次の不等式を証明せよ。

$$0 \leqq x^2 + y^2 - 2x^2y^2 + 2xy\sqrt{1-x^2}\sqrt{1-y^2} \leqq 1$$

　　　　　　　　　　　　　　　　　　　　　　　　　　　（大阪大）

戦略例題 **1** 座標平面の設定 ★★☆☆

AB = AC である二等辺三角形 ABC を考える。辺 AB の中点を M とし，辺 AB を延長した直線上に点 N を，AN : NB = 2 : 1 となるようにとる。このとき，∠BCM = ∠BCN となることを示せ。ただし，点 N は辺 AB 上にはないものとする。

(京都大)

思考のプロセス

《ReAction 図形の証明問題は，文字が少なくなるように座標軸を決定せよ ◀ⅡB 例題 95

・△ABC は AB = AC の二等辺三角形
　⟹ 対称性の利用
　　　対称軸を y 軸に設定
・∠BCM と ∠BCN を考える
　⟹ BC を x 軸上に設定して，
　　　2 直線 NC と MC の傾きを考える

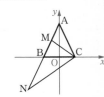

解
ⅡB
95
直線 BC を x 軸，辺 BC の中点を原点にとる。△ABC は AB = AC であるから，A$(0, 2a)$, B$(-2b, 0)$, C$(2b, 0)$ $(a > 0, b > 0)$ としても一般性を失わない。

M は線分 AB の中点であり，N は線分 AB を 2 : 1 に外分する点であるから　　M$(-b, a)$, N$(-4b, -2a)$

このとき，NC の傾き m_1 は　　$m_1 = \dfrac{0 - (-2a)}{2b - (-4b)} = \dfrac{a}{3b}$

　　　　　　MC の傾き m_2 は　　$m_2 = \dfrac{0 - a}{2b - (-b)} = -\dfrac{a}{3b}$

よって，2 直線 NC と MC は x 軸に関して対称であるから
　　　　∠BCM = ∠BCN

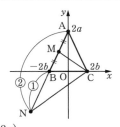

A$(0, a)$, B$(-b, 0)$ のように設定してもよいが，後で AB の中点 M を考えると

$$M\left(-\dfrac{b}{2}, \dfrac{a}{2}\right)$$

と分数になってしまうから，M の座標が分数とならないようにした。

〔別解〕（座標を用いない証明）

BM = a とおくと　　AB = 2a, AN = 4a, AC = 2a

∠BAC = θ とおくと，△AMC において，余弦定理により
　　CM$^2 = a^2 + (2a)^2 - 2 \cdot a \cdot 2a\cos\theta$
　　　　　$= 5a^2 - 4a^2\cos\theta$

また，△ANC において，余弦定理により
　　CN$^2 = (4a)^2 + (2a)^2 - 2 \cdot 4a \cdot 2a\cos\theta$
　　　　　$= 20a^2 - 16a^2\cos\theta$

よって，CM^2 : CN^2 = 1 : 4 より　　CM : CN = 1 : 2
したがって，角の二等分線と比の定理の逆により
　　　　∠BCM = ∠BCN

逆向きに考える

∠BCM = ∠BCN を示す。
⇒ CM : CN = MB : NB
　が示されればよい。
⇒ MB : NB = 1 : 2 より，
　CM : CN = 1 : 2 を示したい。

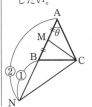

練習 **1**　△OCD の外側に OC を 1 辺とする正方形 OABC と，OD を 1 辺とする正方形 ODEF をつくる。このとき，AD ⊥ CF であることを証明せよ。

(茨城大)

➡ p.161 問題 1

四面体 OABC において，$\overrightarrow{AC}$, $\overrightarrow{OB}$ はいずれも $\overrightarrow{OA}$ に直交し，$\overrightarrow{AC}$ と $\overrightarrow{OB}$ の①なす角は $60°$ であり，②AC $=$ OB $= 2$，OA $= 3$ である。このとき，△ABC の面積と四面体 OABC の体積を求めよ。

(早稲田大)

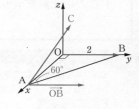

思考のプロセス

条件 ① より　③∠AOB $= 90°$，④∠OAC $= 90°$

└─ 直角が2つもある ─┘

$\Longrightarrow$ 座標空間を設定

・③ から O を原点に設定し，OA，OB を x 軸，y 軸上に設定

・**条件の言い換え**

　条件 ④ $\Longrightarrow$ C は平面 $x = 3$ 上にある

　条件 ② $\Longrightarrow$ AC は y 軸の正の向きとなす角が $60°$

Action» 空間図形の座標への設定は，直角の角を原点におけ

解 座標空間において，四面体 OABC は右の図のように設定できる。

このとき，直線 AC は平面 $x = 3$ 上にあり，$\overrightarrow{AC}$ と $\overrightarrow{OB}$ のなす角は $60°$ であるから，直線 AC と xy 平面のなす角は　$60°$

さらに，AC $= 2$ であるから　　C$(3,\ 1,\ \sqrt{3}\,)$

点 B の座標は $(0,\ 2,\ 0)$ であるから

　　BC $= \sqrt{3^2 + (-1)^2 + \left(\sqrt{3}\,\right)^2} = \sqrt{13}$

また，△OAB において三平方の定理により

　　AB $= \sqrt{3^2 + 2^2} = \sqrt{13}$

よって，△ABC は BA $=$ BC の二等辺三角形であるから

　　△ABC $= \dfrac{1}{2} \cdot 2 \cdot \sqrt{\left(\sqrt{13}\,\right)^2 - 1^2} = 2\sqrt{3}$

次に，四面体 OABC の体積は，点 C の z 座標が $\sqrt{3}$ であるから

　　$\dfrac{1}{3} \cdot △OAB \cdot \sqrt{3} = \dfrac{1}{3} \cdot \left(\dfrac{1}{2} \cdot 3 \cdot 2\right) \cdot \sqrt{3} = \sqrt{3}$

∠AOB $= 90°$ であるから，O を原点，点 A を x 軸上，点 B を y 軸上にとる。

∠OAC $= 90°$ であるから，点 C は平面 $x = 3$ 上にある。

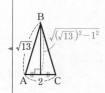

△OAB を底面とみて考える。

練習2　右の図はある三角錐 V の展開図である。ここで AB $= 4$，AC $= 3$，BC $= 5$，∠ACD $= 90°$ で △ABE は正三角形である。

このとき，V の体積を求めよ。

(北海道大)

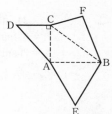

→ p.161　問題2

> 原点を O とする座標平面上において，AB $= 6$，BC $= 4$，$\angle$ABC $= \dfrac{\pi}{2}$ である直角三角形 ABC の頂点 A は y 軸上の正の部分，頂点 B は x 軸上の正の部分にあり，頂点 C は第 1 象限にあるとする。OC の長さを L とするとき L の最大値を求めよ。また，そのときの点 C の座標を求めよ。
>
> （立教大　改）

思考のプロセス

未知のものを文字でおく

点 C の座標を変数で設定し，L をその変数で表したい。

A$(0,\ a)$，B$(b,\ 0)$ とおいて C の座標を表す？ ← 文字が多く複雑

見方を変える

右の図より，点 C の座標は $($OB $+$ BH,　CH$)$

$\triangle$OAB において　　OB $=$ AB$\cos\angle$ABO

$\quad\quad\quad\quad\quad\quad\quad\quad\quad\quad\quad\ \parallel$
$\quad\quad\quad\quad\quad\quad\quad\quad\quad\ \theta$ とおくと

$\triangle$BCH において　　BH $=$ BC$\cos\angle$CBH　　CH $=$ BC$\sin\angle$CBH
$\quad\quad\quad\quad\quad\quad\quad\quad\quad\quad\quad\ \parallel \quad\quad\quad\quad\quad\quad\quad\quad\quad\quad\ \parallel$
$\quad\quad\quad\quad\quad\quad\quad\quad\quad\ \dfrac{\pi}{2}-\theta \quad\quad\quad\quad\quad\quad\quad\quad\quad\ \dfrac{\pi}{2}-\theta$

$\angle$ABO $= \theta$ とおくと，点 A，B，C の座標は θ のみで決まる

Action» 斜辺の長さからほかの辺の長さを求めるときは，角を設定し三角比を用いよ

解 点 C から x 軸に垂線 CH を下ろす。

$\angle$ABO $= \theta$ $\left(0 < \theta < \dfrac{\pi}{2}\right)$ とおくと，$\angle$CBH $= \dfrac{\pi}{2}-\theta$ であるから

$\qquad$ 頂点 A は y 軸上の正の部分にあるから，θ のとり得る値の範囲が定まる。

OB $= 6\cos\theta$，BH $= 4\cos\left(\dfrac{\pi}{2}-\theta\right) = 4\sin\theta$,

CH $= 4\sin\left(\dfrac{\pi}{2}-\theta\right) = 4\cos\theta$

$\qquad$ $\cos\left(\dfrac{\pi}{2}-\theta\right) = \sin\theta$
$\qquad$ $\sin\left(\dfrac{\pi}{2}-\theta\right) = \cos\theta$

よって，点 C の座標は $(6\cos\theta + 4\sin\theta,\ 4\cos\theta)$ となる。

したがって

$$L^2 = (6\cos\theta + 4\sin\theta)^2 + (4\cos\theta)^2$$
$$= 36\cos^2\theta + 48\sin\theta\cos\theta + 16\sin^2\theta + 16\cos^2\theta$$
$$= 36\cos^2\theta + 48\sin\theta\cos\theta + 16$$
$$= 36 \cdot \dfrac{1+\cos2\theta}{2} + 24\sin2\theta + 16$$
$$= 24\sin2\theta + 18\cos2\theta + 34$$
$$= 6(4\sin2\theta + 3\cos2\theta) + 34$$
$$= 30\sin(2\theta + \alpha) + 34$$

$\qquad$ $\cos^2\theta = \dfrac{1+\cos2\theta}{2}$
$\qquad$ $2\sin\theta\cos\theta = \sin2\theta$

三角関数の合成

ただし，α は $\cos\alpha = \dfrac{4}{5}$，$\sin\alpha = \dfrac{3}{5}$ を満たす角。

角 α の大きさは求まらないから，文字でおき，$\cos\alpha$，$\sin\alpha$ の値を与える。

ここで，$0 < \theta < \dfrac{\pi}{2}$ より $\alpha < 2\theta + \alpha < \alpha + \pi$ であるから，

$\sin(2\theta + \alpha)$ は $2\theta + \alpha = \dfrac{\pi}{2}$ のとき最大値1をとる。

したがって，L^2 の最大値は 　　64

$L > 0$ より，L の最大値は 　　8

このとき，$2\theta + \alpha = \dfrac{\pi}{2}$ より $2\theta = \dfrac{\pi}{2} - \alpha$ であるから，

$\cos 2\theta = \cos\left(\dfrac{\pi}{2} - \alpha\right) = \sin\alpha = \dfrac{3}{5}$ である。

よって

$$\cos^2\theta = \dfrac{1 + \cos 2\theta}{2} = \dfrac{1 + \dfrac{3}{5}}{2} = \dfrac{4}{5}$$

$$\cos\theta > 0 \quad \text{より} \quad \cos\theta = \dfrac{2}{\sqrt{5}}$$

また

$$\sin^2\theta = \dfrac{1 - \cos 2\theta}{2} = \dfrac{1 - \dfrac{3}{5}}{2} = \dfrac{1}{5}$$

$$\sin\theta > 0 \quad \text{より} \quad \sin\theta = \dfrac{1}{\sqrt{5}}$$

したがって，点 C の x 座標は

$$6\cos\theta + 4\sin\theta = 6 \cdot \dfrac{2}{\sqrt{5}} + 4 \cdot \dfrac{1}{\sqrt{5}} = \dfrac{16}{\sqrt{5}} = \dfrac{16\sqrt{5}}{5}$$

であり，y 座標は

$$4\cos\theta = 4 \cdot \dfrac{2}{\sqrt{5}} = \dfrac{8}{\sqrt{5}} = \dfrac{8\sqrt{5}}{5}$$

よって，L が最大となるときの点 C の座標は

$$\mathrm{C}\left(\dfrac{16\sqrt{5}}{5},\ \dfrac{8\sqrt{5}}{5}\right)$$

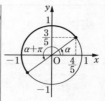

点 C の座標は
$(6\cos\theta + 4\sin\theta,\ 4\cos\theta)$
であるから，$\cos\theta$ と $\sin\theta$
の値を求める。

戦略 **I** 設定

◂ $\sin\theta > 0$ より
$\sin\theta = \sqrt{1 - \cos^2\theta}$
　　$= \dfrac{1}{\sqrt{5}}$
としてもよい。

練習3　点 O を中心とする半径1の円 C に含まれる2つの円 C_1, C_2 を考える。ただ
し，C_1, C_2 の中心は C の直径 AB 上にあり，C_1 は点 A で，また C_2 は点 B で
それぞれ C と接している。また，C_1, C_2 の半径をそれぞれ a, b とする。C 上
の点 P から C_1, C_2 に1本ずつ接線を引き，それらの接点を Q, R とする。P
を C 上で動かしたときの PQ + PR の最大値を求めよ。

(京都大　改)

➡ p.161 問題3

実数 x, y が $|x| \leq 1$, $|y| \leq 1$ を満たすとき，次の不等式を証明せよ。
$$\underset{①}{0 \leq x^2 + y^2 - 2x^2 y^2 + 2xy\sqrt{1-x^2}\sqrt{1-y^2} \leq 1}$$
（大阪大）

思考の プロセス

逆向きに考える 【別解】 ← やや難しい

① を示すために，（中辺）＝ （ ）$^2 \geq 0$ とできないか考える。
$2xy\sqrt{1-x^2}\sqrt{1-y^2}$ に着目して，中辺を次のように変形できないか考える。
$$(x\sqrt{1-x^2} + y\sqrt{1-y^2})^2, \quad (x\sqrt{1-y^2} + y\sqrt{1-x^2})^2, \quad (\sqrt{1-x^2}\sqrt{1-y^2} + xy)^2$$

見方を変える 【本解】

$|x| \leq 1$ や $\sqrt{1-x^2}$ が含まれる式 $\Longrightarrow$ $x = \cos\alpha$ とおくと $\sqrt{1-\cos^2\alpha} = |\sin\alpha|$

Action» $\sqrt{1-x^2}$ は，$x = \cos\alpha$ への置き換えを考えよ

解 $|x| \leq 1$, $|y| \leq 1$ より，$x = \cos\alpha$, $y = \cos\beta$ とおける。
ただし，$0 \leq \alpha \leq \pi$, $0 \leq \beta \leq \pi$ とする。このとき
$$\sqrt{1-x^2} = \sqrt{1-\cos^2\alpha} = \sqrt{\sin^2\alpha} = |\sin\alpha| = \sin\alpha$$
$$\sqrt{1-y^2} = \sqrt{1-\cos^2\beta} = \sqrt{\sin^2\beta} = |\sin\beta| = \sin\beta$$
よって $x^2 + y^2 - 2x^2 y^2 + 2xy\sqrt{1-x^2}\sqrt{1-y^2}$
$$= \cos^2\alpha + \cos^2\beta - 2\cos^2\alpha\cos^2\beta + 2\cos\alpha\cos\beta\sin\alpha\sin\beta$$
$$= \cos^2\alpha(1-\cos^2\beta) + \cos^2\beta(1-\cos^2\alpha)$$
$$\qquad\qquad + 2\cos\alpha\cos\beta\sin\alpha\sin\beta$$
$$= \cos^2\alpha\sin^2\beta + \sin^2\alpha\cos^2\beta + 2\cos\alpha\cos\beta\sin\alpha\sin\beta$$

IIB
151

$$= (\cos\alpha\sin\beta + \sin\alpha\cos\beta)^2 = \sin^2(\alpha+\beta)$$
$-1 \leq \sin(\alpha+\beta) \leq 1$ であるから，$0 \leq \sin^2(\alpha+\beta) \leq 1$ で
あり $0 \leq x^2 + y^2 - 2x^2 y^2 + 2xy\sqrt{1-x^2}\sqrt{1-y^2} \leq 1$

（別解）

IIB
69

$A = x^2 + y^2 - 2x^2 y^2 + 2xy\sqrt{1-x^2}\sqrt{1-y^2}$ とおくと
$$A = x^2 - x^2 y^2 + y^2 - x^2 y^2 + 2xy\sqrt{1-x^2}\sqrt{1-y^2}$$
$$= \left(x\sqrt{1-y^2}\right)^2 + \left(y\sqrt{1-x^2}\right)^2 + 2xy\sqrt{1-x^2}\sqrt{1-y^2}$$
$$= \left(x\sqrt{1-y^2} + y\sqrt{1-x^2}\right)^2 \geq 0$$
また
$$1-A = 1 - x^2 - y^2 + x^2 y^2 - 2xy\sqrt{1-x^2}\sqrt{1-y^2} + x^2 y^2$$
$$= \left(\sqrt{1-x^2}\sqrt{1-y^2} - xy\right)^2 \geq 0$$
したがって $0 \leq A \leq 1$

（側注）

x と y は独立した変数であるから，
$x = \sin\theta$, $y = \cos\theta$
のように，1つの文字で置き換えてはいけない。

$$\cos^2 x = \frac{1+\cos 2x}{2},$$
$$\sin x\cos x = \frac{1}{2}\sin 2x$$
を用いて整理して考えてもよい。

加法定理を利用する。

$A = ( )^2 \geq 0$
$1-A = ( )^2 \geq 0$
をそれぞれ示すが，思いつくのは難しい。

練習 4 連立方程式 $\begin{cases} y = 2x^2 - 1 \\ z = 2y^2 - 1 \\ x = 2z^2 - 1 \end{cases}$ …（＊）を考える。

(1) $(x, y, z) = (a, b, c)$ が（＊）の実数解であるとき，$|a| \leq 1$, $|b| \leq 1$, $|c| \leq 1$ であることを示せ。

(2) （＊）は全部で 8 組の相異なる実数解をもつことを示せ。

（京都大）

➡ p.161 問題4

$\mathbf{S}$trategy 2 類推

> 既知の問題との類似点を見つけて，
> 既知の方法を未知の問題に応用する
> 数学以外でも活用できる，強力な思考法

数学の問題でも日常の問題でも，初めて見る問題に直面したとき，どのように解決方法を考えればよいだろうか？　ときに，素晴らしい直観やひらめきによって解決することもあるが，多くの場合は過去の経験を参考にして解決しようと試みる。

　あのときの似たような問題ではこのように解決したから，今回の問題でも同じような方法で解決できないだろうか？

これは，問題を解決するときだけではなく，自分の考えを人に説明するときにも同様である。単に，「この問題は方法 A を利用しましょう。」と提案するよりも「あの事例では方法 A を利用しました。今回の事例にはその事例とこのような類似点があるから，方法 A を利用してはどうでしょうか。」と提案した方が，説得力が増す。

このように，「2 つの事柄に類似点があることをもとにして，一方の事柄の性質と同様の性質を他方の事柄ももつだろうと推測すること」を **類推** といい，数学においても役に立つ。ここでは，次の 2 つの類推について学習しよう。

❶ 空間図形の性質の，平面図形の性質からの類推
❷ 多変数の性質の，より少ない変数での性質からの類推

---

❶ 空間図形の性質の，平面図形の性質からの類推

「ベクトル」では，平面上のベクトルと空間におけるベクトルを学習した。空間におけるベクトルにおいて

　　　　　　例題 ○○ の内容を空間に拡張した問題である。

と思考のプロセスに記述した例題がいくつかある（例えば，例題 42〜47，49〜51，53，59 など）。これらの例題の解法は，参照した平面上のベクトルの例題の解法に類似していた。

また，成分と内積の関係や，ベクトルの大きさも平面と空間で類似した性質があった。

〔平面〕$\vec{a} = (a_1,\ a_2),\ \vec{b} = (b_1,\ b_2)$ のとき

　ベクトルの大きさ　　　$|\vec{a}| = \sqrt{a_1{}^2 + a_2{}^2}$

　内積と成分　　　　　　$\vec{a} \cdot \vec{b} = a_1 b_1 + a_2 b_2$

〔空間〕$\vec{a} = (a_1,\ a_2,\ a_3),\ \vec{b} = (b_1,\ b_2,\ b_3)$ のとき

　ベクトルの大きさ　　　$|\vec{a}| = \sqrt{a_1{}^2 + a_2{}^2 + a_3{}^2}$

　内積と成分　　　　　　$\vec{a} \cdot \vec{b} = a_1 b_1 + a_2 b_2 + a_3 b_3$

成分が 1 つ増えるだけ

また，LEGEND 数学 I ＋ A例題 157「空間図形の計量」(4) では，1 辺の長さが 2 である正四面体 ABCD の内接球の半径を類推して求めている。**思考のプロセス**は次の通りである。

また，例題 25（上）と例題 59（下）を比較してみよう。

△ABC の内部に点 P があり，$2\overrightarrow{PA}+3\overrightarrow{PB}+5\overrightarrow{PC}=\vec{0}$ を満たしている。
AP の延長と辺 BC の交点を D とするとき，次の問に答えよ。
(1) BD:DC および AP:PD を求めよ。
(2) △PBC：△PCA：△PAB を求めよ。

---

1 辺の長さが 1 の正四面体 OABC の内部に点 P があり，
等式 $2\overrightarrow{OP}+\overrightarrow{AP}+2\overrightarrow{BP}+3\overrightarrow{CP}=\vec{0}$ が成り立っている。
(1) 直線 OP と底面 ABC の交点を Q，直線 AQ と辺 BC の交点を R とするとき，BR：RC，AQ：QR，OP：PQ を求めよ。
(2) 4 つの四面体 PABC，POBC，POCA，POAB の体積比を求めよ。

平面（例題 25）から空間（例題 59）に拡張すると，三角形は四面体となり，(2) では「3 つの三角形の面積比」が「4 つの四面体の体積比」になっている。
そのほかにも，三角形と四面体には類似した性質がある。

・重心の位置
〔平面〕
　　三角形の重心は，頂点とその対辺の中点を結んだ線分を 2：1 に内分する。
〔空間〕
　　四面体の重心は，頂点とその対面の重心を結んだ線分を 3：1 に内分する。（例題 55 参照）
・辺の長さの関係式，面の面積の関係式
〔平面〕
　　三角形 ABC において，BC ＝ a，CA ＝ b，AB ＝ c とする。
　　AB ⊥ AC であるとき　　$a^2 = b^2 + c^2$　（三平方の定理）
〔空間〕
　　四面体 ABCD において，△BCD ＝ S_a，△CDA ＝ S_b，
　　△DAB ＝ S_c，△ABC ＝ S_d とする。
　　△ABC ⊥ △ACD，△ACD ⊥ △ABD，△ABD ⊥ △ABC であるとき　　$S_a{}^2 = S_b{}^2 + S_c{}^2 + S_d{}^2$

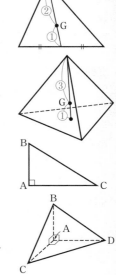

(LEGEND 数学Ⅰ＋A p.283 探究例題 11 参照)

このように，空間図形の問題を解くときに，次元を下げて，類似した平面図形の問題の解法や結果から類推することは，解答の見通しをよくすることがある。なお，次元を下げるときには，三角形と四面体を対応させたように，次のような対応を考えるとよい。

平面	点	直線	辺	三角形	長方形	円	長さ	面積
空間	直線	平面	面	四面体	直方体	球	面積	体積

ただし，図形のすべての条件を機械的に上のように対応させるのではなく，点を点のまま考えたり，長さを長さのまま考えたりした方がよいこともある。

それでは，この考え方を利用して，次の例題を考えてみよう。

戦略例題 5　類推〔1〕…図形　　　　　　　　　　　　⇒ 解説 p.159

原点を O とする座標空間において，2 点 A(3, 3, 4), B(1, 0, 0) がある。$|\overrightarrow{AP}| = 1$, $\overrightarrow{OB} \cdot \overrightarrow{AP} = 0$ を満たす点 P の集合を C，$|\overrightarrow{OQ}| = 1$ を満たす点 Q の集合を S とする。

(1)　点 Q を S 上の点とするとき，$|\overrightarrow{AQ}|$ の最大値と最小値を求めよ。

(2)　点 P を C 上の点とし，点 Q を S 上の点とするとき，$|\overrightarrow{PQ}|$ の最大値と最小値を求めよ。

（早稲田大　改）

2　多変数の性質の，より少ない変数での性質からの類推

図形の問題では次元を下げることによって類推するのに対して，式の問題では文字の次数や変数を減らすことによって類推するとよい。

例えば，LEGEND 数学Ⅱ＋B p.501 探究例題 17 「$\displaystyle\sum_{k=1}^{n} k^4$ を n の式で表すには？」

$$\sum_{k=1}^{n} k^4 \ \text{を} \ n \ \text{の式で表せ。}$$

では，$\displaystyle\sum_{k=1}^{n} k^3$ の公式の証明が，解法のヒントになっている。

$\displaystyle\sum_{k=1}^{n} k^3$ の公式の証明の流れ

　　恒等式 $(k+1)^4 - k^4 = 4k^3 + 6k^2 + 4k + 1$ を考える。

　　$\Longrightarrow$ 両辺の $k = 1$ から $k = n$ までの和をとる。

　　$\Longrightarrow$ 2 次以下での Σ の公式を利用して $\displaystyle\sum_{k=1}^{n} k^3$ を n の式で表す。

と同様の流れで，$\displaystyle\sum_{k=1}^{n} k^4$ を n の式で表すことができる。

このように，公式の導出方法を理解していると，類推の考えを用いて他の問題でも応用できることがある。

また，不等式の証明問題でも，類推の考え方を利用できることがある。

例えば，LEGEND 数学 II ＋ B 例題 70「コーシー・シュワルツの不等式」

> 次の不等式を証明せよ。また，等号が成り立つのはどのようなときか。
> (1) $(a^2 + b^2)(x^2 + y^2) \geqq (ax + by)^2$
> (2) $(a^2 + b^2 + c^2)(x^2 + y^2 + z^2) \geqq (ax + by + cz)^2$

では，(1)で 2 項の場合，(2)で 3 項の場合の証明をしたが，(1)は(2)の解法のヒントになっている。

(1)の解法の流れ

　　(左辺)－(右辺)を考える⇨展開して整理する⇨ (　)$^2 \geqq 0$ をつくる

が，(2)の解法を思い付きやすくしている。

したがって，仮に，3 項の場合の不等式を証明する問題が 2 項の場合の誘導なしに出題された場合には，2 項の場合の証明を補って考えてみるとよい。

このように，ある不等式が成り立つとき，項数や文字数を増やした不等式も成り立つことがある。**相加平均と相乗平均の関係** もその 1 つである。

〔2 数〕 $a > 0$，$b > 0$ のとき

$$\frac{a+b}{2} \geqq \sqrt{ab} \qquad (a = b \text{ のとき等号成立})$$

〔3 数〕 $a > 0$，$b > 0$，$c > 0$ のとき

$$\frac{a+b+c}{3} \geqq \sqrt[3]{abc} \quad (a = b = c \text{ のとき等号成立}) \qquad \leftarrow \text{LEGEND 数学 II ＋ B}$$

p.332 **Go Ahead** 11 参照。

注意するのは，文字数が増えたことだけでなく，分母の 2 が 3 となり，平方根（2 乗根）が 3 乗根になっているように数字の部分も変化したことである。この数字の増やし方も，**I** の図形の場合と同様に，必ずしも機械的に変化させるのではなく，文字が増えても変わらない場合もある。

それでは，この考え方を利用して，次の例題を考えてみよう。

戦略例題 6　類推〔2〕…不等式　　　　　　　　　　　　⇨ 解説 p.160

$a > b > c$，$x > y > z$ を満たすとき，次の不等式を証明せよ。

$$\frac{ax + by + cz}{3} > \left(\frac{a+b+c}{3}\right)\left(\frac{x+y+z}{3}\right)$$

（釧路公立大）

原点を O とする座標空間において，2 点 A(3, 3, 4)，B(1, 0, 0) がある。
$|\overrightarrow{AP}| = 1$，$\overrightarrow{OB} \cdot \overrightarrow{AP} = 0$ を満たす点 P の集合を C，$|\overrightarrow{OQ}| = 1$ を満たす点
Q の集合を S とする。

(1)　点 Q を S 上の点とするとき，$|\overrightarrow{AQ}|$ の最大値と最小値を求めよ。

(2)　点 P を C 上の点とし，点 Q を S 上の点とするとき，$|\overrightarrow{PQ}|$ の最大値
　　と最小値を求めよ。

(早稲田大　改)

戦略
2
類推

思考のプロセス

(1)　$\begin{pmatrix}\text{球 } S \text{ 上の動点 Q に対して}\\ \text{AQ の最大・最小}\end{pmatrix}$ ⟶ $\begin{pmatrix}\text{円 } S \text{ 上の動点 Q に対して}\\ \text{AQ の最大・最小}\end{pmatrix}$

(2)　$\begin{pmatrix}\text{円 } C \text{ 上の動点 P,}\\ \text{球 } S \text{ 上の動点 Q に対して}\\ \text{PQ の最大・最小}\end{pmatrix}$ [次元を下げる] ⟶ $\begin{pmatrix}\text{線分 } C \text{ 上の動点 P,}\\ \text{円 } S \text{ 上の動点 Q に対して}\\ \text{PQ の最大・最小}\end{pmatrix}$

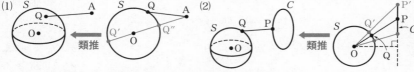

Action» 空間図形の複雑な動きは，平面で考えて類推せよ

解 (1)　集合 S は中心が原点，半径 1 の球である。
　　また　　$OA = \sqrt{3^2 + 3^2 + 4^2} = \sqrt{34}$
　　ここで，$OA - OQ \leqq AQ \leqq OA + OQ$ より
　　　　　　$\sqrt{34} - 1 \leqq AQ \leqq \sqrt{34} + 1$
　　よって，$|\overrightarrow{AQ}|$ は　　**最大値 $\sqrt{34} + 1$，最小値 $\sqrt{34} - 1$**

(2)　$OP - OQ \leqq PQ \leqq OP + OQ$ であり，$OQ = 1$ より
　　　　　　$OP - 1 \leqq PQ \leqq OP + 1$　　…①
　　よって，$|\overrightarrow{PQ}|$ すなわち PQ が最大，最小となるのは，
　　それぞれ OP が最大・最小となるときである。
　　点 O から円 C を含む平面 $x = 3$ に垂線 OH を下ろすと，
　　H(3, 0, 0) であり
　　　　　　$OP^2 = OH^2 + PH^2 = 9 + PH^2$　　…②
　　よって，OP が最大，最小となるのは，それぞれ PH が
　　最大，最小となるときである。
　　ここで，$AH - AP \leqq PH \leqq AH + AP$ より
　　　　　　$4 \leqq PH \leqq 6$
　　② より，$OP = \sqrt{9 + PH^2}$ であるから　$5 \leqq OP \leqq 3\sqrt{5}$
　　① より $|\overrightarrow{PQ}|$ は　　**最大値 $3\sqrt{5} + 1$，最小値 4**

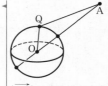

$|\overrightarrow{AQ}|$ は集合 S 上の点 Q
が線分 OA 上にあるとき
最小，OA の O の方への
延長上にあるとき最大と
なる。

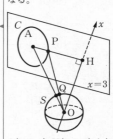

A(3, 3, 4)，H(3, 0, 0) より
$AH = \sqrt{0 + 3^2 + 4^2} = 5$

練習 **5**　座標空間に 4 点 A(2, 1, 0)，B(1, 0, 1)，C(0, 1, 2)，D(1, 3, 7) がある。
　　　3 点 A，B，C を通る平面に関して点 D と対称な点を E とするとき，点 E の
　　　座標を求めよ。

(京都大)

➡ p.161　問題5

> $a > b > c$, $x > y > z$ を満たすとき，次の不等式を証明せよ。
>
> $$\frac{ax + by + cz}{3} > \left(\frac{a+b+c}{3}\right)\left(\frac{x+y+z}{3}\right)$$
>
> （釧路公立大）

思考のプロセス

$(左辺) - (右辺) = \cdots = \dfrac{1}{9}(2ax + 2by + 2cz - ay - az - bx - bz - cx - cy)$

└── 文字も項も多く，処理が難しい

文字を減らす

もとの不等式に対応する，c と z を減らした不等式

$a > b$, $x > y$ のとき，$\dfrac{ax + by}{2} > \left(\dfrac{a+b}{2}\right)\left(\dfrac{x+y}{2}\right)$ を示す。

$$(左辺) - (右辺) = \frac{1}{4}\{2(ax + by) - (a+b)(x+y)\}$$

$$= \frac{1}{4}(ax - ay + by - bx)$$

$$= \frac{1}{4}\{a(x - y) - b(x - y)\}$$

$$= \frac{1}{4}(a-b)(x-y) > 0$$
同様な変形ができないか？

← $a > b$, $x > y$ より
$a - b > 0$, $x - y > 0$

Action» 多変数の不等式の証明は，文字を減らした不等式から類推せよ

解 $(左辺) - (右辺)$

$$= \frac{1}{9}\{3(ax + by + cz) - (a+b+c)(x+y+z)\}$$

$$= \frac{1}{9}(2ax + 2by + 2cz - ay - az - bx - bz - cx - cy)$$

$$= \frac{1}{9}\{(ax - ay + by - bx) + (by - bz + cz - cy)$$
$$+ (cz - cx + ax - az)\}$$

$$= \frac{1}{9}[\{a(x-y) - b(x-y)\} + \{b(y-z) - c(y-z)\}$$
$$+ \{a(x-z) - c(x-z)\}]$$

$$= \frac{1}{9}\{(a-b)(x-y) + (b-c)(y-z) + (a-c)(x-z)\}$$

$a > b > c$, $x > y > z$ より，$a - b > 0$, $x - y > 0$, $b - c > 0$,
$y - z > 0$, $a - c > 0$, $x - z > 0$ であるから

$$(左辺) - (右辺) > 0$$

すなわち $\dfrac{ax + by + cz}{3} > \left(\dfrac{a+b+c}{3}\right)\left(\dfrac{x+y+z}{3}\right)$

◀ 思考のプロセスで考えた
2 文字の不等式のような
変形ができるように項を
分ける。

練習 6 a, b, c が実数，x, y, z が正の実数であるとき，次の不等式を証明せよ。

$$\frac{a^2}{x} + \frac{b^2}{y} + \frac{c^2}{z} \geqq \frac{(a+b+c)^2}{x+y+z}$$

➡ p.161 問題6

▶▶解答編 p.130

1
★★☆☆
鋭角三角形 ABC において，辺 BC の中点を M，A から BC に引いた垂線を AH とする。点 P を線分 MH 上にとるとき，$AB^2 + AC^2 \geqq 2AP^2 + BP^2 + CP^2$ となることを示せ。
(京都大)

2
★★★☆
四面体 OABC において，点 O から 3 点 A，B，C を含む平面に下ろした垂線とその平面の交点を H とする。$\overrightarrow{OA} \perp \overrightarrow{BC}$，$\overrightarrow{OB} \perp \overrightarrow{OC}$，$|\overrightarrow{OA}| = 2$，$|\overrightarrow{OB}| = |\overrightarrow{OC}| = 3$，$|\overrightarrow{AB}| = \sqrt{7}$ のとき，$|\overrightarrow{OH}|$ を求めよ。
(京都大)

3
★★★☆
平面上に互いに平行な相異なる 3 直線 l，m，n があり，n は l と m の間にある。l と n の距離を a，n と m の距離を b とする。このとき，3 頂点がそれぞれ l，m，n 上にある正三角形の 1 辺の長さを求めよ。
(大阪大　改)

4
★★★★
a_1，b_1，c_1 は正の整数で $a_1{}^2 + b_1{}^2 = c_1{}^2$ を満たしている。$n = 1$，2，$\cdots$ について，a_{n+1}，b_{n+1}，c_{n+1} を次式で決める。
$$a_{n+1} = |2c_n - a_n - 2b_n|$$
$$b_{n+1} = |2c_n - 2a_n - b_n|$$
$$c_{n+1} = 3c_n - 2a_n - 2b_n$$
(1) $a_n{}^2 + b_n{}^2 = c_n{}^2$ を数学的帰納法により証明せよ。
(2) $c_n > 0$ および $c_n \geqq c_{n+1}$ を示せ。
(京都大　改)

5
★★★☆
xyz 座標空間内の 3 点 $O(0,\ 0,\ 0)$，$A(0,\ 0,\ 1)$，$B(2,\ 4,\ -1)$ を考える。
直線 AB 上の点 C_1，C_2 はそれぞれ次の条件を満たす。
直線 AB 上を点 C が動くとき，$|\overrightarrow{OC}|$ は C が C_1 に一致するとき最小となる
直線 AB 上を点 C が動くとき，$\dfrac{|\overrightarrow{AC}|}{|\overrightarrow{OC}|}$ は C が C_2 に一致するとき最大となる

このとき，次の問に答えよ。
(1) $|\overrightarrow{OC_1}|$ の値および内積 $\overrightarrow{AC_1} \cdot \overrightarrow{OC_1}$ の値を求めよ。
(2) $\dfrac{|\overrightarrow{AC_2}|}{|\overrightarrow{OC_2}|}$ の値および内積 $\overrightarrow{OA} \cdot \overrightarrow{OC_2}$ の値を求めよ。
(3) $\triangle AC_1O$ と $\triangle AOC_2$ は相似であることを示せ。
(京都工芸繊維大)

6
★★★☆
実数 a，b，c に対して，次の不等式を証明せよ。
$$3(a^4 + b^4 + c^4) \geqq (a + b + c)(a^3 + b^3 + c^3)$$
(和歌山県立医科大　改)

1章　ベクトル

▶▶解答編 p.137

1　1辺の長さが1である正六角形 ABCDEF において，辺 BC を 1:3 に内分する点を M とし，線分 AD を $t:(1-t)$ （ただし，$0<t<1$）に内分する点を P とする。

(1)　ベクトル $\overrightarrow{AM}$ をベクトル $\overrightarrow{AB}$ とベクトル $\overrightarrow{AF}$ を使って表すと，

$$\overrightarrow{AM} = \boxed{}\overrightarrow{AB} + \boxed{}\overrightarrow{AF}\ \text{である。}$$

(2)　ベクトル $\overrightarrow{PM}$ をベクトル $\overrightarrow{AB}$，ベクトル $\overrightarrow{AF}$，実数 t を使って表すと，

$$\overrightarrow{PM} = \boxed{}\ \text{である。}$$

(3)　ベクトル $\overrightarrow{AC}$ とベクトル $\overrightarrow{PM}$ の内積を求めると，

$$\overrightarrow{AC}\cdot\overrightarrow{PM} = \boxed{} - \boxed{}\,t\ \text{である。したがって，}\ t = \boxed{}\ \text{であるとき，}$$

線分 AC と線分 PM は垂直である。

（慶應義塾大）

2　座標平面に 3 点 O(0, 0)，A(2, 6)，B(3, 4) をとり，点 O から直線 AB に垂線 OC を下ろす。また，実数 s と t に対し，点 P を

$$\overrightarrow{OP} = s\overrightarrow{OA} + t\overrightarrow{OB}$$

で定める。このとき，次の問に答えよ。

(1)　点 C の座標を求め，$|\overrightarrow{CP}|^2$ を s と t を用いて表せ。

(2)　$s = \dfrac{1}{2}$ とし，t を $t \geqq 0$ の範囲で動かすとき，$|\overrightarrow{CP}|^2$ の最小値を求めよ。

(3)　$s = 1$ とし，t を $t \geqq 0$ の範囲で動かすとき，$|\overrightarrow{CP}|^2$ の最小値を求めよ。

（九州大）

3　△OAB があり，3 点 P，Q，R を

$$\overrightarrow{OP} = k\overrightarrow{BA},\quad \overrightarrow{AQ} = k\overrightarrow{OB},\quad \overrightarrow{BR} = k\overrightarrow{AO}$$

となるように定める。ただし，k は $0<k<1$ を満たす実数である。$\overrightarrow{OA} = \vec{a}$，$\overrightarrow{OB} = \vec{b}$ とおくとき，次の問に答えよ。

(1)　$\overrightarrow{OP}$，$\overrightarrow{OQ}$，$\overrightarrow{OR}$ をそれぞれ $\vec{a}$，$\vec{b}$，k を用いて表せ。

(2)　△OAB の重心と △PQR の重心が一致することを示せ。

(3)　辺 AB と辺 QR の交点を M とする。点 M は，k の値によらずに辺 QR を一定の比に内分することを示せ。

（茨城大）

4　AB = 4，BC = 2，AD = 3，AD ∥ BC である四角形 ABCD において，$\overrightarrow{AB} = \vec{a}$，$\overrightarrow{AD} = \vec{b}$ とする。∠A の二等分線と辺 CD の交わる点を M，∠B の二等分線と辺 CD の交わる点を N とする。また，線分 AM と線分 BN との交点を P とする。$\overrightarrow{AM}$，$\overrightarrow{AN}$，$\overrightarrow{AP}$ をそれぞれ $\vec{a}$，$\vec{b}$ で表せ。

（東京理科大）

$\boxed{5}$ 3点 A, B, C が点 O を中心とする半径 1 の円上にあり，
$13\overrightarrow{OA}+12\overrightarrow{OB}+5\overrightarrow{OC}=\vec{0}$ を満たしている。∠AOB $=\alpha$, ∠AOC $=\beta$ として

(1) $\overrightarrow{OB}\perp\overrightarrow{OC}$ であることを示せ。

(2) $\cos\alpha$ および $\cos\beta$ を求めよ。

(3) A から BC へ引いた垂線と BC との交点を H とする。AH の長さを求めよ。

(長崎大)

$\boxed{6}$ 点 O を中心とする半径 1 の円上に異なる 3 点 A, B, C がある。次のことを示せ。

(1) △ABC が直角三角形ならば $|\overrightarrow{OA}+\overrightarrow{OB}+\overrightarrow{OC}|=1$ である。

(2) 逆に $|\overrightarrow{OA}+\overrightarrow{OB}+\overrightarrow{OC}|=1$ ならば △ABC は直角三角形である。

(大阪市立大)

$\boxed{7}$ △ABC を 1 辺の長さが 1 の正三角形とする。次の問に答えよ。

(1) 実数 s, t が $s+t=1$ を満たしながら動くとき，$\overrightarrow{AP}=s\overrightarrow{AB}+t\overrightarrow{AC}$ を満たす点 P の軌跡 G を正三角形 ABC とともに図示せよ。

(2) 実数 s, t が $s\geqq0$, $t\geqq0$, $1\leqq s+t\leqq2$ を満たしながら動くとき，$\overrightarrow{AP}=s\overrightarrow{AB}+t\overrightarrow{AC}$ を満たす点 P の存在範囲 D を正三角形 ABC とともに図示し，領域 D の面積を求めよ。

(3) 実数 s, t が $1\leqq|s|+|t|\leqq2$ を満たしながら動くとき，$\overrightarrow{AP}=s\overrightarrow{AB}+t\overrightarrow{AC}$ を満たす点 P の存在範囲 E を正三角形 ABC とともに図示し，領域 E の面積を求めよ。

(甲南大)

$\boxed{8}$ 平面上に 2 点 A(2, 0), B(1, 1) がある。点 P(x, y) が円 $x^2+y^2=1$ 上を動くとき，内積 $\overrightarrow{PA}\cdot\overrightarrow{PB}$ の最大値を求め，そのときの点 P の座標を求めよ。 (名城大)

$\boxed{9}$ 1 辺の長さが 1 の正四面体 OABC において，$\overrightarrow{OA}=\vec{a}$, $\overrightarrow{OB}=\vec{b}$, $\overrightarrow{OC}=\vec{c}$ とする。線分 OA を $s:(1-s)$ に内分する点を L，線分 BC の中点を M，線分 LM を $t:(1-t)$ に内分する点を P とし，∠POM $=\theta$ とする。∠OPM $=90°$, $\cos\theta=\dfrac{\sqrt{6}}{3}$ のとき，次の問に答えよ。

(1) 直角三角形 OPM において，内積 $\overrightarrow{OP}\cdot\overrightarrow{OM}$ を求めよ。

(2) $\overrightarrow{OP}$ を $\vec{a}$, $\vec{b}$, $\vec{c}$ を用いて表せ。

(3) 平面 OPC と直線 AB との交点を Q とするとき，$\overrightarrow{OQ}$ を $\vec{a}$, $\vec{b}$, $\vec{c}$ を用いて表せ。

(名古屋市立大)

10 空間に四面体 OABC と点 P がある。$\overrightarrow{OA} = \vec{a}$, $\overrightarrow{OB} = \vec{b}$, $\overrightarrow{OC} = \vec{c}$ とする。

$r + s + t = 1$ を満たす実数 r, s, t によって $\overrightarrow{OP} = r\vec{a} + s\vec{b} + t\vec{c}$ と表されるとき

(1) 4 点 A, B, C, P は同一平面上にあることを示せ。

(2) $|\vec{a}| = 1$, $|\vec{b}| = 2$, $|\vec{c}| = 3$ で，∠AOB ＝ ∠BOC ＝ ∠COA が成り立つとする。点 P が ∠AOP ＝ ∠BOP ＝ ∠COP を満たすとき，r, s, t の値を求めよ。

（千葉大）

11 1 辺の長さが 1 の正十二面体を考える。点 O, A, B, C, D, E, F を図に示す正十二面体の頂点とし，$\overrightarrow{OA} = \vec{a}$, $\overrightarrow{OB} = \vec{b}$, $\overrightarrow{OC} = \vec{c}$ とおくとき，次の問に答えよ。なお，正十二面体では，すべての面は合同な正五角形であり，各頂点は 3 つの正五角形に共有されている。

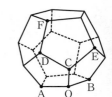

(1) 1 辺の長さが 1 の正五角形の対角線の長さを求めて，内積 $\vec{a} \cdot \vec{b}$ を求めよ。

(2) $\overrightarrow{CD}$, $\overrightarrow{OF}$ を $\vec{a}$, $\vec{b}$, $\vec{c}$ を用いて表せ。

(3) O から平面 ABD に垂線 OH を下ろす。$\overrightarrow{OH}$ を $\vec{a}$, $\vec{b}$, $\vec{c}$ を用いて表せ。さらにその大きさを求めよ。

（福井大）

12 点 O を 1 つの頂点とする 4 面体 OABC を考える。$\overrightarrow{OA} = \vec{a}$, $\overrightarrow{OB} = \vec{b}$, $\overrightarrow{OC} = \vec{c}$ とし，$\vec{a}$ と $\vec{b}$，$\vec{b}$ と $\vec{c}$，$\vec{c}$ と $\vec{a}$ がそれぞれ直交するとき，次の問に答えよ。

(1) k, l, m を実数とする。空間の点 P を $\overrightarrow{OP} = k\vec{a} + l\vec{b} + m\vec{c}$ とするとき，内積 $\overrightarrow{OP} \cdot \overrightarrow{AP}$ を k, l, m, $\vec{a}$, $\vec{b}$, $\vec{c}$ を用いて表せ。

(2) 点 O から △ABC に垂線 OH を下ろすとする。$\overrightarrow{OH}$ を $\vec{a}$, $\vec{b}$, $\vec{c}$ を用いて表せ。

(3) △ABC の面積 S を $\vec{a}$, $\vec{b}$, $\vec{c}$ を用いて表せ。

(4) △OAB の面積を S_1，△OBC の面積を S_2，△OCA の面積を S_3 とする。△ABC の面積 S を S_1, S_2, S_3 を用いて表せ。

（同志社大）

13 a, b を正の数とする。空間内の 3 点 A$(a, -a, b)$，B$(-a, a, b)$，C$(a, a, -b)$ を通る平面を α，原点 O を中心とし 3 点 A, B, C を通る球面を S とする。

(1) 線分 AB の中点を D とするとき，$\overrightarrow{DC} \perp \overrightarrow{AB}$ および $\overrightarrow{DO} \perp \overrightarrow{AB}$ であることを示せ。また，△ABC の面積を求めよ。

(2) ベクトル $\overrightarrow{DC}$ と $\overrightarrow{DO}$ のなす角を θ とするとき，$\sin\theta$ を求めよ。また，平面 α に垂直で原点 O を通る直線と平面 α との交点を H とするとき，線分 OH の長さを求めよ。

(3) 点 P が球面 S 上を動くとき，四面体 ABCP の体積の最大値を求めよ。ただし，P は平面 α 上にないものとする。

（九州大）

1章 ベクトル

1 平面上のベクトル

練習

1 (1) $\vec{e}$, $\vec{f}$ (2) $\vec{c}$, $\vec{e}$, $\vec{g}$, $\vec{h}$
  (3) $\vec{e}$ (4) $\vec{h}$
2 (1) 略 (2) 略 (3) 略
3 〔1〕 略
  〔2〕 (1) $11\vec{a}-\vec{b}$
    (2) $\vec{x}=3\vec{a}-9\vec{b}$
    (3) $\vec{x}=2\vec{a}-3\vec{b}$, $\vec{y}=3\vec{a}+2\vec{b}$
4 (1) $\vec{a}-2\vec{b}$ (2) $-2\vec{a}+\vec{b}$
  (3) $-\dfrac{3}{2}\vec{a}-\dfrac{1}{2}\vec{b}$ (4) $-\dfrac{3}{2}\vec{a}+\dfrac{1}{2}\vec{b}$
5 (1) $\overrightarrow{AC}=2\vec{a}+\vec{b}$, $\overrightarrow{AE}=\vec{a}+2\vec{b}$
  (2) $\dfrac{2}{3}\vec{p}+\dfrac{2}{3}\vec{q}$
6 略

問題編 1

1 (1) $\vec{a}$ と $\vec{c}$ と $\vec{e}$ と $\vec{g}$ と $\vec{h}$, $\vec{b}$ と $\vec{d}$ と $\vec{i}$
  (2) $\vec{a}$ と $\vec{h}$, $\vec{e}$ と $\vec{h}$, $\vec{d}$ と $\vec{i}$
2 (1) 略 (2) 略
3 $\vec{x}=3\vec{a}+2\vec{b}$, $\vec{y}=-\vec{a}+\vec{b}$,
  $\vec{z}=\dfrac{1}{2}\vec{a}-\dfrac{3}{2}\vec{b}$
4 (1) $(2+\sqrt{2})\vec{a}+(1+\sqrt{2})\vec{b}$
  (2) $\vec{a}+(1+\sqrt{2})\vec{b}$
5 $\dfrac{\sqrt{5}-1}{2}\vec{a}+\dfrac{3-\sqrt{5}}{2}\vec{b}$
6 (1) 略 (2) 略

本質を問う 1

1 $\vec{a}\neq\vec{0}$, $\vec{b}\neq\vec{0}$, $\vec{a}$ と $\vec{b}$ が平行でないとき，証明略
2 正しくない。

Let's Try! 1

① (1) $|\overrightarrow{a_1}+\overrightarrow{a_2}|=\sqrt{3}$, $|\overrightarrow{a_4}+\overrightarrow{a_6}|=1$
  (2) 0, 1, $\sqrt{3}$
② (1) $\vec{c}=-2\vec{a}-6\vec{b}$, $\vec{d}=-\vec{a}-2\vec{b}$
  (2) 略
③ $\overrightarrow{BC}=\dfrac{1}{2}(\vec{a}+\vec{b})$, $\overrightarrow{AC}=\dfrac{3}{2}\vec{a}+\dfrac{1}{2}\vec{b}$
④ (1) $\dfrac{2}{3}\overrightarrow{OA}+\dfrac{1}{3}\overrightarrow{OB}$ (2) 2
⑤ (1) $\dfrac{1}{2\cos\theta}(\vec{a}+\vec{c})$ (2) 略

2 平面上のベクトルの成分と内積

練習

7 (1) $\vec{a}=(3,\ 2)$, $\vec{b}=(4,\ 5)$
    $|\vec{a}|=\sqrt{13}$, $|\vec{b}|=\sqrt{41}$
  (2) $\vec{c}=-2\vec{a}+3\vec{b}$
8 (1) $\overrightarrow{AB}=(2,\ 3)$, $|\overrightarrow{AB}|=\sqrt{13}$
    $\overrightarrow{AC}=(-2,\ 4)$, $|\overrightarrow{AC}|=2\sqrt{5}$
  (2) $\left(\dfrac{2\sqrt{13}}{13},\ \dfrac{3\sqrt{13}}{13}\right)$
  (3) $(-\sqrt{5},\ 2\sqrt{5})$ または $(\sqrt{5},\ -2\sqrt{5})$
9 (1) D$(-6,\ 5)$
  (2) $(-6,\ 5)$, $(0,\ -13)$, $(10,\ 1)$
10 (1) $t=-1$ のとき 最小値 $\sqrt{10}$
  (2) $t=6$
11 (1) 1 (2) 2 (3) -2
12 〔1〕 (1) $\theta=150°$ (2) $\theta=180°$
  〔2〕 $x=-\dfrac{1}{3}$, 3
13 (1) $\theta=30°$ (2) $\theta=90°$
14 (1) $x=-3$
  (2) $\vec{p}=\left(\dfrac{6\sqrt{13}}{13},\ \dfrac{4\sqrt{13}}{13}\right),\left(-\dfrac{6\sqrt{13}}{13},\ -\dfrac{4\sqrt{13}}{13}\right)$
15 (1) $\theta=90°$ (2) $t=\dfrac{1}{2}$
16 (1) $-\dfrac{2}{5}$ (2) $2\sqrt{21}$
17 (1) $2\sqrt{2}$ (2) $\dfrac{5}{2}$
〈1〉 略
18 (1) 略 (2) 略
19 $\sqrt{2}-1\leq|3\vec{a}+\vec{b}|\leq\sqrt{2}+1$
〈2〉 (1) 略 (2) $5\sqrt{2}$

問題編 2

7 $\vec{b}=\left(-\dfrac{1}{2},\ \dfrac{\sqrt{3}}{2}\right)$, $\vec{c}=\left(-\dfrac{1}{2},\ -\dfrac{\sqrt{3}}{2}\right)$
  または $\vec{b}=\left(-\dfrac{1}{2},\ -\dfrac{\sqrt{3}}{2}\right)$,
  $\vec{c}=\left(-\dfrac{1}{2},\ \dfrac{\sqrt{3}}{2}\right)$
8 $\left(\dfrac{63}{65},\ -\dfrac{16}{65}\right)$, $\left(-\dfrac{63}{65},\ \dfrac{16}{65}\right)$, $\left(-\dfrac{12}{13},\ \dfrac{5}{13}\right)$,
  $\left(\dfrac{12}{13},\ -\dfrac{5}{13}\right)$
9 $p=1, q=12, r=4$ または $p=-7, q=4, r=-4$
10 $m=3$
11 (1) -1 (2) 3

12 〔1〕 (1) 25　　　(2) ∠BAC = 45°

(3) ∠ABC = 90°

〔2〕 $\vec{b} = (3, \ -4), \ (4, \ 3)$

13 (1) $\vec{a} \cdot \vec{b} = -\dfrac{15}{2}$　　(2) $|\vec{a}| = 3, \ |\vec{b}| = 5$

(3) $-\dfrac{16\sqrt{19}}{133}$

14 $0 < k < 4$

15 (1) $|\vec{x}| = 2, \ |\vec{y}| = \sqrt{3}$

(2) $\theta = 30°$

16 (1) $|\vec{a}| = \sqrt{3}, \ |\vec{b}| = 2$

(2) $\dfrac{\sqrt{3}}{2}$

17 4

18 略

19 (1) 略　　(2) 略　　(3) 略

| 本質を問う 2 |

1 9

2 〔1〕 略

〔2〕 (1) 略　　(2) 略

| Let's Try! 2 |

① (1) $(0, \ 6)$

(2) $m = \dfrac{5}{9}, \ n = \dfrac{8}{9}$

(3) $k = -\dfrac{16}{13}$

(4) $\vec{d} = \left(4 + \dfrac{\sqrt{5}}{5}, \ 1 + \dfrac{2\sqrt{5}}{5}\right),$

$\left(4 - \dfrac{\sqrt{5}}{5}, \ 1 - \dfrac{2\sqrt{5}}{5}\right)$

② (1) $\theta = 45°$

(2) $t = -1$ のとき　最小値 $\sqrt{2}$

③ (1) $\vec{a} \cdot \vec{b} = -\dfrac{1}{2}, \ |2\vec{a} + \vec{b}| = \sqrt{3},$

$2\vec{a} + \vec{b}$ と $\vec{b}$ のなす角 90°

(2) $\vec{c} = \dfrac{\sqrt{3}}{3}(\vec{a} + 2\vec{b})$

(3) $0 \le x \le 1, \ x \le \sqrt{3} \, y \le x + 2$

(4) 最大値は $\sqrt{3}$, このとき　$\vec{p} = 2\vec{a} + 2\vec{b}$

④ (1) $\overrightarrow{OC} = \dfrac{\vec{a} \cdot \vec{b}}{4}\vec{a}$　　(2) 略

(3) $|\overrightarrow{CB}| = \sqrt{3 - \dfrac{1}{4}(\vec{a} \cdot \vec{b})^2}$

⑤ (1) $\overrightarrow{OA} \cdot \overrightarrow{OB} = -\dfrac{1}{2}$

(2) $\angle AOB = 120°$

(3) $\dfrac{3\sqrt{3}}{4}$

---

3 平面上の位置ベクトル

練習

20 (1) $\vec{p} = \dfrac{2\vec{b} + 3\vec{c}}{5}$　　(2) $m = \dfrac{\vec{c} + \vec{a}}{2}$

(3) $\vec{q} = -2\vec{a} + 3\vec{b}$

(4) $\vec{g} = \dfrac{-15\vec{a} + 34\vec{b} + 11\vec{c}}{30}$

21 略

22 証明略, DF : FE = 1 : 2

23 (1) $\overrightarrow{OP} = \dfrac{9}{14}\vec{a} + \dfrac{1}{7}\vec{b}$

(2) $\overrightarrow{OQ} = \dfrac{9}{11}\vec{a} + \dfrac{2}{11}\vec{b}$

(3) AQ : QB = 2 : 9, OP : PQ = 11 : 3

24 AF : FC = 2 : 5

25 (1) BD : DC = 4 : 3, AP : PD = 7 : 2

(2) △PBC : △PCA : △PAB = 2 : 3 : 4

26 $\left(-\dfrac{\sqrt{2}}{2}, \ -\dfrac{\sqrt{2}}{2}\right), \ \left(\dfrac{\sqrt{2}}{2}, \ \dfrac{\sqrt{2}}{2}\right)$

27 $\overrightarrow{OI} = \dfrac{b\overrightarrow{OA} + a\overrightarrow{OB}}{a + b + c}$

28 (1) $\overrightarrow{AO} = \dfrac{13}{30}\overrightarrow{AB} + \dfrac{49}{150}\overrightarrow{AC}, \ |\overrightarrow{AO}| = \dfrac{7\sqrt{30}}{10}$

(2) BD : DC = 49 : 65, AO : OD = 19 : 6

29 (1) $r = \dfrac{1}{10}$　　(2) $s = \dfrac{1}{7}, \ t = \dfrac{3}{35}$

30 略

31 (1) 0　　　　　(2) -1

32 正三角形

33 平行な直線　$\vec{p} = \dfrac{1}{2}\vec{a} + \dfrac{1 - 2t}{2}\vec{b} + t\vec{c}$

垂直な直線　$\left(\vec{p} - \dfrac{\vec{a} + \vec{b}}{2}\right) \cdot (\vec{c} - \vec{b}) = 0$

34 (1) $\begin{cases} x = t + 5 \\ y = -2t - 4 \end{cases}$ (2) $\begin{cases} x = -5t + 2 \\ y = 5t + 4 \end{cases}$

35 (1) 点 A を中心とし, 線分 AB を半径とする円

(2) 点 B の点 O に関して対称な点 B′ と線分 OA の中点 D に対し, 線分 B′D を直径とする円

36 略

37 BC の中点 M を中心とし, AM の長さを半径とする円

38 (1) 略　(2) 略　(3) 略　(4) 略

39 (1) $x - 3y + 1 = 0$　　(2) 60°

チャレンジ **〈3〉** $\dfrac{18\sqrt{13}}{13}$

問題編 3

20 $\overrightarrow{PQ} = \dfrac{1}{2}(\overrightarrow{AB} + \overrightarrow{DC})$

21 平行四辺形

22 $m = 5$

23 (1) $\overrightarrow{AR} = \dfrac{1}{2}\overrightarrow{AB} + \dfrac{1}{4}\overrightarrow{AC}$

    (2) $\triangle RAB : \triangle RBC : \triangle RCA = 1 : 1 : 2$

24 (1) $\overrightarrow{AP} = \dfrac{9}{13}\vec{b} + \dfrac{4}{13}\vec{d}$

    (2) $\overrightarrow{AQ} = \dfrac{9}{4}\vec{b} + \vec{d}$

25 $m = 5$

26 $\left(\dfrac{32}{9},\ \dfrac{16}{9}\right)$

27 (1) $\overrightarrow{OM} = \dfrac{\vec{a} + \vec{b}}{2}$, $\overrightarrow{OC} = \dfrac{3}{8}\vec{a} + \dfrac{5}{8}\vec{b}$

    (2) $\overrightarrow{OP} = \dfrac{5}{8}(\vec{a} + \vec{b})$

28 (1) $\dfrac{\sqrt{39}}{3}$

    (2) $\overrightarrow{AO} = \dfrac{2}{9}\vec{b} + \dfrac{5}{12}\vec{c}$

    (3) $AP : PC = 15 : 13$

29 略

30 (1) 略   (2) 略

31 (1) $|\vec{a}| = 2$, $|\vec{b}| = \sqrt{5}$

    (2) $AB = \sqrt{13}$, $BC = 4$, $CA = \sqrt{13}$

32 略

33 (1) $\vec{p} = \dfrac{5-t}{10}\vec{a} + \dfrac{3}{5}t\vec{b}$

    (2) $(\vec{p} - \vec{b}) \cdot (\vec{b} - \vec{a}) = 0$

34 (1) $\begin{cases} x = t + x_1 \\ y = mt + y_1 \end{cases}$ (2) 略

35 (1) $\overrightarrow{OC} = \dfrac{3\overrightarrow{OA} + 2\overrightarrow{OB}}{5}$

    (2) 線分 OC を $5:4$ に外分する点を中心とする半径 $5r$ の円

36 (1) $\vec{c} = \dfrac{k}{2}\vec{a} - \vec{b}$ (2) $\vec{h} = \dfrac{2k-5}{4}\vec{a} + 4\vec{b}$

    (3) $k = \dfrac{-2 \pm 3\sqrt{7}}{2}$

37 証明略, $\overrightarrow{OC} = \dfrac{\overrightarrow{OA} - 2\overrightarrow{OB}}{4}$

38 (1) $2\sqrt{5}$ (2) $8\sqrt{5}$

39 $(2 + \sqrt{3})x + y - 4 - \sqrt{3} = 0$,

    $(2 - \sqrt{3})x + y - 4 + \sqrt{3} = 0$

本質を問う 3

1 (1) 略   (2) $0 \leqq k \leqq 1$

2 (1) 略   (2) 略

3 略

Let's Try! 3

① (1) $3\sqrt{3}$

    (2) $\overrightarrow{BE} = \dfrac{2}{3}\vec{a} + \dfrac{1}{3}\vec{b}$

    (3) $\overrightarrow{HA} = -\dfrac{3}{8}\vec{a} + \vec{b}$

    (4) $\overrightarrow{BP} = \dfrac{6}{19}\vec{a} + \dfrac{3}{19}\vec{b}$

    (5) $\dfrac{9\sqrt{3}}{19}$

② (1) $\overrightarrow{OS} = \dfrac{3}{5}\vec{a} + \dfrac{1}{10}\vec{b}$

    (2) 略

③ (1) $\overrightarrow{PD} = \dfrac{1}{3}\overrightarrow{PB} + \dfrac{2}{3}\overrightarrow{PC}$

    (2) 略

    (3) $\triangle EFG : \triangle PDC = 5 : 6$

④ (1) 略   (2) $x = \dfrac{3 \pm \sqrt{7}}{4}$

⑤ (1) $6\sqrt{6}$ (2) $18\sqrt{6}$

4 空間におけるベクトル

練習

40 (1) $(4,\ -2,\ -3)$ (2) $(-4,\ -2,\ 3)$

    (3) $(4,\ 2,\ -3)$ (4) $(-4,\ 2,\ 3)$

    (5) $(-4,\ 2,\ -3)$ (6) $(4,\ -2,\ -1)$

41 (1) $P\left(0,\ \dfrac{1}{2},\ 2\right)$ (2) $Q\left(\dfrac{2}{3},\ 1,\ \dfrac{4}{3}\right)$

42 (1) $\overrightarrow{CF} = -\vec{b} + \vec{c}$ (2) $\overrightarrow{HB} = \vec{a} - \vec{b} - \vec{c}$

    (3) $\overrightarrow{EC} + \overrightarrow{AG} = 2\vec{a} + 2\vec{b}$

43 (1) $\sqrt{89}$ (2) $\vec{p} = 2\vec{a} + 2\vec{b} - \vec{c}$

44 (1) $s = \dfrac{7}{3}$, $t = -\dfrac{10}{3}$ のとき 最小値 $\dfrac{2\sqrt{6}}{3}$

    (2) $s = -1$, $t = 2$

45 (1) 3 (2) 0

    (3) -1 (4) 2

    (5) 3

〈チャレンジ 4〉 $2a^2$

46 〔1〕 (1) $\theta = 120°$ (2) $\theta = 90°$

    〔2〕 $S = 2\sqrt{3}$

47 $(2\sqrt{2},\ -3\sqrt{2},\ \sqrt{2})$, $(-2\sqrt{2},\ 3\sqrt{2},\ -\sqrt{2})$

〈チャレンジ 5〉 $(\sqrt{6},\ -2\sqrt{6},\ -\sqrt{6})$, $(-\sqrt{6},\ 2\sqrt{6},\ \sqrt{6})$

48 $\alpha = 60°$, $\beta = 45°$, $\gamma = 120°$

49 (1) $P(-8,\ 11,\ -3)$, $Q(16,\ -6,\ -8)$,

    $R(-5,\ -3,\ 13)$

    (2) $G\left(1,\ \dfrac{2}{3},\ \dfrac{2}{3}\right)$

50 略

51 $\overrightarrow{OP} = \dfrac{1}{4}\vec{a} + \dfrac{1}{4}\vec{b} + \dfrac{1}{4}\vec{c}$

52 (1) $P(0,\ 5,\ 5)$ (2) $Q(-10,\ 0,\ 0)$

53 (1) $\overrightarrow{OR} = \dfrac{1}{5}(\vec{a} + \vec{b} + \vec{c})$

    (2) $OR : RP = 3 : 2$

54 (1) $\overrightarrow{OG} = \dfrac{\vec{a} + \vec{b}}{3}$ (2) 略

55 略

56 (1) 6 (2) 略   (3) 6

57 $\overrightarrow{\mathrm{AH}} = -\overrightarrow{\mathrm{OA}} + \dfrac{1}{3}\overrightarrow{\mathrm{OB}} + \dfrac{1}{3}\overrightarrow{\mathrm{OC}}$

58 $\left(\dfrac{5}{3},\ \dfrac{17}{6},\ \dfrac{13}{6}\right)$

59 (1) BR:RC $= 1:2$, AQ:QR $= 1:1$,

　　　OP:PQ $= 2:1$

　　(2) PABC:POBC:POCA:POAB $= 3:3:2:1$

　　(3) OQ $= \dfrac{\sqrt{43}}{3}$

60 (1) $\vec{p} = \dfrac{1}{3}\vec{a} + \left(\dfrac{1}{3} - t\right)\vec{b} + \left(\dfrac{1}{3} + t\right)\vec{c}$

　　(2) $\left(\vec{p} - \dfrac{\vec{a} + \vec{b}}{2}\right) \cdot (\vec{b} - \vec{a}) = 0$

　　(3) $\left|\vec{p} - \dfrac{\vec{a} + \vec{b}}{2}\right| = \left|\vec{c} - \dfrac{\vec{a} + \vec{b}}{2}\right|$

61 (1) $\left(-1,\ \dfrac{1}{2},\ \sqrt{6}\right)$

　　(2) $(0,\ 2,\ 0)$

　　(3) $\dfrac{\sqrt{151}}{2}$

62 P$\left(-\dfrac{5}{14},\ \dfrac{25}{14},\ \dfrac{10}{7}\right)$, OP$= \dfrac{5\sqrt{42}}{14}$

63 最小値 $\sqrt{2}$, P$(1,\ -2,\ 1)$, Q$(0,\ -2,\ 0)$

64 最小値 $5\sqrt{2}$, P$\left(-\dfrac{1}{5},\ 0,\ -\dfrac{2}{5}\right)$

65 (1) $(x+3)^2 + (y+2)^2 + (z-1)^2 = 16$

　　(2) $(x+3)^2 + (y-1)^2 + (z-2)^2 = 21$

　　(3) $x^2 + y^2 + z^2 = 14$

　　(4) $(x-3)^2 + (y-3)^2 + (z+3)^2 = 9$

　　　$(x-9)^2 + (y-9)^2 + (z+9)^2 = 81$

66 $x^2 + y^2 + z^2 - 8x - 6y + 4z = 0$

　　中心 $(4,\ 3,\ -2)$, 　半径 $\sqrt{29}$

67 (1) $(-1,\ -1,\ -1)$, $\left(-\dfrac{1}{3},\ -\dfrac{5}{3},\ \dfrac{1}{3}\right)$

　　(2) $2 - \sqrt{3} \leqq k \leqq 2 + \sqrt{3}$

68 (1) $a = 2$

　　　$(x-3)^2 + (y-4)^2 + (z+4)^2 = 4$

　　(2) $(x-3)^2 + (z+4)^2 = 3$, 　$y = 3$

69 (1) $(x+1)^2 + (y-6)^2 + (z-7)^2 = 45$

　　　$(x+1)^2 + (y-6)^2 + (z-7)^2 = 245$

　　(2) 中心の座標 $\left(\dfrac{20}{7},\ \dfrac{10}{7},\ \dfrac{19}{7}\right)$

　　　半径 2

70 (1) $x + 2y - 2z + 18 = 0$

　　(2) H$(-2,\ -4,\ 4)$

　　　原点 O と平面 α の距離 6

71 (1) $-15 \leqq a \leqq 15$ 　(2) $a = \pm 9$

72 中心 $(3,\ 2,\ 0)$, 半径 $2\sqrt{2}$ の球上

　　方程式 $(x-3)^2 + (y-2)^2 + z^2 = 8$

73 (1) $\theta = 60°$ 　(2) $x = y + 3 = z + 2$

74 $\theta = 60°$, P$(-1,\ -4,\ 2)$

問題編 **4**

40 $x = -2$, $y = 1$, $z = 4$

41 D$(0,\ 0,\ 0)$ 　または 　D$\left(\dfrac{8}{3},\ \dfrac{8}{3},\ -\dfrac{8}{3}\right)$

42 (1) 略 　　　　　(2) 略

43 (1) $\vec{e_1} = -\dfrac{1}{2}\vec{a} - \dfrac{3}{2}\vec{b} + \vec{c}$, 　$\vec{e_2} = \vec{a} + \vec{b} - \vec{c}$,

　　　$\vec{e_3} = -\dfrac{1}{2}\vec{a} - \dfrac{1}{2}\vec{b} + \vec{c}$

　　(2) $\vec{d} = \dfrac{-s + 2t - u}{2}\vec{a} + \dfrac{-3s + 2t - u}{2}\vec{b}$
　　　　　　$+ (s - t + u)\vec{c}$

44 $\vec{e} = \dfrac{2\sqrt{5}}{25}\vec{a} + \dfrac{3\sqrt{5}}{25}\vec{b} + \dfrac{\sqrt{5}}{5}\vec{c}$

　　または 　$\vec{e} = -\dfrac{2\sqrt{5}}{25}\vec{a} - \dfrac{3\sqrt{5}}{25}\vec{b} - \dfrac{\sqrt{5}}{5}\vec{c}$

45 (1) 2 　　　　　(2) -2

　　(3) 0 　　　　　(4) 1

46 $\dfrac{15}{2}$

47 $\vec{p} = (-2,\ 1,\ -3),\ (3,\ 2,\ 1)$

48 (1) $60°$, $120°$

　　(2) なす角が $60°$ のとき 　$\vec{p} = (2, 2\sqrt{2}, -2)$

　　　なす角が $120°$ のとき 　$\vec{p} = (-2, 2\sqrt{2}, -2)$

49 (1) A$(2,\ 4,\ 3)$, B$(-4,\ 6,\ 1)$, C$(0,\ -2,\ -5)$

　　(2) $\left(-\dfrac{2}{3},\ \dfrac{8}{3},\ -\dfrac{1}{3}\right)$

50 証明略, AN:NG $= 2:1$

51 $\overrightarrow{\mathrm{OP}} = \dfrac{1}{2}\vec{a} + \dfrac{1}{4}\vec{b} + \dfrac{1}{4}\vec{c}$

　　$\overrightarrow{\mathrm{OQ}} = \dfrac{t}{1 + 3t}(2\vec{a} + \vec{b} + \vec{c})$

52 $m = -4$

53 $\overrightarrow{\mathrm{AR}} = \dfrac{4}{7}\vec{a} + \dfrac{4}{7}\vec{b} + \dfrac{3}{7}\vec{c}$

54 (1) 略 　　　　　(2) 略

55 略

56 (1) $\dfrac{\sqrt{11}}{2}$ 　　　(2) $\dfrac{11}{6}$

57 (1) $\vec{a} \cdot \vec{b} = 1$, $\vec{b} \cdot \vec{c} = -\dfrac{1}{4}$, $\vec{c} \cdot \vec{a} = 1$

　　(2) $\overrightarrow{\mathrm{OH}} = -\dfrac{5}{19}\vec{a} + \dfrac{12}{19}\vec{b} + \dfrac{12}{19}\vec{c}$

　　(3) $\dfrac{\sqrt{5}}{12}$

58 (1) $\sqrt{5}$ 　　　　(2) H$(-2,\ 2,\ 1)$

　　(3) $\dfrac{5}{3}$

59 (1) $\overrightarrow{\mathrm{MP}} = \dfrac{3}{4}\vec{a} - \dfrac{1}{2}\vec{c}$

　　　$\overrightarrow{\mathrm{MQ}} = \dfrac{3}{4}\vec{b} + \dfrac{1}{2}\vec{c}$

　　(2) 略

(3) $\dfrac{\sqrt{70}}{140}$

60 (1) 平面においても空間においても線分 AB を 1:2 に内分する点を通り，$\vec{a}+\vec{b}$ に平行な直線

(2) 平面の場合　線分 AB を直径とする円
空間の場合　線分 AB を直径とする球

61 最大値 $2\sqrt{5}$，最小値 $\dfrac{6\sqrt{5}}{5}$

62 $P\Big(\dfrac{1}{3},\ \dfrac{1}{3},\ \dfrac{2}{3}\Big)$

63 $4\sqrt{2}$

64 $\sqrt{62}$

65 (1) $(x-3)^2+(y-1)^2+(z+4)^2=16$

(2) $(x+1)^2+(y-3)^2+(z-3)^2=9$
$(x+5)^2+(y-7)^2+(z-7)^2=49$

66 $x^2+y^2+z^2-x+z-3=0$

67 (1) $r=\sqrt{6}$，
方程式 $(x-3)^2+(y-4)^2+(z-2)^2=6$

(2) $\dfrac{5}{7}<k<2$

68 (1) $a=\dfrac{1}{2}$

(2) $(x-30)^2+y^2=875,\ z=0$

69 $r=\sqrt{3},\ \sqrt{7}$

70 (1) $x+y-z-1=0$

(2) $T\Big(\dfrac{1}{3},\ \dfrac{1}{3},\ -\dfrac{1}{3}\Big)$

(3) $\dfrac{\sqrt{3}}{2}$

(4) $\dfrac{1}{6}$

71 (1) $-\sqrt{2}\le k\le-\dfrac{\sqrt{2}}{3},\ \dfrac{\sqrt{2}}{3}\le k\le\sqrt{2}$

(2) $x-2y+2z+3=0,\ x-2y+2z-3=0$

72 半径 $\dfrac{\sqrt{35}}{10}$，$a=2,\ b=0,\ c=1$

73 (1) $\theta=30°,\ x=y=z$

(2) 証明略，$P(2,\ 2,\ 2)$

74 (1) 証明略，$P(4,\ -2,\ 3)$

(2) $\theta=90°$

(3) $4x-y-2z-12=0$

本質を問う 4

1 (1) 略

(2) 1次独立であるといえない。

2 略

3 略

Let's Try! 4

① (1) $\overrightarrow{OP}=\dfrac{1}{2}(\vec{a}+\vec{b})$

$\overrightarrow{OQ}=\dfrac{1}{4}(\vec{a}+\vec{b}+2\vec{c})$

$\overrightarrow{OR}=\dfrac{m}{4}(\vec{a}+\vec{b}+2\vec{c})$

(2) $AR:RS=(4-m):m$

(3) $m=\dfrac{4}{5}$

② (1) $\overrightarrow{AG}=\dfrac{\overrightarrow{AB}+\overrightarrow{AC}+\overrightarrow{AD}}{3}$

(2) 略

(3) 略

③ (1) $a=\dfrac{1}{3},\ b=\dfrac{2\sqrt{2}}{3}$

(2) $S=\dfrac{\sqrt{2}}{3}$

(3) $V=\dfrac{\sqrt{2}}{18}$

④ (1) $\dfrac{\sqrt{21}}{5}$　　　(2) $H(4,\ 3,\ 0)$

⑤ $(2,\ -3,\ 4)$

思考の戦略編

練習

1 略

2 $2\sqrt{3}$

3 $2\sqrt{2-a-b}$

4 (1) 略　　　(2) 略

5 $E(-5,\ 3,\ 1)$

6 略

問題編

1 略

2 $\dfrac{3\sqrt{10}}{5}$

3 $\dfrac{2\sqrt{3}}{3}\sqrt{a^2+ab+b^2}$

4 (1) 略　　　(2) 略

5 (1) $|\overrightarrow{OC_1}|=\dfrac{\sqrt{30}}{6}$，$\overrightarrow{AC_1}\cdot\overrightarrow{OC_1}=0$

(2) $\dfrac{|\overrightarrow{AC_2}|}{|\overrightarrow{OC_2}|}=\dfrac{\sqrt{30}}{5}$，$\overrightarrow{OA}\cdot\overrightarrow{OC_2}=0$

(3) 略

6 略

入試攻略

1章　ベクトル

1 (1) $\overrightarrow{AM}=\dfrac{5}{4}\overrightarrow{AB}+\dfrac{1}{4}\overrightarrow{AF}$

(2) $\overrightarrow{PM}=\Big(\dfrac{5}{4}-2t\Big)\overrightarrow{AB}+\Big(\dfrac{1}{4}-2t\Big)\overrightarrow{AF}$

(3) $\overrightarrow{AC}\cdot\overrightarrow{PM}=\dfrac{15}{8}-3t,\ t=\dfrac{5}{8}$

2 (1) C(4, 2),
$|\overrightarrow{CP}|^2 = 40s^2 + 25t^2 + 60st - 40s - 40t + 20$

(2) 最小値 9

(3) 最小値 20

3 (1) $\overrightarrow{OP} = k(\vec{a} - \vec{b})$

$\overrightarrow{OQ} = \vec{a} + k\vec{b}$

$\overrightarrow{OR} = -k\vec{a} + \vec{b}$

(2) 略

(3) 略

4 $\overrightarrow{AM} = \dfrac{3}{5}\vec{a} + \dfrac{4}{5}\vec{b}$

$\overrightarrow{AN} = \dfrac{1}{3}\vec{a} + \dfrac{8}{9}\vec{b}$

$\overrightarrow{AP} = \dfrac{1}{2}\vec{a} + \dfrac{2}{3}\vec{b}$

5 (1) 略

(2) $\cos\alpha = -\dfrac{12}{13}$, $\cos\beta = -\dfrac{5}{13}$

(3) $AH = \dfrac{15\sqrt{2}}{13}$

6 (1) 略　　　　　　(2) 略

7 (1) 略

(2) 図は略, 面積 $\dfrac{3\sqrt{3}}{4}$

(3) 図は略, 面積 $3\sqrt{3}$

8 点 $P\left(-\dfrac{3\sqrt{10}}{10},\ -\dfrac{\sqrt{10}}{10}\right)$ のとき

最大値 $3 + \sqrt{10}$

9 (1) $\overrightarrow{OP} \cdot \overrightarrow{OM} = \dfrac{1}{2}$

(2) $\overrightarrow{OP} = \dfrac{1}{2}\vec{a} + \dfrac{1}{6}\vec{b} + \dfrac{1}{6}\vec{c}$

(3) $\overrightarrow{OQ} = \dfrac{3}{4}\vec{a} + \dfrac{1}{4}\vec{b}$

10 (1) 略

(2) $r = \dfrac{6}{11}$, $s = \dfrac{3}{11}$, $t = \dfrac{2}{11}$

11 (1) 正五角形の対角線の長さ $\dfrac{1+\sqrt{5}}{2}$

$\vec{a} \cdot \vec{b} = \dfrac{1-\sqrt{5}}{4}$

(2) $\overrightarrow{CD} = \vec{a} + \dfrac{-1+\sqrt{5}}{2}\vec{c}$

$\overrightarrow{OF} = \dfrac{1+\sqrt{5}}{2}\vec{a} + \vec{b} + \dfrac{3+\sqrt{5}}{2}\vec{c}$

(3) $\overrightarrow{OH} = \dfrac{1}{2}\vec{a} + \dfrac{1}{2}\vec{b} + \dfrac{\sqrt{5}-1}{4}\vec{c}$

$|\overrightarrow{OH}| = \dfrac{1}{2}$

12 (1) $\overrightarrow{OP} \cdot \overrightarrow{AP} = (k^2 - k)|\vec{a}|^2 + l^2|\vec{b}|^2 + m^2|\vec{c}|^2$

(2) $\overrightarrow{OH} = \dfrac{|\vec{b}|^2|\vec{c}|^2\vec{a} + |\vec{c}|^2|\vec{a}|^2\vec{b} + |\vec{a}|^2|\vec{b}|^2\vec{c}}{|\vec{a}|^2|\vec{b}|^2 + |\vec{b}|^2|\vec{c}|^2 + |\vec{c}|^2|\vec{a}|^2}$

(3) $S = \dfrac{1}{2}\sqrt{|\vec{a}|^2|\vec{b}|^2 + |\vec{b}|^2|\vec{c}|^2 + |\vec{c}|^2|\vec{a}|^2}$

(4) $S = \sqrt{S_1^2 + S_2^2 + S_3^2}$

13 (1) 証明略, 面積 $2a\sqrt{a^2 + 2b^2}$

(2) $\sin\theta = \dfrac{a}{\sqrt{a^2 + 2b^2}}$, $OH = \dfrac{ab}{\sqrt{a^2 + 2b^2}}$

(3) $\dfrac{2a}{3}\{\sqrt{(2a^2 + b^2)(a^2 + 2b^2)} + ab\}$

索引

NEW ACTION LEGEND
数学 C ベクトル編

発行日	2023年2月1日　初版発行
	2024年2月1日　第2版発行

執筆者	ニューアクション編集委員会
編　者	東京書籍編集部
発行者	東京書籍株式会社　　渡辺能理夫
	東京都北区堀船2丁目17番1号 〒114-8524
印刷所	株式会社リーブルテック

● 支社出張所
電話
（販売窓口）

札　幌	011-562-5721	仙　台	022-297-2666
東　京	03-5390-7467	金　沢	076-222-7581
名古屋	052-950-2260	大　阪	06-6397-1350
広　島	082-568-2577	福　岡	092-771-1536
鹿児島	099-213-1770	那　覇	098-834-8084

● 編集電話　　東　京　03-5390-7339

● ホームページ　https://www.tokyo-shoseki.co.jp
● 東書Eネット　https://ten.tokyo-shoseki.co.jp

● 表紙の画像　ゲッティイメージズ
落丁・乱丁本はおとりかえいたします。

答案作成で注意すること

答案を作成するにあたって，分野を越えて重要な数学の議論・表現を以下にまとめました。
いずれも，多くの答案でよく見られる間違いや不適切な表現です。
テストの直前や勉強に一区切りがついたとき，この内容を読み直し，
自分が間違いやすい項目や，忘れやすい項目を再確認しましょう。

1 減点対象となる数学の議論

[1] 自分でおいた文字は，条件やとり得る値の範囲に注意する。

例1）$(\vec{a}+t\vec{b}) /\!/ \vec{c}$ のとき，$\underline{k}$を実数として $\vec{a}+t\vec{b}=k\vec{c}$ と表される。 ▶▶ **p.33 例題 10 (2)**

例2）$\sin\theta=t$ とおくと $\underline{-1 \leqq t \leqq 1}$

例3）$3^x=t$ とおくと $\underline{t>0}$

[2] 方程式・不等式の両辺を文字で割るときは，文字が 0 になる場合を分けて考える。

例）x についての不等式 $ax<-3$ を解く。

(ア) $a>0$ のとき $x<-\dfrac{3}{a}$

(イ) $a=0$ のとき $0 \cdot x<-3$ を満たすような x は存在しない。

(ウ) $a<0$ のとき $x>-\dfrac{3}{a}$

[3] 必要条件から考えて求めた答は，その答が与えられた条件を満たすかを確認する。

例）例題 32 (1) では，△ABC において $\overrightarrow{\mathrm{AB}} \cdot \overrightarrow{\mathrm{BC}}=0$ より $\overrightarrow{\mathrm{AB}} \perp \overrightarrow{\mathrm{BC}}$ を導く際に，
$\overrightarrow{\mathrm{AB}} \neq \vec{0}$，$\overrightarrow{\mathrm{BC}} \neq \vec{0}$ であることを確認している。
垂直条件 $\overrightarrow{\mathrm{AB}} \perp \overrightarrow{\mathrm{BC}} \Longleftrightarrow \overrightarrow{\mathrm{AB}} \cdot \overrightarrow{\mathrm{BC}}=0$ は $\overrightarrow{\mathrm{AB}} \neq \vec{0}$，$\overrightarrow{\mathrm{BC}} \neq \vec{0}$ の場合に成り立つか
らである。 ▶▶ **p.28 まとめ 3**

2 望ましくない数学的な表現

[1] 恒等式の等号と，方程式の等号を，同じ式の中で使わない。

例）$0 \leqq \theta<2\pi$ のとき，方程式 $2\sin^2\theta-\cos\theta-1=0$ を解け。

望ましくない）$\sin^2\theta=1-\cos^2\theta$ であるから

$$2\sin^2\theta-\cos\theta-1 = \underset{\text{恒等式}}{=} 2(1-\cos^2\theta)-\cos\theta-1 \underset{\text{恒等式}}{=} -(2\cos\theta-1)(\cos\theta+1) \underset{\text{方程式}}{=} 0$$

望ましい）$\sin^2\theta=1-\cos^2\theta$ であるから，与式は

$$2(1-\cos^2\theta)-\cos\theta-1=0 \qquad (2\cos\theta-1)(\cos\theta+1)=0$$

[2] 証明問題では，証明すべき式を利用して式を変形してはいけない。

(例) $\overrightarrow{AB} + \overrightarrow{CD} = \overrightarrow{AD} + \overrightarrow{CB}$ が成り立つことを証明せよ。

(望ましくない) $\overrightarrow{AB} + \overrightarrow{CD} = \overrightarrow{AD} + \overrightarrow{CB}$　　　←証明すべきことを仮定して書いてしまっている

　　　　　原点をOとして　　$\overrightarrow{OB} - \overrightarrow{OA} + \overrightarrow{OD} - \overrightarrow{OC} = \overrightarrow{OD} - \overrightarrow{OA} + \overrightarrow{OB} - \overrightarrow{OC}$

　　　　　よって　　$\overrightarrow{AB} + \overrightarrow{CD} = \overrightarrow{AD} + \overrightarrow{CB}$

(望ましい) 原点をOとして

　　　　　(左辺) $= \overrightarrow{OB} - \overrightarrow{OA} + \overrightarrow{OD} - \overrightarrow{OC}$, (右辺) $= \overrightarrow{OD} - \overrightarrow{OA} + \overrightarrow{OB} - \overrightarrow{OC}$

　　　　　よって　　$\overrightarrow{AB} + \overrightarrow{CD} = \overrightarrow{AD} + \overrightarrow{CB}$　▶▶ p.21 例題 3〔1〕

[3] 数学の用語や定理は正確に用いる。

(例) ベクトルの計算において，零ベクトル $\vec{0}$ と実数 0 を区別する。

　　$\vec{a} = \vec{0}$ とするとき　$\vec{a} + \vec{a} = \vec{0}$, $k\vec{a} = \vec{0}$, $|\vec{a}| = 0$, $\vec{a} \cdot \vec{b} = 0$

▶▶ p.16 まとめ ①, ②, p.28 まとめ

解答を振り返る

自分の答が模範解答と違っても，「これはケアレスミスだから大丈夫」と軽く考えて
しまうことはないでしょうか。普段してしまうミスは，テストでも起こりやすいものです。
ミスは起こるものとして，そのミスに気づけるかが大切です。
以下にまとめたものは，答が正しいかを短時間で確認できる効果的な方法です。
日々の学習の中で，自分の解答を振り返る習慣を身に付けましょう。

3 大まかに確かめる

[1] 値が存在するかを確認する。

(例) 図形の問題で，辺の長さ，角の大きさなどの値は 0 以上である。この
　　範囲に収まっているか。

■　2 つのベクトルのなす角 α は $0° \leqq \alpha \leqq 180°$，2 直線のなす角 β
　　は $0° \leqq \beta \leqq 90°$ の範囲で考えることが多い。　▶▶ p.28 まとめ ③, p.81 例題 39 (2)

[2] 予想と合っているかを確認する。

(例 1) 桁数や最高位の数字を求める問題で，大まかな見積もりと合っていそうか。
　　　例えば，「12^{20} の桁数を考えるとき，$12^2 = 144 \fallingdotseq \sqrt{2} \times 10^2$ と考え
　　　$12^{20} \fallingdotseq (\sqrt{2} \times 10^2)^{10} = 2^5 \times 10^{20} = 32 \times 10^{20} = 3.2 \times 10^{21}$ より 22 桁になりそう」など

(例 2) 座標を求める問題で，できる限り正確な図をかいて予想される座標と，自分で求めた値
　　　一致していそうか。